高等院校**数字艺术**
精品课程系列教材

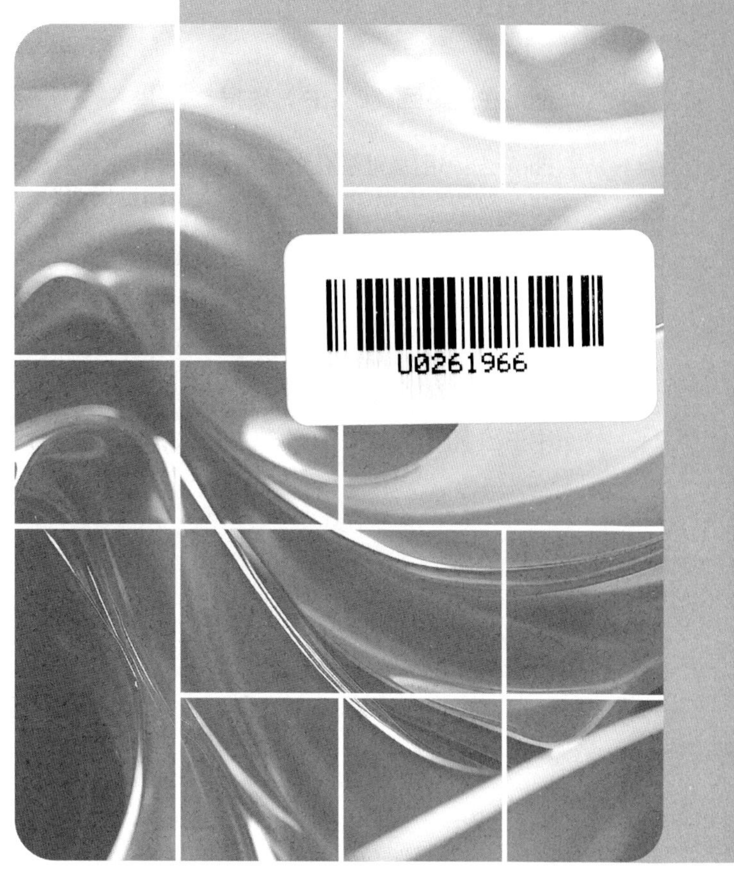

Photoshop图像处理任务式教程

·微课版·

刘万辉 司艳丽 孙重巧◎主编

人民邮电出版社
北京

图书在版编目（CIP）数据

Photoshop图像处理任务式教程 : 微课版 / 刘万辉, 司艳丽, 孙重巧主编. -- 北京 : 人民邮电出版社, 2023.11
高等院校数字艺术精品课程系列教材
ISBN 978-7-115-61830-6

Ⅰ. ①P… Ⅱ. ①刘… ②司… ③孙… Ⅲ. ①图像处理软件－高等学校－教材 Ⅳ. ①TP391.413

中国国家版本馆CIP数据核字(2023)第091859号

内 容 提 要

本书包括 9 个基础任务：认识 Photoshop CC、应用基本工具、应用图层、调整图像的色彩与色调、应用路径、应用蒙版、应用通道、应用滤镜、制作动画与应用动作。本书针对这 9 个任务设置了贴近实际的 20 多个案例。此外，本书还设置了综合实战训练，主要包含商务宣传册封面效果的设计与制作、手机用户界面的设计与制作、企业网站效果图的设计与制作 3 个综合项目。

本书内容丰富，实用性强，可作为高职高专计算机相关专业、电子商务相关专业的“Photoshop 图像处理”课程的教材，也可作为平面设计爱好者的参考书。

◆ 主　　编　刘万辉　司艳丽　孙重巧
责任编辑　刘　佳
责任印制　王　郁　焦志炜

◆ 人民邮电出版社出版发行　　北京市丰台区成寿寺路 11 号
邮编　100164　　电子邮件　315@ptpress.com.cn
网址　https://www.ptpress.com.cn
山东百润本色印刷有限公司印刷

◆ 开本：787×1092　1/16
印张：16.75　　2023 年 11 月第 1 版
字数：425 千字　　2023 年 11 月山东第 1 次印刷

定价：59.80 元

读者服务热线：(010) 81055256　印装质量热线：(010) 81055316
反盗版热线：(010) 81055315
广告经营许可证：京东市监广登字 20170147 号

前言 PREFACE

本书为贯彻落实党的二十大精神，内容坚持中国特色社会主义文化发展道路，坚守中华文化立场，在案例选择上将社会主义核心价值观、中华优秀传统文化等融入教材。例如，通过案例融入国家标准、相关法律法规，借助任务载体将名胜风景、传统婚礼文化、旗袍文化、玉文化、中国画、中国书法、剪纸文化、全民健身活动等融入教材中，从而达到提炼展示中华文明的精神标识和文化精髓的目的，在任务的完成中自然激发学生的文化创新创造活力，增强实现中华民族伟大复兴的精神力量。

Photoshop 作为一款优秀的图像处理软件，主要应用于插画、游戏、影视、广告、海报、Web 前端、多媒体设计、软件界面、照片处理等领域。同时，Photoshop 也是一款实用性很强的软件，学习者需要不断地实践，才能够掌握 Photoshop 中的相关技术与技巧。

本书依据界面设计职业技能等级对应的工作领域、工作任务及职业技能的相关要求，并根据 1+X 职业技能等级证书信息管理服务平台发布的《界面设计职业技能等级标准》中的界面设计职业技能等级（中级要求），紧跟图像处理技术的发展动态，采用任务式教学的编写思路，先从零碎的基础知识讲起，然后融合为单元任务，最终通过综合项目实战帮助读者融会贯通，从而提升读者的综合应用能力。

本书包括 9 个基础任务：认识 Photoshop CC、应用基本工具、应用图层、调整图像的色彩与色调、应用路径、应用蒙版、应用通道、应用滤镜、制作动画与应用动作。本书针对这 9 个任务设置了贴近实际的 20 多个案例。此外，本书还设置了综合实战训练，主要包含商务宣传册封面效果的设计与制作、手机用户界面的设计与制作、企业网站效果图的设计与制作 3 个综合项目。

本书 9 个基础任务都由任务展示、知识准备、任务实施、任务拓展、任务小结、拓展训练等模块构成。

前言

任务展示：主要展示任务实施效果，以提高读者的学习兴趣。

知识准备：主要讲解相关知识点，展示相关技术的使用方法与技巧，通过一系列案例实践，让读者可以边学边做。

任务实施：主要设置任务分析、技能要点、实现过程，通过不同的角度加强读者对相关知识与技能的理解，进而使读者能综合应用所学知识。

任务拓展：主要介绍相关的技巧与技能的拓展应用。

任务小结：对整个任务中的技术要点进行总结归纳。

拓展训练：主要包括理论练习与实践练习，帮助读者从理论向技能应用迁移。

综合实战训练深度融合了前 9 个任务介绍过的知识，以提高读者综合运用知识的能力，使读者在任务实施的基础上通过“学、仿、做、创”达到理论与实践的统一。

本书的主要特点如下。

- 内容设计合理，符合学习者的认知规律，同时将社会主义核心价值观、中华优秀传统文化等融入案例之中。
- 教材资源丰富，配套有多媒体教学课件、书中案例的源文件、微课视频 110 个。

本书由刘万辉、司艳丽、孙重巧主编，刘万辉负责教材的总体设计及统稿。王超、章早立等参与了本书的编写工作或相关资料的收集工作。

由于编者水平有限，书中难免存在不妥之处，请读者见谅，望提出宝贵意见。

编者

2023 年 5 月

目录 CONTENTS

任务 1
认识 Photoshop CC 1
任务展示：设计电商女装店海报 2
知识准备 2
1.1 图像处理的基础理论 2
1.1.1 像素和分辨率 2
1.1.2 位图与矢量图 3
1.1.3 颜色模式 4
1.1.4 图像文件格式 5
1.2 Photoshop CC 中的基本操作 6
1.2.1 认识 Photoshop CC 的工作界面 6
1.2.2 图像文件的创建、保存与关闭 7
1.2.3 图像文件的打开与屏幕模式的切换 8
1.2.4 图像与画布大小的调整 9
1.2.5 基本选区的使用 10
1.2.6 前景色与背景色的设置 11
1.3 Photoshop CC 专业快捷键的应用 11
1.3.1 快捷键指法的应用 11
1.3.2 常用快捷键 12
1.4 综合案例：设计智能手表广告 14
1.4.1 效果展示 14
1.4.2 实现过程 14
任务实施：设计电商女装店海报 16
任务拓展 19
任务小结 20
拓展训练 20

任务 2
应用基本工具 21
任务展示：公益海报的制作 22
知识准备 22
2.1 图像选区的调整与编辑 22
2.1.1 选框工具组 22
2.1.2 套索工具组 23
2.1.3 魔棒工具 25
2.1.4 选区的修改 26
2.1.5 色彩范围 28
2.2 图像编辑常用工具 30
2.2.1 移动工具 30
2.2.2 裁剪工具 31
2.2.3 缩放工具 31
2.2.4 橡皮擦工具组 32
2.2.5 抓手工具 32
2.2.6 应用案例：盘中的葡萄 32
2.3 图像绘制与修饰工具 34
2.3.1 画笔工具 34
2.3.2 渐变工具 36
2.3.3 模糊工具组 37
2.3.4 减淡工具组 39
2.4 修复图像工具 40
2.4.1 仿制图章工具 40
2.4.2 修复画笔工具 41
2.4.3 污点修复画笔工具 42
2.4.4 修补工具 42
2.5 填充与描边图像 43
2.5.1 填充图像 43
2.5.2 描边图像 45

CONTENTS

2.6 文字工具组 45
2.6.1 认识文字工具 45
2.6.2 格式化文字 46
2.7 调整变换图像 47
2.7.1 图像的基本变换 47
2.7.2 图像的精确变换 48
2.7.3 再次变换 48
2.8 综合案例：制作教师节海报 50
2.8.1 效果展示 50
2.8.2 实现过程 51
任务实施：公益海报的制作 54
任务拓展 58
任务小结 60
拓展训练 60

任务 3
应用图层 62

任务展示：全民健身多彩运动鞋广告设计 63
知识准备 63
3.1 图层概述 63
3.1.1 图层的分类及作用 63
3.1.2 图层面板 64
3.1.3 图层的基本应用 66
3.1.4 图层组的基本操作 71
3.2 图层样式 73
3.2.1 认识图层样式 73
3.2.2 常用的图层样式 73
3.2.3 自定义与修改图层样式 80
3.3 图层混合模式 82
3.3.1 认识图层混合模式 82
3.3.2 图层混合模式详解 83
3.3.3 混合模式的综合应用 85
3.4 智能对象 86
3.4.1 认识智能对象 86
3.4.2 创建智能对象 87
3.4.3 智能对象的常见操作 87
3.5 3D 功能的基本使用 88
3.5.1 认识 3D 功能 88
3.5.2 创建 3D 明信片 90
3.5.3 3D 功能的综合应用 90
3.6 综合案例：翡翠玉镯的制作 92
3.6.1 效果展示 92
3.6.2 实现过程 92
任务实施：全民健身多彩运动鞋广告设计 94
任务拓展 98
任务小结 99
拓展训练 100

任务 4
调整图像的色彩与色调 101

任务展示：制作历史变迁特效 102
知识准备 102
4.1 色彩的基础知识 102
4.1.1 色彩的基本属性 102
4.1.2 色彩的含义 102
4.1.3 查看图像的色彩分布 103
4.2 色彩的基础调整 104
4.2.1 运用“色阶”命令 104
4.2.2 运用“曲线”命令 105
4.2.3 运用“亮度/对比度”命令 107

目录

4.2.4 运用自动命令 108

4.3 色调的高级调整 109

4.3.1 运用“色相/饱和度”命令 109

4.3.2 运用“色彩平衡”命令 111

4.3.3 运用“替换颜色”命令 112

4.3.4 运用“照片滤镜”命令 113

4.3.5 运用“阴影/高光”命令 113

4.4 色彩和色调的特殊调整 114

4.4.1 运用“黑白”命令 114

4.4.2 运用“反相”命令 115

4.4.3 运用“去色”命令 115

4.4.4 运用“色调均化”命令 116

4.5 调整图层和填充图层的使用 116

4.5.1 认识调整图层与填充图层 116

4.5.2 调整图层的应用 118

4.6 综合案例：破墙而出特效的制作 119

4.6.1 效果展示 119

4.6.2 实现过程 119

任务实施：制作历史变迁特效 122

任务拓展 125

任务小结 125

拓展训练 126

任务 5

应用路径 127

任务展示：手机音乐播放界面的设计与制作 128

知识准备 128

5.1 路径简介 128

5.1.1 路径的概述 128

5.1.2 路径的基本使用 129

5.2 路径的绘制与选择 129

5.2.1 钢笔工具 129

5.2.2 自由钢笔工具 130

5.2.3 添加锚点工具与删除锚点工具 131

5.2.4 转换点工具 131

5.2.5 路径选择工具 131

5.2.6 路径面板 132

5.2.7 路径的应用 133

5.3 绘制与编辑形状路径 135

5.3.1 形状工具组 135

5.3.2 创建自定义形状 136

5.3.3 填充与描边路径 138

5.3.4 路径运算 139

5.4 综合案例：电子名片的制作 140

5.4.1 效果展示 140

5.4.2 实现过程 141

任务实施：手机音乐播放界面的设计与制作 144

任务拓展 148

任务小结 148

拓展训练 149

任务 6

应用蒙版 150

任务展示：茶文化宣传海报的设计151

知识准备 151

6.1 蒙版简介 151

6.1.1 认识蒙版 151

6.1.2 快速蒙版 152

CONTENTS

6.1.3 图层蒙版 153
6.1.4 剪贴蒙版 155
6.1.5 矢量蒙版 156

6.2 蒙版的编辑与应用 158

6.2.1 图层蒙版的其他操作 158
6.2.2 选区与蒙版的转换 159
6.2.3 图层蒙版与通道的关系 159
6.2.4 在图层蒙版中使用滤镜 160
6.2.5 使用图像制作图层蒙版 160

6.3 综合案例：天空之城特效海报的制作 161

6.3.1 效果展示 161
6.3.2 实现过程 161

任务实施：茶文化宣传海报的设计 164
任务拓展 168
任务小结 170
拓展训练 170

任务 7
应用通道 171

任务展示：婚纱照的设计与制作 172
知识准备 172

7.1 通道简介 172

7.1.1 通道的概念 172
7.1.2 认识通道面板 174

7.2 通道的基本操作 175

7.2.1 将选区存储为 Alpha 通道 175
7.2.2 载入 Alpha 通道 176
7.2.3 新建、复制与删除通道 177
7.2.4 通道的分离与合并 178
7.2.5 Alpha 通道形状的修改 179
7.2.6 案例：利用通道合成书画作品 179

7.3 通道混合 181

7.3.1 通道混合器 181
7.3.2 应用图像命令 183
7.3.3 计算命令 184
7.3.4 案例：利用通道抠取头发 185

7.4 综合案例：活力青春海报的制作 187

7.4.1 效果展示 187
7.4.2 实现过程 187

任务实施：婚纱照的设计与制作 190
任务拓展 194
任务小结 194
拓展训练 195

任务 8
应用滤镜 196

任务展示：使用滤镜制作水墨画效果 197
知识准备 197

8.1 滤镜简介 197

8.1.1 认识滤镜 197
8.1.2 滤镜的分类与用途 197
8.1.3 滤镜的基本操作 198
8.1.4 滤镜的使用原则 199
8.1.5 混合滤镜的使用 200

8.2 使用智能滤镜的方法 200

8.2.1 创建智能滤镜 201
8.2.2 编辑智能滤镜 202

8.3 常用滤镜的使用 203

目录

8.3.1 像素化滤镜 203
8.3.2 扭曲滤镜 203
8.3.3 杂色滤镜 204
8.3.4 模糊滤镜 205
8.3.5 渲染滤镜 205
8.3.6 锐化滤镜 206
8.3.7 风格化滤镜 206

8.4 特殊滤镜的使用 207

8.4.1 使用滤镜库滤镜 207
8.4.2 使用自适应广角滤镜 208
8.4.3 使用镜头校正滤镜 209
8.4.4 使用液化滤镜 209
8.4.5 使用消失点滤镜 211

8.5 综合案例：液体巧克力效果的制作 212

8.5.1 效果展示 212
8.5.2 实现过程 212

任务实施：使用滤镜制作水墨画效果 213
任务拓展 217
任务小结 219
拓展训练 219

任务 9
制作动画与应用动作 220

任务展示：钟表表面的制作 221
知识准备 221

9.1 动画简介 221

9.1.1 动画的原理 221
9.1.2 时间轴面板 221
9.1.3 案例：制作卡通眨眼动画 223

9.2 动作的使用 224

9.2.1 动作的基本功能 224
9.2.2 动作面板 225
9.2.3 新建与播放动作 225
9.2.4 播放动作 227
9.2.5 复制和删除动作 227

9.3 批处理 228

9.3.1 批处理图像 228
9.3.2 裁剪并修齐图片 229

9.4 综合案例：自动无缝拼接照片 229

9.4.1 效果展示 229
9.4.2 实现过程 230

任务实施：钟表表面的制作 231
任务拓展 233
任务小结 234
拓展训练 234

任务 10
综合实战训练 236

综合项目一：商务宣传册封面效果的设计与制作 237

10.1 项目展示 237
10.2 项目分析 237
10.3 项目实施 237

10.3.1 封面展开页的制作 237
10.3.2 制作立体效果 240

综合项目二：手机用户界面的设计与制作 242

10.4 项目展示 242
10.5 项目分析 242

CONTENTS

10.6 项目实施 243

10.6.1 用户界面背景的设计与制作 243

10.6.2 用户界面文字与图标的制作 244

综合项目三：企业网站效果图的设计与制作 247

10.7 项目展示 247

10.8 项目分析 247

10.9 项目实施 248

10.9.1 网站首部与导航栏的制作 248

10.9.2 网站 Banner 区域的制作 250

10.9.3 公司简介的制作 251

10.9.4 行业资讯的制作 252

10.9.5 项目介绍的制作 254

10.9.6 经典案例的制作 255

10.9.7 联系我们的制作 256

10.9.8 版权信息的制作 257

参考文献 258

01 任务 1 认识 Photoshop CC

本任务介绍

本任务对 Photoshop CC 中文件的基础操作（如新建、打开及保存等）进行详细讲解。另外，本任务还将对 Photoshop CC 中的部分关键概念进行讲解，例如像素、分辨率、位图、矢量图等。

学习目标

知识目标	能力目标	素养目标
（1）了解像素和分辨率。 （2）区分位图与矢量图。 （3）了解颜色模式、图像文件格式。 （4）认识 Photoshop CC 的界面	（1）掌握 Photoshop CC 的基础操作。 （2）掌握 Photoshop CC 常用快捷键的应用。 （3）掌握常用工具的参数设置。 （4）能够参考作品进行初步的模仿设计	（1）培养主动学习、独立思考、主动探究的意识。 （2）提升团队协作能力

任务展示：设计电商女装店海报

本任务是为一家电商女装店设计海报，整体设计效果如图 1-1 所示。

图 1-1　电商女装店海报效果

知识准备

1.1 图像处理的基础理论

1.1.1 像素和分辨率

1. 像素

像素是构成图像的最小单位，它的形态是一个小方块。很多个像素组合在一起就构成了一幅图像，组合成图像的每一个像素只显示一种颜色。图 1-2 所示为像素构成的城市夜景照片。

图 1-2　像素构成的城市夜景照片

2. 分辨率

分辨率是图像处理中一个非常重要的概念，它是指位图图像每英寸（1 英寸≈2.54 厘米）所包含的像素数量，单位是像素/英寸（PPI）。分辨率的高低会直接影响图像的质量，分辨率越高，图像越清晰，文件也就越大。图 1-3 所示为高分辨率的图像（300ppi），图像非常清晰，但图像处理速度较慢；反之，分辨率越低，图像就越模糊。同样的图像，分辨率低（72ppi）的效果如图 1-4 所示。

图 1-3　高分辨率的图像（300ppi）

图 1-4　低分辨率的图像（72ppi）

图像的分辨率并不是越高越好，应根据具体用途而定。屏幕显示的分辨率一般为 72ppi，打印的分辨率一般为 150ppi，印刷的分辨率一般为 300ppi。

1.1.2　位图与矢量图

在计算机设计领域中，图形图像分为两种类型：位图和矢量图。

1. 位图

位图又称为点阵图，由许多点组成，这些点即像素。当许多不同颜色的点组合在一起后，便构成了一幅完整的图像。

位图可以记录每一个点的数据信息，因而设计师可以精确地制作出色彩和色调变化丰富的图像。但是，由于位图所包含的像素数目是一定的，因此将图像放大到一定程度后，图像就会失真，其边缘会出现锯齿，如图 1-5 所示。

图 1-5　位图的原效果与放大后的效果

2. 矢量图

矢量图也称为向量图，它以线条和色块为主，用矢量的方式来记录图像内容。这类图像的线条非常光滑、流畅，可以进行无限的放大和缩小操作，并且不会失真，如图 1-6 所示。矢量图不宜用于表现色调丰富或者色彩变化太多的图像。

图 1-6 矢量图的原效果与放大后的效果

1.1.3 颜色模式

颜色模式决定了图像显示颜色的数量、图像通道数和图像文件的大小。Photoshop CC 中能以多种颜色模式显示图像，常用的有 RGB、CMYK、灰度和位图等模式。

1. RGB 模式

RGB 模式是 Photoshop 默认的颜色模式，是图形图像设计中常用的颜色模式。R、G、B 分别代表 Red（红色）、Green（绿色）、Blue（蓝色），即为光学三原色，每一种颜色存在着 256 个等级的强度变化。当三原色重叠时，不同的混色比例和强度会产生不同的颜色，三原色相加会产生白色，如图 1-7 所示。

RGB 模式颜色丰富，所有滤镜都可以使用，各软件之间对 RGB 模式兼容性高，但在印刷输出时偏色情况较明显。

2. CMYK 模式

CMYK 模式即由 Cyan（青色）、Magenta（洋红色）、Yellow（黄色）、Black（黑色）合成颜色的模式，这是印刷领域主要使用的颜色模式。

青色、洋红色、黄色叠加可生成红色、绿色、蓝色及黑色，如图 1-8 所示；黑色用来增强对比度，以补偿青色、洋红色、黄色混合产生的黑度不足。由于印刷使用的油墨都包含一些杂质，单纯由青色、洋红色、黄色 3 种颜色的油墨混合不能产生真正的黑色，因此需要加一种黑色。CMYK 模式是一种减色模式，每一种颜色所占的百分比范围为 0~100%，百分比越大，颜色越深。

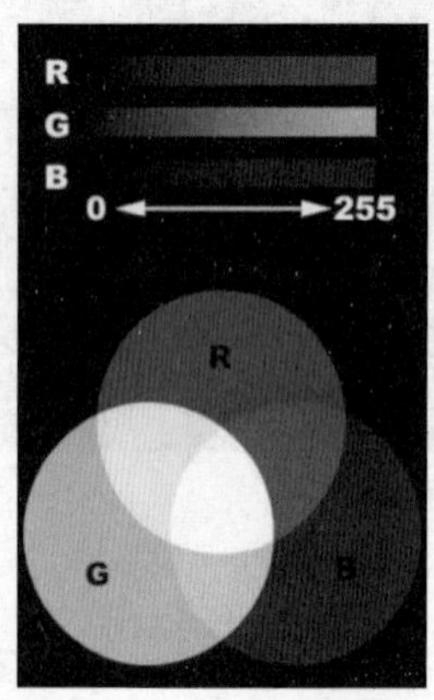

图 1-7 RGB 颜色模式示意

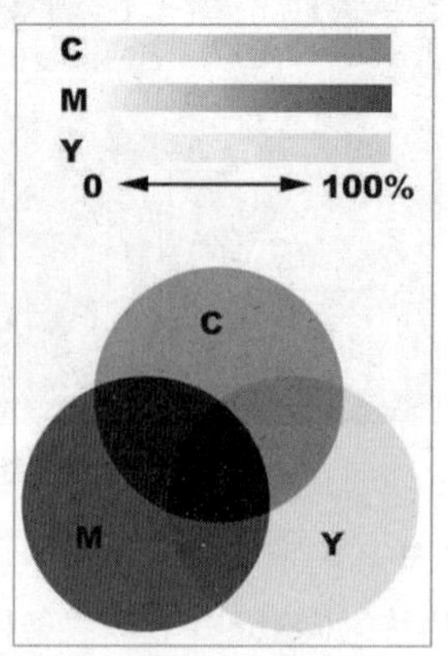

图 1-8 CMYK 颜色模式示意

3. 灰度模式

灰度模式可以将彩色图像转变成黑白图像，如图 1-9 所示，它是图像处理中广泛应用的颜色模式。此模式采用 256 级不同浓度的灰度来描述图像，每个像素都有 0~255 的亮度值。

将彩色图像的颜色模式转换为灰度模式时，所有的颜色信息都将被删除。虽然 Phtotoshop 允许将灰度模式的图像再转换为彩色模式的图像，但是原来已丢失的颜色数据不能再恢复。

4. 位图模式

位图模式也称为黑白模式，使用黑、白双色来描述图像中的像素，如图 1-10 所示。黑白之间没有灰度过渡色，该模式的图像占用的内存空间非常少。当将一张彩色图像转换为位图模式的图像时，不能直接转换，必须先将图像的颜色模式转换为灰度模式，然后再转换为位图模式。

图 1-9　灰度模式的图像

图 1-10　位图模式的图像

1.1.4　图像文件格式

图像文件格式是指在计算机中表示并存储图像信息的格式。不同的领域对图像文件格式的要求会有不同，例如，在彩色印刷领域，图像文件的格式要求为 TIFF，而 GIF 格式和 JPEG 格式则广泛应用于互联网中，因为其具有独特的图像压缩方式，所占用的内存容量十分小。

Photoshop CC 支持 20 多种图像文件格式，下面介绍 8 种常用的图像文件格式。

1. PSD 格式与 PSB 格式

PSD 格式是 Photoshop 的默认格式，可以分别保存图像中的图层、通道、参考线和路径信息。

PSB 格式是 Photoshop 中的一种大型文件格式，除了具有 PSD 格式的所有属性，其最大的特点就是支持宽度和高度最大为 30 万像素的图像。但是 PSB 格式也有缺点，就是存储的图像文件特别大，占用的磁盘空间较多。由于 PSB 格式在一些图形程序中没有得到很好的支持，所以通用性不强。

2. BMP 格式

BMP 格式是 DOS 和 Windows 兼容的计算机上的标准图像文件格式，是英文 bitmap（位图）的缩写。BMP 格式支持 1~24 位颜色深度，使用的颜色模式有 RGB 模式、灰度模式和位图模式等，但不能保存 Alpha 通道。BMP 格式的特点是包含的图像信息较丰富，几乎不对图像进行压缩，占用的磁盘空间大。

3. JPEG 格式

JPEG 格式是一种高压缩比、有损压缩真彩色的图像文件格式，其最大特点是文件比较小，可以进行高倍率的压缩，因而在注重文件大小的领域应用广泛，例如网络上绝大部分要求高颜色深度的图像都使用 JPEG 格式。JPEG 格式支持 RGB 模式、CMYK 模式和灰度模式，它主要用于图像预览和 HTML 网页制作。

JPEG 格式是压缩率最高的图像文件格式之一，这是由于 JPEG 格式在压缩保存的过程中会以失真最小的方式丢掉一些肉眼不易察觉的内容。因此，保存后的图像与原图有一定的差别。此格式的图像没有原图像的质量好，所以不宜在印刷、出版等对图像质量有高要求的场合下使用。

4. AI 格式

AI 格式是 Illustrator 所特有的矢量图形存储格式。在 Photoshop 中将保存了路径的图像文件输出为 AI 格式，可以在 Illustrator 和 CorelDRAW 等矢量图形软件中直接打开该图像文件并进行任意修改和处理。

5. TIFF 格式

TIFF 格式用于在不同的应用程序和不同的计算机平台之间传输文件。TIFF 格式是一种通用的位图文件格式，几乎所有的绘画、图像编辑和页面版式应用程序均支持该文件格式。

TIFF 格式能够保存通道、图层和路径信息，但如果在除 Photoshop 外的其他应用程序中打开用该文件格式保存的图像，则所有图层将被合并，只有使用 Photoshop 打开保存了图层的 TIFF 文件，才能修改其中的图层。

6. GIF 格式

GIF 格式也是一种通用的图像文件格式，由于最多只能保存 256 种颜色，且使用 LZW 压缩方式压缩文件，因此，GIF 格式保存的文件不会占用太多的磁盘空间，非常适合互联网中的图片传输。GIF 格式还可以保存动画。

7. PNG 格式

PNG（Portable Network Graphics，便携式网络图形）格式是一种无损压缩的位图格式。其设计目的是替代 GIF 格式和 TIFF 格式，同时增加一些 GIF 格式所不具备的特性。PNG 格式一般应用于 Java 程序和网页中，原因是它压缩比高，生成的文件体积小。

8. EPS 格式

EPS 是 Encapsulated PostScript 的缩写。EPS 格式可以说是一种通用的行业标准格式。它可同时包含像素信息和矢量信息。除了多通道模式的图像，其他模式的图像都可存储为 EPS 格式，但是它不支持 Alpha 通道。EPS 格式可以支持剪贴路径，在排版软件中可以产生镂空或蒙版效果。

1.2 Photoshop CC 中的基本操作

认识 Photoshop CC 的工作界面

1.2.1 认识 Photoshop CC 的工作界面

Photoshop CC 是一个功能强大的图形图像处理软件。下面开始介绍 Photoshop CC 的工作界面，帮助读者熟悉它的各个模块及功能。

Photoshop CC 的工作界面主要由菜单栏、工具属性栏、工具箱、面板栏、文档窗口和状态栏等组成，如图 1-11 所示。

图 1-11　Photoshop CC 的工作界面

下面介绍这些组成部分的含义。

菜单栏：软件各种应用命令的集合处，从左至右依次为文件、编辑、图像、图层、文字选择、滤镜、3D、视图、窗口、帮助等菜单。这些菜单集合了 Photoshop CC 的上百个命令。

工具属性栏：在工具箱中选择某个工具后，菜单栏下方的工具属性栏就会显示当前工具对应的属性和参数，用户可以通过设置这些参数来调整工具的属性。

工具箱：集合了图像处理过程中使用频繁的工具，使用它们可以绘制图像、修饰图像、创建选区及调整图像的显示比例等。工具箱的默认位置在工作界面的左侧，拖动其顶部可以将它拖放到工作界面的任意位置。工具箱顶部有个折叠按钮，单击该按钮可以将工具箱中的工具排列紧凑。

文档窗口：对图像进行浏览和编辑的主要场所，其标题栏主要显示当前图像文件的文件名、文件格式、显示比例及图像颜色模式等信息。

面板栏：Photoshop CC 中进行颜色选择、图层编辑、路径编辑等操作的主要功能区域，单击控制面板区域左上角的扩展按钮，可打开隐藏的控制面板组；如果想尽可能显示面板中的工具，单击控制面板区域右上角的折叠按钮可以最简洁的方式显示控制面板。

状态栏：位于工作界面的底部，最左端显示当前文档窗口的显示比例，在其中输入数值后按<Enter>键可以改变图像的显示比例；中间显示当前图像文件的大小；右端显示当前所选工具及正在进行操作的功能与作用。

1.2.2　图像文件的创建、保存与关闭

图像文件的创建、保存与关闭

1. 图像文件的创建

执行“文件”→“新建”命令，打开“新建文档”对话框，进行相应设置，如图 1-12 所示，单击“创建”按钮即可完成图像文件的创建。

在“新建文档”对话框中可以选择“最近使用项”“已保存”“照片”“打印”“图稿和插图”“Web”“移动设备”“胶片和视频”等选项卡新建所需的文件。

例如，在“新建文档”对话框中选择“最近使用项”选项卡中的自定义参数（1000 像素×1000

像素@300ppi）的文件，则右侧的“预设详细信息”中各参数含义如下。

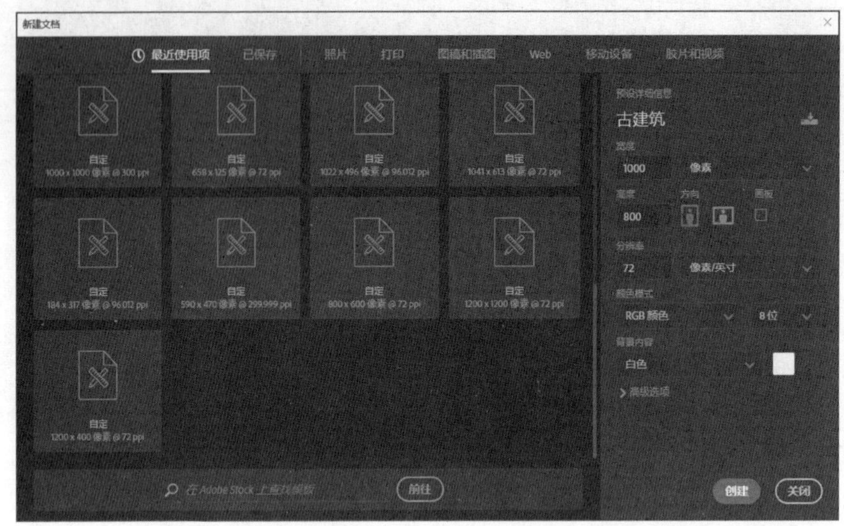

图 1-12 “新建文档”对话框

名称：设置图像的标题名，默认为“未标题-1”。

宽度：用于指定图像的宽度，在其后的下拉列表中可以设置计量单位（“像素”“厘米”“英寸”等），数字媒体、软件与网页界面设计一般用“像素”作为单位，应用于印刷的设计一般用“毫米”作为单位。

高度：用于指定图像的高度。

方向：可以把宽度与高度交换。

分辨率：主要指图像分辨率，表示每英寸图像含有多少像素点。

颜色模式：网页界面设计主要用 RGB 模式（主要用于屏幕显示）。

背景内容：有“白色”“背景色”“透明”3 种选项。

画板：在新文档中可以创建画板（画板是一个文档中可以存在多个的作图面板），在没有特定要求的前提下不需要勾选。

高级选项：具体包括“颜色配置文件”与“像素长宽比”的相关设置。

2. **图像文件的保存与关闭**

执行“文件”→“存储为”命令，打开“存储为”对话框，选择合适的路径，并输入合适的文件名保存图像文件（默认格式为 PSD，网络中一般使用 JPG、PNG 或 GIF 格式）。

执行“文件”→“关闭”命令即可关闭图像文件，直接单击文档窗口右上角的“关闭”按钮 × 也能关闭图像文件。

1.2.3 图像文件的打开与屏幕模式的切换

图像文件的打开与屏幕模式

图像文件的打开：执行“文件”→“打开”命令，弹出“打开”对话框，选择图像的路径后单击“打开”按钮即可打开图像。

Photoshop CC 中有 3 种不同的显示模式，这 3 种显示模式可以通过执行“视图”→“屏幕模式”命令进行切换。

这 3 种显示模式为“标准屏幕模式”“带有菜单的全屏模式”“全屏模式”。“标准屏幕模式”的效果如图 1-11 所示，“带有菜单的全屏模式”的效果如图 1-13 所示，“全屏模式”的效果如图 1-14 所示。

图 1-13　带有菜单的全屏模式

图 1-14　全屏模式

这 3 种模式的切换也可以通过按快捷键<F>来实现，连续按快捷键<F>可以在这 3 种模式间快速切换。为了更好地显示图像的效果还可以按快捷键<Tab>来隐藏工具箱和面板栏。

1.2.4　图像与画布大小的调整

图像与画布大小的调整

像素作为图像的构成单位，同 RGB 模式一样只存在于计算机中。像素是一种虚拟的单位，现实生活中并没有这个单位。打开一幅图片“古建筑的屋檐与房檐.jpg”，执行“图像”→“图像大小”命令，打开“图像大小”对话框，可以看到该图片的基本信息，如图 1-15 所示。

可以看到这张图片的图像大小，宽度为 3000 像素，高度为 2000 像素，分辨率为 300 像素/英寸。通过修改“图像大小”对话框中的参数可以完成图像的放大与缩小。

执行“图像”→“画布大小”命令，打开图 1-16 所示的“画布大小”对话框。该对话框可用于添加现有的图像周围的工作区域，或减小画布区域来裁切图像。

图 1-15　“图像大小”对话框

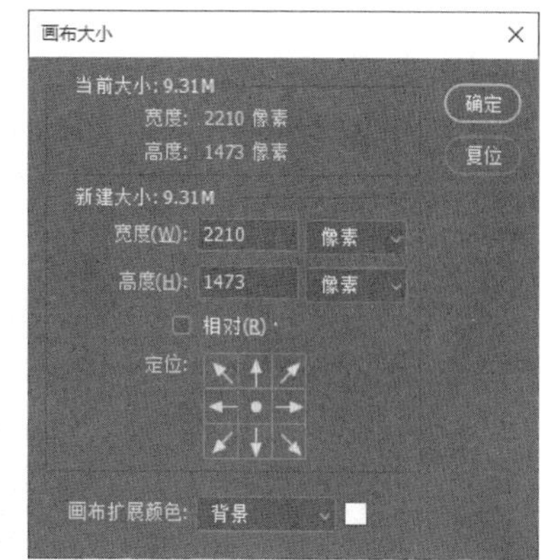

图 1-16　“画布大小”面板

在“宽度”和“高度”文本框中可以输入所需的画布尺寸，在“宽度”和“高度”文本框旁边的下拉列表中可以选择度量单位。

如果勾选“相对”复选框，则在输入数值时，画布的大小相对于原尺寸进行增大与减小。输入的数值如果为负数则表示减小画布的大小。单击“定位”中的某个方块可以指示现有图像在新画布上的位置。在“画布扩展颜色”下拉列表中可以选择画布的颜色。

在“画布大小”对话框中设置好参数后，单击“确定”按钮，修改就完成了。

1.2.5 基本选区的使用

基本选区的使用

选区就是用来编辑的区域，Photoshop 中的所有的命令都只对选区内的部分有效，对选区外无效。选区用黑白相间的“蚂蚁线”表示。

图 1-17　建立矩形选区

使用“矩形选框工具”可以方便地在图像中制作出长宽随意的矩形选区。操作时，只要在文档窗口中按住鼠标左键拖动鼠标即可建立一个简单的矩形选区，如图 1-17 所示。

在选择了“矩形选框工具”后，Photoshop CC 的工具属性栏会自动变为“矩形选框工具”参数设置状态，该工具属性栏包括选区建立方式、羽化、消除锯齿和样式等选项，如图 1-18 所示。

图 1-18　“矩形选框工具”的工具属性栏

取消“蚂蚁线”的方式是执行“选择”→“取消选择”命令。

选区建立方式：“新选区”按钮能清除原有的选区，直接新建选区，这是 Photoshop 默认的选择方式，使用起来非常简单；“添加到选区”按钮能在原有选区的基础上，添加新的选区；“从选区减去”按钮能在原来的选区中，减去与新的选区交叉的部分；“与选区交叉”按钮使原有选区和新建选区相交的部分成为最终的选择范围。

羽化：设置羽化参数可以有效地消除选区中的硬边界，使选区的边界产生朦胧的渐隐效果。例如对图 1-19 所示的选区进行羽化（羽化值设为 25 像素）后的效果如图 1-20 所示。

图 1-19　未进行羽化的矩形选区

图 1-20　羽化后的矩形选区

样式：当需要得到精确的选区的长宽特性时，可通过工具属性栏中的“样式”下拉列表来完成，其中的选项有正常、固定比例、固定大小 3 种。

1.2.6 前景色与背景色的设置

Photoshop 使用前景色绘图、填充和描边选区，使用背景色进行渐变和填充图像中的被擦除的区域。工具箱中的前景色与背景色的设置按钮如图 1-21 所示。

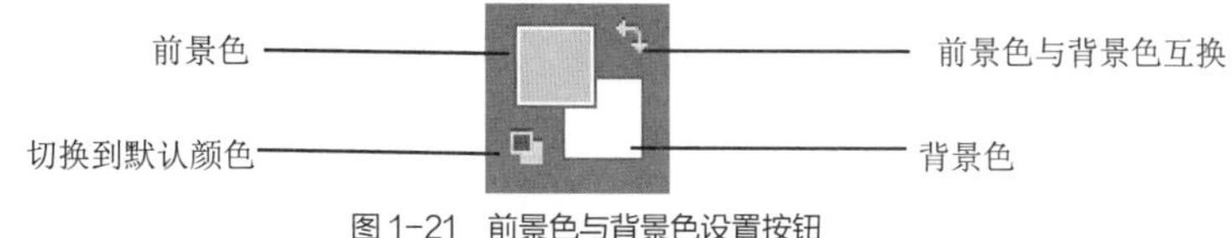

图 1-21 前景色与背景色设置按钮

单击前景色或背景色设置按钮的色块，即可打开“拾色器”对话框，如图 1-22 所示。

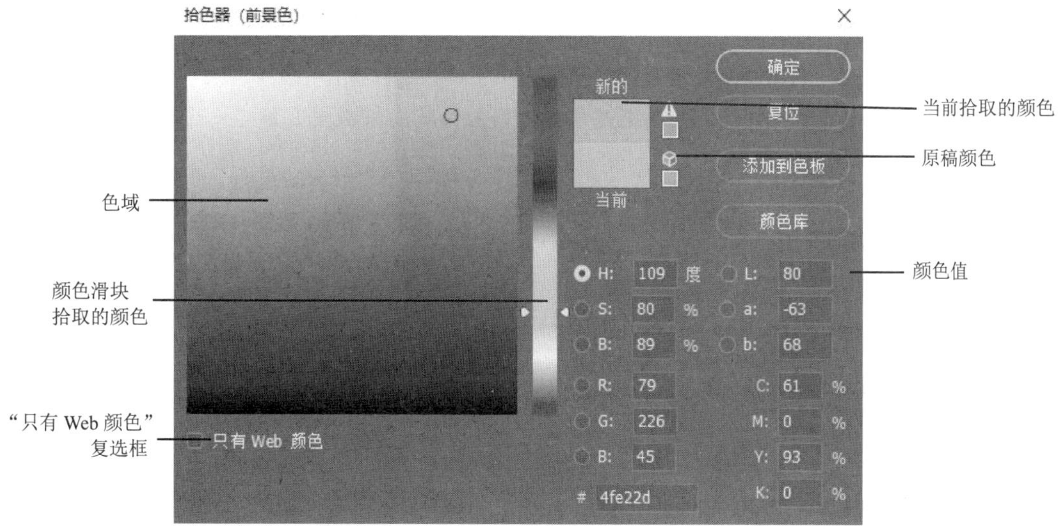

图 1-22 “拾色器”对话框

在对话框左侧的色域中单击，或者在右侧输入其中一种颜色模式的颜色值都可以得到所需的颜色。

选择工具箱中的“吸管工具”，然后在需要的颜色上单击即可将对应颜色设置为当前的前景色。当移动鼠标指针在图像中取色时，“拾色器”对话框会动态地发生相应的变化。如果在单击某种颜色的同时按住<Alt>键，则可以将该颜色设置为新的背景色。

1.3 Photoshop CC专业快捷键的应用

1.3.1 快捷键指法的应用

1. **指法介绍**

下面举几个例子来说明快捷键的使用方法与技巧。

快捷键<Ctrl+A>的功能是选择全部内容。

操作含义：按住<Ctrl>键，按<A>键，最后松开所有键。

操作要点：按住第一个键时不可松手，确保在按住它的前提下按第二个键，同样在按第二个键时第一个键不可松开。

操作指法（以左手操作键盘，右手操作鼠标为例）如图 1-23 所示。

快捷键<Ctrl+P>的功能是打印，操作指法如图 1-24 所示。

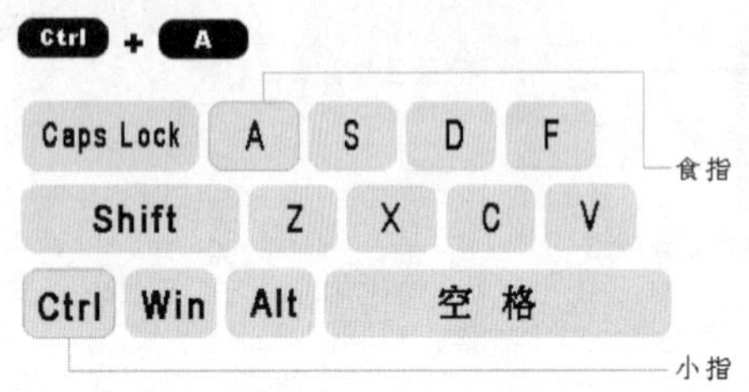

图 1-23 快捷键<Ctrl+A>的指法操作技巧

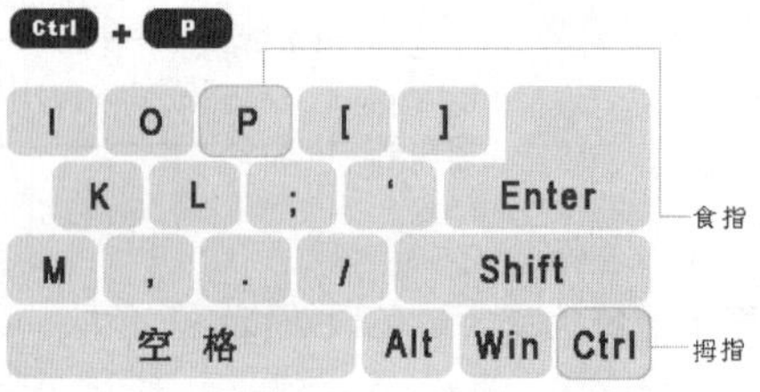

图 1-24 快捷键<Ctrl+P>的指法操作技巧

快捷键<Ctrl+Alt+空格>的功能是切换至“缩小工具”，操作指法如图 1-25 所示。

快捷键<Ctrl+Shift+Alt+T>的功能是再次变换复制的像素数据并建立一个副本，操作指法如图 1-26 所示。

图 1-25 快捷键<Ctrl+Alt+空格>的指法操作技巧

图 1-26 快捷键<Ctrl+Shift+Alt+T>的指法操作技巧

2. 常见问题

问题 1：许多快捷键在中文输入状态下无效。解决办法：切换至英文输入状态。

问题 2：按快捷键时，先按下的键不小心松开了，则整个快捷键无效（初期会出现）。解决办法：重新按。

问题 3：快捷键与鼠标协同操作时，先松开键盘，后松开鼠标导致操作无效。解决办法：先松开鼠标，再松开键盘。

1.3.2 常用快捷键

Photoshop 常用工具快捷键如表 1-1 所示。

表 1-1 Photoshop 常用工具快捷键

快捷键	工具	快捷键	工具
M	选框工具	L	套索工具
V	移动工具	W	快速选择工具
J	修复画笔工具	B	画笔工具
I	吸管工具	S	仿制图章工具

续表

快捷键	工具	快捷键	工具
Y	历史记录画笔工具	E	橡皮擦工具
R	旋转视图工具	O	减淡工具
P	钢笔工具	T	文字工具
U	自定义形状工具	G	渐变工具
H	抓手工具	Z	缩放工具
C	裁剪工具	A	直接选择工具

Photoshop 常用快捷键如表 1-2 所示。

表 1-2　Photoshop 常用快捷键

快捷键	功能与作用	快捷键	功能与作用
D	默认前景和背景色	X	切换前景和背景色
Q	编辑模式切换	F	显示模式切换
+	添加锚点	–	删除锚点
Ctrl+N	新建图形文件	Tab	切换显示或隐藏所有的控制面板
Ctrl+O	打开已有的图像	Shift+Tab	隐藏其他面板（除工具箱）
Ctrl+W	关闭当前图像	Ctrl+A	全部选择
Ctrl+D	取消选区	Ctrl+G	与前一图层编为一组
Ctrl+Shift+I	反向选择	Ctrl++	放大视图
Ctrl + S	保存当前图像	Ctrl+–	缩小视图
Ctrl + X	剪切选取的图像或路径	Ctrl+0	铺满画布显示
Ctrl + C	复制选取的图像或路径	Ctrl+L	调整色阶
Ctrl+V	将剪贴板的内容粘到当前图像中	Ctrl+M	打开“曲线”对话框
Ctrl + K	打开“首选项”对话框	Ctrl+U	打开“色相/饱和度”对话框
Ctrl + Z	还原前一步操作	Ctrl+Shift+U	去色
Ctrl + Shift + Z	重做上一操作	Ctrl+I	反相
Ctrl+T	自由变换	Ctrl+J	通过复制建立一个图层
Ctrl + Shift + E	合并可见图层	Ctrl+E	向下合并或合并链接图层
Ctrl+Shift+Alt+T	再次变换复制的像素数据并建立一个副本	Ctrl+[	将当前图层下移一层
Delete	删除选框中的图案或选取的路径	Ctrl+]	将当前图层上移一层
Ctrl+Backspace 或 Ctrl+Delete	用背景色填充所选区域或整个图层	Ctrl+Shift+[	将当前图层移到最下面
Alt +Backspace 或 Alt +Delete	用前景色填充所选区域或整个图层	Ctrl+Shift+]	将当前图层移到最上面

1.4 综合案例：设计智能手表广告

智能手表广告
展示实现

1.4.1 效果展示

本案例主要使用大小不一样的展示窗口，运用色块展示智能手表系列产品，借助矩形选框工具和文字工具实现页面效果。智能手表广告展示效果如图 1-27 所示。

图 1-27 智能手表广告展示效果

素养小贴士

科学技术是第一生产力

“科学技术是第一生产力”是邓小平提出的重要论断。1975 年 9 月 26 日，在听取中国科学院工作汇报时，针对当时的实际情况，他就明确指出：“科学技术叫生产力，科技人员就是劳动者！”。在 1978 年 3 月召开的全国科学大会开幕式上，邓小平指出：科学技术是生产力，这是马克思主义历来的观点。1988 年 9 月 5 日，邓小平在会见捷克斯洛伐克总统胡萨克时，提出了“科学技术是第一生产力”的重要论断。1992 年初，在视察南方时的谈话中，邓小平再次强调：科学技术是第一生产力。高科技领域的一个突破，能带动一批产业的发展。

1.4.2 实现过程

本案例操作步骤如下。

（1）打开 Photoshop CC，执行“文件”→“新建”命令（或者按快捷键<Ctrl+N>），创建一个宽度为 800 像素、高度为 500 像素、分辨率为 72 像素/英寸的文档。执行“文件”→“存储为”命令，将文件保存为“智能手表广告展示.psd”。

（2）按快捷键<Ctl+R>显示标尺，右击标尺区域将标尺显示方式设为“像素”，也可以执行“编辑”→“首选项”→“单位与标尺”命令，在打开的“首选项”对话框中设置标尺单位为“像素”。执行“编辑”→“填充”命令，在打开的“填充”对话框中将背景色设为浅灰色（# cccccc）。

（3）执行“视图”→“新建参考线”命令，添加 4 条水平参考线（位置分别为 10 像素、260 像素、270 像素、490 像素），添加 8 条垂直参考线（位置分别为 10 像素、260 像素、270 像素、530 像素、540 像素、590 像素、600 像素、790 像素），效果如图 1-28 所示。

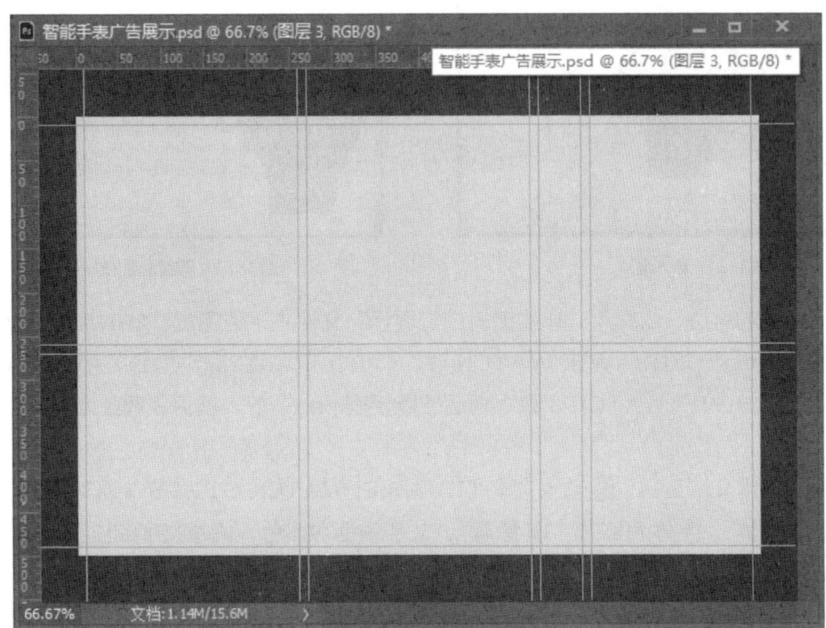

图 1-28　添加参考线后的页面效果

（4）使用“矩形选框工具”选择从坐标(10 像素，10 像素)到(260 像素，490 像素)的矩形选区，设置其前景色为白色（#ffffff），使用“油漆桶工具”填充这个选区，效果如图 1-29 所示。

（5）采用同样的方法，依次使用“矩形选框工具”选择其他几个区域，使用“油漆桶工具”填充后的效果如图 1-30 所示。

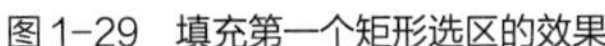

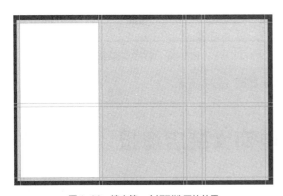

图 1-29　填充第一个矩形选区的效果

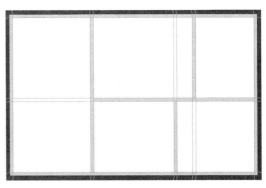

图 1-30　填充所有矩形选区的效果

（6）执行“视图”→“显示”→“参考线”命令，或者按快捷键<Ctrl+;>将参考线隐藏。

（7）执行“文件”→“置入嵌入对象”命令，选择“智能手表广告展示”文件夹下的“素材”中的图片“1HUAWEI WATCH GT 2 PRO ECG 金卡限定版.png”，将图片置入项目中，效果如图 1-31 所示。拖曳图像 4 角的任意一个点可以改变图像的大小、方向，调整后的图像，效果如图 1-32 所示。

图 1-31　置入图片

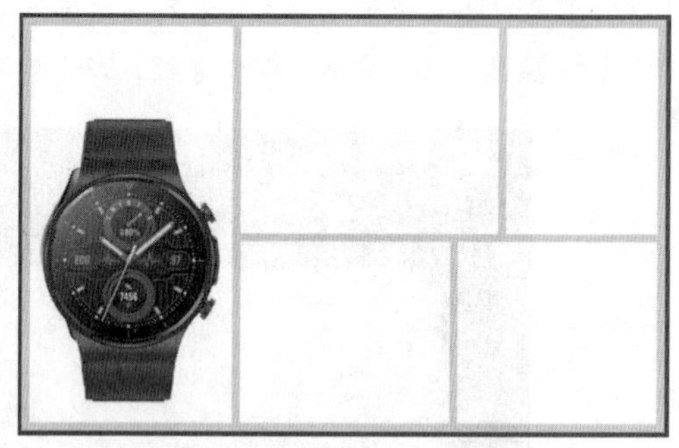

图 1-32　调整图像的大小和位置

（8）采用同样的方法，依次将“智能手表广告展示”文件夹下的图片“2HUAWEI WATCH GT 2 运动款 曜石黑.png”“3HUAWEI WATCH GT 2 PRO 时尚款.png”“4HUAWEI WATCH FIT 雅致款.png”“5HUAWEI WATCH 3 独立通话智能手表.png”置入项目并调整大小和位置，效果如图 1-33 所示。

（9）使用“横排文字工具” T 输入文本“HUAWEI WATCH GT 2 PRO ECG 金卡限定版”，设置字体为“微软雅黑”、字体大小为“16 像素”、文字颜色为黑色，调整文字的位置，效果如图 1-34 所示。

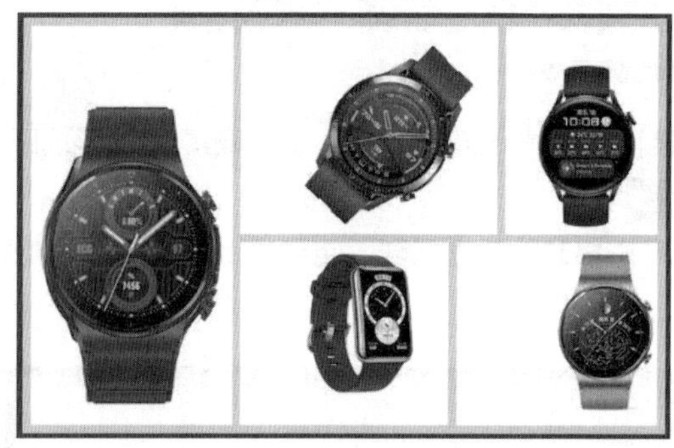

图 1-33　添加所有图片后的效果

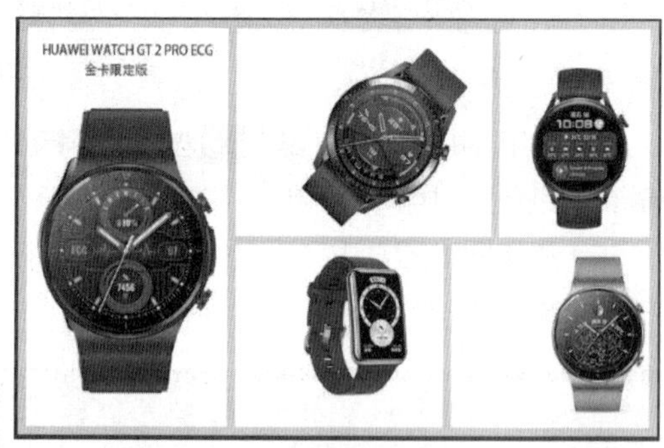

图 1-34　填充文字后的效果

（10）依次添加其他产品的文字说明，最终的效果如图 1-27 所示。

任务实施：设计电商女装店海报

1. 任务分析

电商女装店海报设计

本任务为设计电商女装店海报，海报的整体风格简洁、明快，主题鲜明，折扣和主打文案紧密相连，突出显示物美价廉的特点，以吸引客户浏览商品。在设计过程中先设定背景图案，再绘制出文案区域的底图，然后分别设计旗袍模特展示，最后通过文字工具和图形工具设计中间的文案区域，完成设计。

素养小贴士

优秀的中国传统文化——旗袍文化

旗袍是中国和世界华人女性的传统服装，被誉为中国国粹和女性国服。

旗袍的文化内涵就在于它是中国文化的一个浓缩符号，表达着女性含蓄的美感和个性魅力。低调中有张扬，唯美中有亲和，表达着东方女性的神秘和温婉。

2. 技能要点

核心技能要点：参考线、矩形工具、横排文字工具、椭圆选框工具等的使用。

3. 实现过程

本案例操作步骤如下。

（1）打开 Photoshop CC，按快捷键<Ctrl+N>执行“新建”命令，创建一个宽度为 1200 像素、高度为 320 像素、分辨率为 72 像素/英寸的文档。执行“文件”→“存储为”命令，将其保存为“传统旗袍网页广告展示.psd”。

（2）按快捷键<Ctrl+R>显示标尺，右击标尺区域将标尺显示方式设为“像素”。设置前景色为浅卡其色（#f9dcc7），按快捷键<Alt+Delete>填充前景色。

（3）执行“视图”→“新建参考线”命令，添加一条垂直参考线，位置在 300 像素处，效果如图 1-35 所示。

（4）执行“文件”→“置入嵌入对象”命令，选择“传统旗袍网页广告展示”文件夹下的图片“祥云.jpg”，将图片置入项目中，调整位置，设置图层的不透明度为“40%”，效果如图 1-36 所示。

图 1-35　添加垂直参考线

图 1-36　添加祥云背景后的效果

（5）执行“文件”→“置入嵌入对象”命令，选择“传统旗袍网页广告展示”文件夹中的图片“红色旗袍.png”，将图片置入项目中，将领口的水平中心位置对准垂直参考线，并调整图像大小，效果如图 1-37 所示。

（6）选择“椭圆选框工具”，在工具属性栏中设置“样式”为“固定大小”、“宽度”为“230 像素”、“高度”为“230 像素”，如图 1-38 所示。

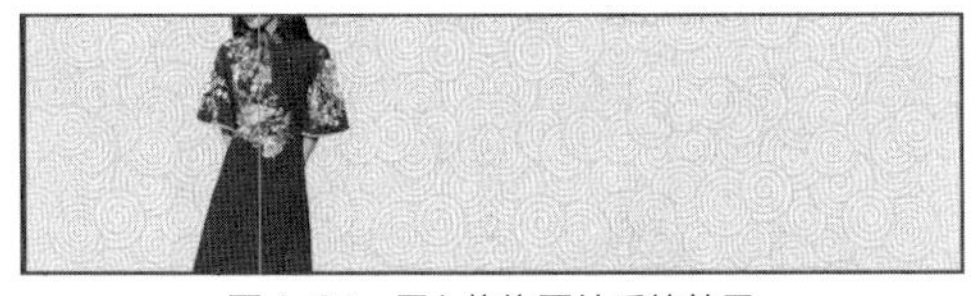

图 1-37　置入旗袍图片后的效果

样式：固定大小　宽度：230 像素　高度：230 像素

图 1-38　设置工具属性栏

（7）执行“图层”→“新建”→“图层”命令，创建一个新的“图层 1”图层。

（8）使用“椭圆选框工具”绘制一个圆形，设置其前景色为白色，按快捷键<Alt+Delete>填充前景色，效果如图 1-39 所示。

（9）设置前景色为深红色（#95021f），执行“编辑”→“描边”命令，打开“描边”对话框，如图 1-40 所示，设置描边后的效果如图 1-41 所示。

图 1-39　绘制圆形后的效果

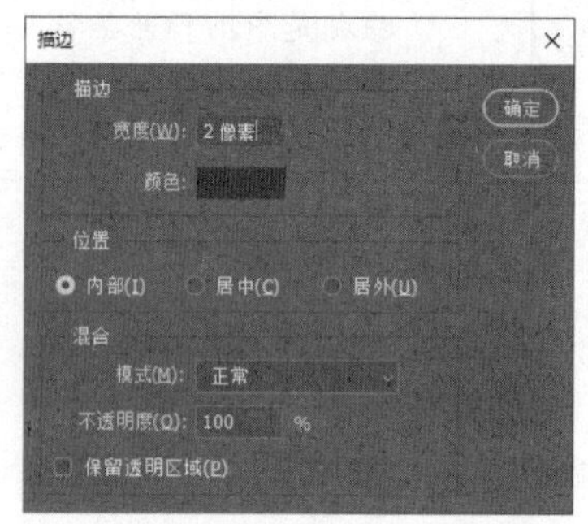

图 1-40　“描边”对话框

（10）执行“文件”→“置入嵌入对象”命令，选择“传统旗袍网页广告展示”文件夹中的图片“花纹设计.png”，将图片置入项目中。用同样的方法导入“领口设计.png”图片，调整其大小与位置，效果如图 1-42 所示。

图 1-41　描边后的效果

图 1-42　置入素材图片后的效果

（11）使用“横排文字工具”输入“W”，设置字体为“Impact”、字体大小为“100 像素”、文字颜色为深红色（#95021f），调整其位置，在“横排文字工具”的工具属性栏中单击“切换字符和段落面板”按钮，在“字符”面板（见图 1-43）中设置文字字体为“仿斜体”，用同样的方法输入英文“oman　charm”，设置字体大小为“24 像素”、文字字体为“仿斜体”，效果如图 1-44 所示。

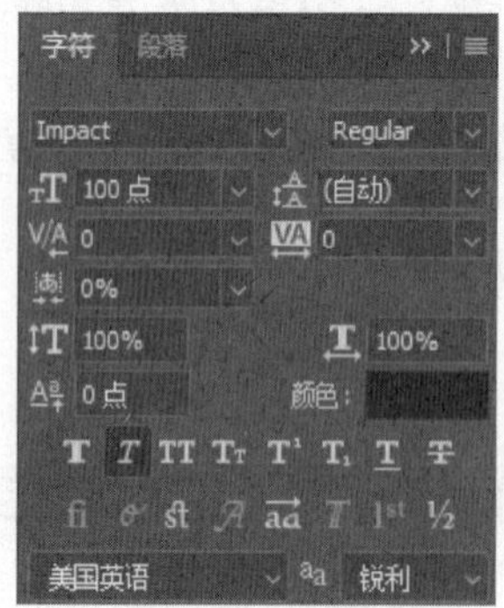

图 1-43　“字符”面板

图 1-44　设置文字后的效果

（12）使用“横排文字工具”输入“立体裁剪”，设置字体为“黑体”、字体大小为“38 像素”、文字颜色为深红色（#95021f），设置文字字体为“仿斜体”，调整位置；用同样的方法输入数字“1”，设置字体为“Impact”、字体大小为“70 像素”、文字颜色为橙黄色（# fbb307），设置文字字体为“仿斜体”，调整其位置；用同样的方法输入“折”字，设置字体为“黑体”、字体大小为“28 像素”、文字颜色为橙黄色（# fbb307），设置文字字体为“仿斜体”，效果如图 1-45 所示。

（13）使用“横排文字工具”输入“简约的轮廓 展现优雅的气质”，设置字体为“黑体”、字体大小为“30 像素”、文字颜色为深红色（#95021f），设置文字字体为“仿斜体”，调整其位置，效果如图 1-46 所示。

图 1-45　输入“立体裁剪”“1 折”文字后的效果

图 1-46　输入辅助文字后的效果

（14）执行“图层”→“新建”→“图层”命令，创建一个新的图层，使用“矩形工具”绘制一个矩形，设置其前景色为深红色（#95021f），按快捷键<Alt+Delete>填充前景色，效果如图 1-47 所示。

（15）执行“编辑”→“变换”→“斜切”命令，将矩形水平倾斜“-30”度；使用“横排文字工具”输入“精致优雅 彰显中华民族特色”，设置字体为“微软雅黑”、字体大小为“48 像素”、文字颜色为白色，设置文字字体为“仿斜体”，调整其位置，效果如图 1-48 所示。

图 1-47　绘制矩形并填充前景色

图 1-48　斜切矩形并输入文字

（16）采用同样的方法在圆形的“花纹设计”图像下方绘制矩形，并添加文本“花纹设计”；在圆形的“领口设计”图像下方绘制矩形，并添加文本“领口设计”，效果如图 1-1 所示。

任务拓展

1. 快速掌握 Photoshop 软件的方法。

技巧 1：熟悉软件框架。Photoshop 处理对象分为位图和矢量两类，可以把这两个分开学习。在实际处理时主要是对位图主要是像素的操作，对矢量主要是形状的操作。

技巧 2：了解具体方法与每个功能。每个软件的功能一般不同。所以有必要了解软件的特点，认真学习教材内容，或者查看帮助文件，确保清楚每一个功能的用法。

技巧 3：勤加练习。一定注意多练习、多实践，这样可以增加对软件的熟悉程度，同时锻炼自己的技巧。

2. 学好 Photoshop 方法

技巧 1：要有足够的兴趣，兴趣是最好的老师，也是学习的开始。

技巧 2：学习从模仿开始，先把优秀的作品作为模仿练习的对象，进行反复练习，不断地摸索规律，总结经验。

技巧 3：需要通过自己的努力提高自己的审美能力。平时多去看一些优秀的作品，多思考，审美的感官就会不断提高。

任务小结

本任务简单介绍了 Photoshop CC，主要帮助读者了解一些图像处理的专业术语，了解 Photoshop CC 的工作界面与基本操作，初学者要掌握快捷键的指法应用。

拓展训练

1. 理论练习

（1）在 Photoshop CC 中组成位图图像的基本单元是什么？

（2）什么是分辨率？常见的分辨率有哪些？

（3）通常所说的三原色是指哪几种颜色？并简单介绍 RGB 颜色模式。

（4）什么是位图？什么是矢量图？两者有何区别？

（5）如何创建和移动参考线？

（6）如何修改画布大小与图像大小？

2. 实践练习

（1）应用参考线、网格，绘制中国银行标志，效果如图 1-49 所示。

（2）应用参考线、网格，绘制中国农业银行标志，效果如图 1-50 所示。

图 1-49　中国银行标志效果

图 1-50　中国农业银行标志效果

02 任务 2 应用基本工具

本任务介绍

本任务主要讲解 Photoshop CC 中的系列工具，主要分为四大类，共二十多种工具，包括移动工具、套索工具、魔棒工具、油漆桶工具、裁剪工具、仿制图章工具、渐变工具、模糊工具等，掌握并能应用这些工具是使用 Phototshop CC 设计与制作图像的基础。

学习目标

知识目标	能力目标	素养目标
（1）了解常用工具的作用。 （2）了解常用工具的使用场景	（1）掌握常用工具的实用方法与技巧。 （2）掌握常用工具的参数设置	（1）具备社会责任感和法律意识，积极参与公益服务与劳动。 （2）增强节约资源、保护环境的意识

任务展示：公益海报的制作

电是生命之光，我们的生活不能没有电，请节约用电。本任务为设计制作一张关于“节约用电”的公益海报，旨在传播社会文明、弘扬道德风尚。整体效果如图 2-1 所示。

图 2-1 公益海报效果

知识准备

2.1 图像选区的调整与编辑

使用选框工具组

2.1.1 选框工具组

选框工具组包含“矩形选框工具”“椭圆选框工具”“单行选框工具”“单列选框工具”4 种不同的工具。

使用“矩形选框工具”可以方便地在画布中绘制出任意长宽的矩形选区。操作时，只需要在文档窗口中按住鼠标左键同时拖动鼠标到合适位置便可建立矩形选区。

注意：按住<Shift>键可创建正方形选区，按快捷键<Shift+Alt>可以以单击点为中心创建一个正方形选区。

使用“椭圆选框工具”可以绘制出任意半径的椭圆形选区，按住<Shift>键可以绘制圆形选区。

使用“单行选框工具”可以绘制出高度为 1 像素的单行选区。

使用“单列选框工具”可以绘制出宽度为 1 像素的单列选区。

在“矩形选框工具”的工具属性栏中，从左到右依次是选区建立方式、羽化、消除锯齿、样式，如图 2-2 所示。各工具的工具属性栏功能相似，但也各有千秋。

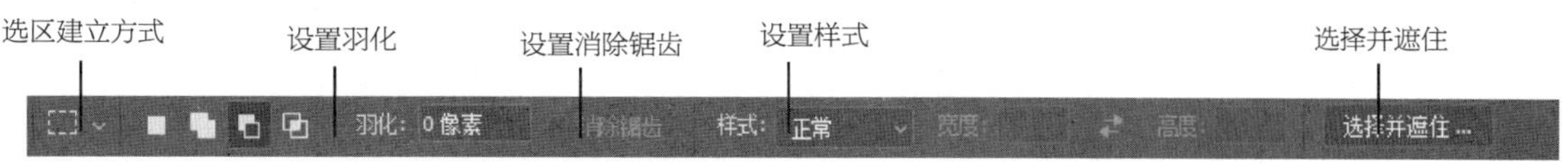

图 2-2 “矩形选框工具”的工具属性栏

选区建立方式：包括新选区、添加到选区、从选区中减去、与选区交叉 4 个选项。

羽化：用于设置各选区的羽化属性，可以模糊选区边缘的像素，从而产生过渡效果。羽化值越大，选区的边缘越模糊，选区的直角部分也将变得圆滑，这种模糊会使选区边缘丢失一些细节。在羽化后面的文本框中可以输入羽化数值设置选区的羽化效果（取值范围为 0~250 像素）。

消除锯齿：勾选该复选框后，选区边缘的锯齿将被消除，此复选框在选择“椭圆选框工具”时才能使用。

样式：用于设置各选区的形状，单击其右侧的三角按钮，打开下拉列表，可以选取不同的样式。其中，选择“正常”选项可以创建不同大小和形状的选区；选择“固定比例”选项可以设置选区宽度和高度之间的比例，并可在其右侧的“宽度”文本框和“高度”文本框中输入具体的比例数值；选择“固定大小”选项可以锁定选区的宽度与高度，并可在右侧的文本框中输入具体数值。

选择并遮住：该功能在 P59 页单独进行了介绍。

2.1.2 套索工具组

使用套索工具组

套索工具组中主要包含“套索工具”“多边形套索工具”“磁性套索工具”，它们也是经常用于制作选区的工具，可以用来制作折线轮廓选区或者不规则图像选区。

1. **套索工具**

使用套索工具 可以在图像中获取自由区域，主要采用手绘的方式实现。它的随意性很强，设计人员要对鼠标有较好的控制能力。因为它勾画的是任意形状的选区，所以如果想勾画出精确的选区，不宜使用此工具。“套索工具”的工具属性栏主要包括选区建立方式、羽化、消除锯齿等选项，各选项的含义与“矩形选框工具”的工具属性栏中相应选项的含义一致。

“套索工具”的操作方法是按住鼠标左键进行拖动，随着鼠标指针的移动可形成任意形状的选区，松开鼠标左键后就会自动形成封闭的浮动选区，如图 2-3 所示。

若要利用“套索工具”绘制直线边框的选区，或者在绘制的过程中实现手绘与直边线段的切换，需要按住<Alt>键，若要排除最近绘制的直线段，直接按<Delete>键。要闭合选区，需要在未按住<Alt>键时松开鼠标左键。

2. **多边形套索工具**

多边形套索工具 主要用来绘制边框为直线的多边形选区。其工具属性栏与“套索工具”的一样。

该工具的操作方法是在直线段的起点单击，移动鼠标指针，在此条直线段结束的位置再次单击，两个点之间就会形成直线段，依次类推。当终点和起点重合时，鼠标指针的右下角有圆圈出现，此时单击就可形成完整的选区。如果终点与起点未重合，要完成该选区的创建，可双击或者按住<Ctrl>键单击创建的选区。使用“多边形套索工具”创建的选区如图 2-4 所示。

图 2-3　使用“套索工具”创建的选区

图 2-4　使用“多边形套索工具”创建的选区

在绘制过程中按住<Shift>键可绘制角度为 45 度倍数的线段。若要使用手绘模式绘制线条，则需要按住<Alt>键，即在绘制的过程中完成“套索工具”与“多边形套索工具”的切换。要删掉最近绘制的线段，直接按<Delete>键即可。

3. 磁性套索工具

磁性套索工具是一种自动选择图像边缘的套索工具，适用于快速选择与背景对比强烈且边缘复杂的对象。当所选轮廓与背景有明显的对比时，“磁性套索工具”可以自动地分辨出图像上物体的轮廓并加以选择。“磁性套索工具”能自动地选择轮廓，是因为它可以判断颜色的对比度，当颜色对比度的数值在它的判断范围以内，它就可以轻松地选中轮廓；而当轮廓与背景颜色接近时，则不宜使用该工具。

“磁性套索工具”的工具属性栏中除了有选区建立方式、羽化、消除锯齿（作用与选框工具中的相应选项一致），还有一些其他套索工具所没有的选项，如宽度、对比度、频率等，如图 2-5 所示。

图 2-5　“磁性套索工具”的工具属性栏

宽度：若要指定检测宽度，可在“宽度”文本框中输入像素值，此时“磁性套索工具”只检测从鼠标指针开始指定宽度距离以内的边缘。文本框中输入的像素值范围是 1~40 像素，例如输入“10 像素”，移动鼠标指针时，“磁性套索工具”寻找距离距离鼠标指针 10 个像素之内的物体边缘。数值越大，寻找的范围也越大，但可能会导致边缘的选择不准确。

对比度：指定套索识别图像边缘的灵敏度，数值范围是 1%～100%。较高的数值将只检测对比鲜明的边缘，较低的数值将检测低对比度的边缘。

频率：指定套索以什么频度设置固定点，数值范围是 0～100。较高的数值会更快地固定选区边框。

钢笔压力：在工具属性栏中处于“频率”选项后面。使用绘图板压力以更改钢笔压力。选中选项时，将通过绘图板压力的调节大小来调节钢笔的粗细。

在边缘精确定义的图像上，可以使用更大的宽度和更高的边对比度，然后大致地跟踪边缘。在边缘较柔和的图像上，可以尝试使用较小的宽度和较低的边对比度，然后更精确地跟踪边缘。

可按照下列步骤确定选区的范围。

（1）选择“磁性套索工具”，根据图像的情况，在“磁性套索工具”的工具属性栏中进行设置，将鼠标指针移动到图像边缘的某一部位，单击确定起始点，沿着图像边缘移动鼠标指针（不用按住鼠标左键），系统会自动增加固定点，如图 2-6 所示。

（2）在移动鼠标指针的过程中，如果路径没有与所需图像的边缘贴合，则单击手动添加固定点。继续跟踪图像边缘，并根据需要添加固定点。

（3）如果要删除刚添加的固定点和路径，可直接按<Delete>键。

（4）若要结束当前的路径选择，可双击将终点和起点连接起来，以形成封闭的选区，如图 2-7 所示。

图 2-6　“磁性套索工具”的使用

图 2-7　使用“磁性套索工具”建立的选区

2.1.3　魔棒工具

使用魔棒与快速选择工具

魔棒工具用来选择图片中着色相近的区域。当选择工具箱中的“魔棒工具”时，“魔棒工具”的工具属性栏将显示在菜单栏的下方，如图 2-8 所示。该工具属性栏从左到右依次是选区建立方式、取样大小、容差、消除锯齿、连续、对所有图层取样等选项。

取样大小：取样点　容差：32　消除锯齿　连续　对所有图层取样　选择主体　选择并遮住...

图 2-8　“魔棒工具”的工具属性栏

使用“魔棒工具”建立选区有 4 种方式，分别为：新选区、添加到选区、从选区中减去、与选区交叉。下面介绍其中两种。

新选区方式就是去掉旧的选区，选择新的选区。每次单击都将是一个独立的、新的选区，在选区的边缘位置会出现蚂蚁线，蚂蚁线内部的区域为选中的区域，如图 2-9 所示。添加到选区方式就是在旧选区的基础上，增加新的选区，形成最终的选区，即可选择多个区域，如图 2-10 所示。

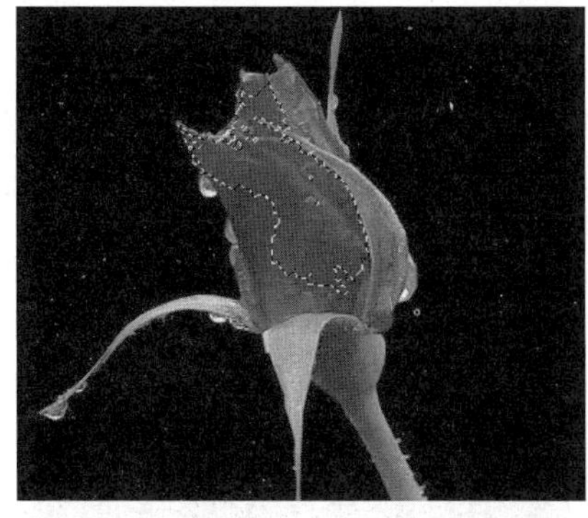

图 2-9　“魔棒工具”新选区的使用

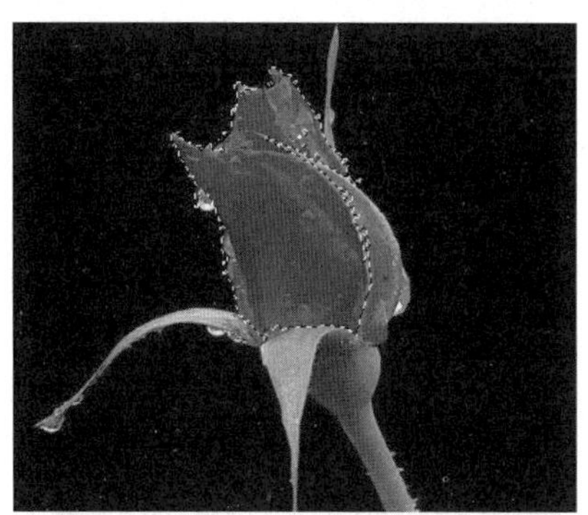

图 2-10　“魔棒工具”添加到选区的使用

容差：数值越小，选取的颜色范围越接近；数值越大，选取的颜色范围越大。文本框中可输入数值范围为 0 ~ 255，系统默认值为 32。

消除锯齿：勾选此复选框后，所选择的区域的边缘更加圆滑。

连续：如果不勾选此复选框，则得到的选区是整个图层。

对所有图层取样：如果勾选该复选框，则颜色选取范围可跨所有的可见图层。如果不勾选该复选框，则“魔棒工具”只能在当前图层起作用。

2.1.4 选区的修改

选区的修改

选区的修改除了可以使用选区工具属性栏中的添加到选区、从选区中减去、与选区交叉等功能，还可以使用“反向选区”“扩大选取”“选取相似”“变换选区”“修改选区”等命令。

1. 反向选区

在使用“魔棒工具”时，可以选择图片中着色相近的区域。例如，在图 2-9 中，如果使用“魔棒工具”选择图像的黑色区域，效果如图 2-11 所示，那么相反的区域就是“玫瑰花”的图像部分，执行“选择”→“反选”命令（快捷键为< Ctrl+Shift+ I>）即可得到“玫瑰花”的图像选区，如图 2-12 所示。

图 2-11 使用“魔棒工具”选择黑色选区

图 2-12 执行“反选”命令获得“玫瑰花”的图像选区

2. 扩大选取

“扩大选取”命令的主要功能是以包含所有位于“魔棒工具”指定的容差范围内的相邻像素建立选区。

其操作方式为：先在图像中确定一小块选区，如图 2-13 所示，根据需要设置“魔棒工具”的容差范围，然后再执行“选择”→“扩大选取”命令，即可创建相应的选区，效果如图 2-14 所示。

图 2-13 建立一小块选区

图 2-14 执行“扩大选取”命令后的效果

3. 选取相似

“选取相似”命令亦是扩大选区的一种方法，它针对的是图像中所有颜色相近的像素，使用时也是以“魔棒工具”指定的容差范围内的相邻像素建立选区，不同的是，“扩大选取”命令创建的是与原选区相邻的选区。而“选取相似”命令则可以创建不连续的选区。

4. 变换选区

使用“变换选区”命令可对已建立的选区可以进行任意变形，其方法是执行“选择”→“变换选区”命令。使用该命令时，选区的四周会出现矩形边框，拖动矩形框可以调整选区的形状，如图 2–15 所示。

此时，可以单击工具属性栏右侧的“在自由变换和变形模式之间切换”按钮，会出现网状变形框，拖动变形框内的任意一点都可以调整选区的形状，拖动灰色实心点可以调整选区的弧度。这一功能和“自由变换”命令的功能相似，不同的是，此命令调整的是选区的形状，而“自由变换”命令调整的是图像的形状，如图 2–16 所示。

图 2–15　选区周围的矩形边框

图 2–16　变形模式

5. 修改选区

选区建立后可以通过“修改”命令对选区做一些调整。修改选区的命令仍然在“选择”菜单下，包括“边界”“扩展”“收缩”“平滑”“羽化”。

边界：可以选择在现有选区边缘的内部和外部的像素的宽度。新选区将为原始选区创建框架，此框架位于原始选区边界的中间。以图 2–17 所示的选区为例，若边框宽度设置为 20 像素，则会创建一个新的柔和边缘选区，如图 2–18 所示。

图 2–17　原始选区

图 2–18　选区的“边界”设置

扩展：按特定数量的像素扩展选区，以图 2-17 为例，若“扩展量”设置为“20 像素”，则效果如图 2-19 所示。

收缩：按特定数量的像素收缩选区，以图 2-17 为例，若“收缩量”设置为“20 像素”，则效果如图 2-20 所示。

在处理图像的边缘时经常使用选区的“扩展”命令与“收缩”命令。

图 2-19 选区的“扩展”设置

图 2-20 选区的“收缩”设置

平滑：主要用来清除颜色选区中的杂散像素，整体效果是将减少选区中的斑迹、平滑尖角和锯齿线。以图 2-17 为例，放大图像能够看到图像的选区边缘有清晰的棱角，如图 2-21 所示，应用“平滑”命令后选区就会平滑很多，如图 2-22 所示。

图 2-21 应用“平滑”命令前的选区

图 2-22 应用“平滑”命令后的选区

羽化：为现有选区定义羽化边缘。

2.1.5 色彩范围

使用色彩范围

“色彩范围”命令的作用是选择现有选区或整个图像内指定的颜色或色彩范围，或者按照指定的颜色或色彩范围来创建选区，主要用来创建不规则选区。它像一个功能强大的魔棒工具，除了通过颜色差别来确定选取范围外，它还综合了选区的相加、相减、相似选取命令的功能，以及根据基准色选择等多项功能。

打开“雏菊.jpg”文件，执行“选择”→“色彩范围”命令，将打开“色彩范围”对话框，如图 2-23 所示。对话框各选项的说明如下。

选择：可选择颜色或色彩范围，但是不能调整选区；默认选项为“取样颜色”，即自行选取颜色。

如果需要在图像中选取多个颜色范围，则应勾选“本地化颜色簇”复选框，以构建更加精确的选区。

颜色容差：可拖动滑块或输入一个数值来调整选定颜色的范围。“颜色容差”选项可以控制选择范围内色彩范围的广度，并增加或减少部分选定像素的数量。设置较低的“颜色容差”值可以缩小色彩范围，设置较高的“颜色容差”值可以增大色彩范围。

范围：如果已勾选“本地化颜色簇”复选框，则拖曳“范围”滑块可以控制包含在蒙版中的颜色与取样点的最大和最小距离。例如，图像在前景和背景中都包含一束紫色的花，但只想选择前景中的花，此时，可对前景中的花进行颜色取样，并缩小范围，避免选中背景中有相似颜色的花。

预览：对话框的中心黑色位置为图像预览区。当鼠标指针离开该对话框，鼠标指针变成吸管形状，单击画布中图像的某一颜色，即选择了颜色的范围。

当选中下面的“选择范围”单选项时，默认情况下，白色区域是选定的像素，黑色区域是未选定的像素，而灰色区域则是部分选定的像素，如图 2-24 所示。

图 2-23 “色彩范围”对话框

图 2-24 “选择范围”预览图

“图像”单选项表示预览整个图像，如图 2-25 所示。单击“确定”按钮后即可看到图像中沿着紫色花朵的选区被建立，如图 2-26 所示。

图 2-25 “图像”预览图

图 2-26 使用色彩范围建立的选区

吸管工具组：对话框的右侧有 3 个吸管工具图标 ，第一个为“吸管工具”，主要用来吸取一次颜色；第二个为“添加到取样”工具，作用是保留原先的取样颜色，继续增加新的取样颜色，参数设置如图 2-27 所示，创建的选区如图 2-28 所示；第三个为“从取样中减去”工具，用于将新吸取的颜色的选区从原先选区中减掉。

图 2-27 “添加到取样”工具的使用

图 2-28 使用“添加到取样”工具创建的选区

2.2 图像编辑常用工具

使用移动工具

2.2.1 移动工具

移动工具 用来移动图层里的整个画面或图层里由选框工具控制的区域。选择“移动工具”后，“移动工具”的工具属性栏将会显示在菜单栏的下方，如图 2-29 所示。

图 2-29 “移动工具”的工具属性栏

在该工具属性栏中，“自动选择”复选框被勾选时，才能通过单击选择画布中的图像，否则需要通过单击图层面板中的相应图层，图像才会被选中。“显示变换控件”复选框被勾选时，单击画布中的图像，图像的四周会出现黑色并带有矩形框的边框，如图 2-30 所示。在“显示变换控件”复选框后面的工具可对多个图形进行对齐、排列等操作。操作结束后，可单击工具属性栏中的 按钮，或者双击该图片，确认此次操作。

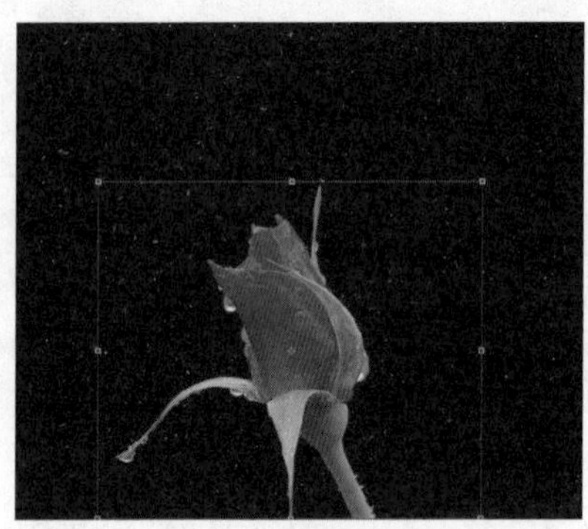

（a）自动选择状态

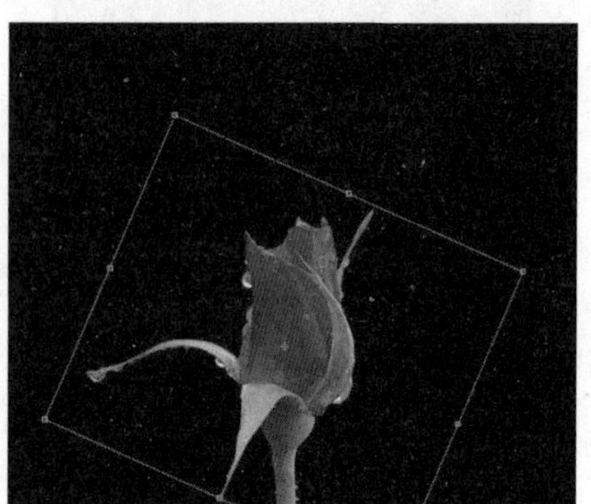

（b）对图像进行了旋转

图 2-30 “移动工具”的使用

2.2.2　裁剪工具

使用裁剪与透视裁剪工具

裁剪工具用来裁剪图像的大小。选择“裁剪工具”后，“裁剪工具”的工具属性栏如图 2-31 所示。宽度和高度分别为裁剪后图像的实际宽度和高度，分辨率为裁剪后图像的分辨率，这 3 项可根据实际需要进行设置。

图 2-31　“裁剪工具”的工具属性栏

默认情况下，裁切区域自动显示为整个图像的编辑区域。

若要调整裁切区域的尺寸，可先将鼠标指针定位在裁切区域，按住鼠标左键并拖动鼠标指针；或者将鼠标指针移至四周的控制点上，待鼠标指针变为形状后按住鼠标左键并拖动鼠标指针即可。裁切区域的中心有一个标记，该标记被称为旋转支点，即用户在旋转裁切区域时将围绕该点来进行。若要移动旋转支点，可先将鼠标指针移至支点附近，待鼠标指针变为形状后按住鼠标左键并拖动鼠标指针即可；若要旋转裁切区域，可先将鼠标指针定位在裁切区域外侧，待鼠标指针形状变为后按住鼠标左键并拖动鼠标指针即可。裁剪前后的效果如图 2-32 所示。

（a）裁剪前

（b）裁剪后

图 2-32　“裁剪工具”的使用

2.2.3　缩放工具

使用缩放工具

选择工具箱中的“缩放工具”，在当前图像文件中单击，即可增大图像的显示倍率，按住<Alt>键，选择“缩放工具”，在当前图像文件中单击，即可减小图像的显示倍率。

在“缩放工具”的工具属性栏中勾选“细微缩放”复选框后，在画布中按住鼠标左键向右拖动鼠标即可放大显示比例，而向左拖动鼠标即可缩小比例。

执行“视图”→“放大”命令（快捷键为< Ctrl++>），可以增大当前图像的显示倍率。

执行“视图”→“缩小”命令（快捷键为< Ctrl+->），可以减小当前图像的显示倍率。

执行“视图”→“按屏幕大小缩放”命令，可满屏显示当前图像。

执行“视图”→“实际像素”命令，当前图像以 100%倍率显示。

2.2.4 橡皮擦工具组

使用橡皮擦工具组

橡皮擦工具组含有“橡皮擦工具”“背景橡皮擦工具”“魔术棒橡皮擦工具”3 种不同的擦除工具。

“橡皮擦工具”作用在背景层时相当于使用背景颜色的画笔，作用于图层时，被擦除的部分变透明；“背景橡皮擦工具”能将背景层擦成普通层，把画面完全擦除；“魔术棒橡皮擦工具”依据画面颜色擦除画面。“橡皮擦工具”的工具属性栏如图 2-33 所示。

图 2-33 “橡皮擦工具”的工具属性栏

模式：可选择橡皮擦的擦除方式及形状。

不透明度：可设置橡皮擦擦除的效果的不透明度。

流量：可设置橡皮擦擦除的效果的深浅。

使用“橡皮擦工具”的方法为：直接选择该工具，设置相应的模式及不透明度等，在图像上按住鼠标左键拖动鼠标即可擦除橡皮擦经过的部分。

2.2.5 抓手工具

使用抓手工具

如果放大后的图像超出画布，或者当前显示状态下的图像超出当前的显示屏幕，则可以使用“抓手工具”在画布中进行拖动，以观察图像的各个位置。

在其他工具为当前的操作工具时，按住空格键，可以暂时切换为“抓手工具”。

2.2.6 应用案例：盘中的葡萄

盘中的葡萄

本例将通过常用工具与选区工具的运用制作盘中的葡萄，操作步骤如下。

（1）打开 Photoshop CC，执行“文件”→“打开”命令，在打开的对话框中找到“盘子.jpg”图片并将其打开，效果如图 2-34 所示。用同样的方法打开“葡萄.jpg”图片，如图 2-35 所示。

图 2-34 盘子素材

图 2-35 葡萄素材

（2）在打开的盘子原始效果图中，使用“裁剪工具”对其进行裁剪，保留画布右侧的餐具。将鼠标指针放在边框右上角的矩形框的外侧，待鼠标指针变成形状后，对裁剪的部分进行调整，使调整后的盘子摆正，如图 2-36 所示。调整合适后，双击裁剪区域或者单击“裁剪工具”工具属性栏右侧的按钮确认此次操作，效果如图 2-37 所示。

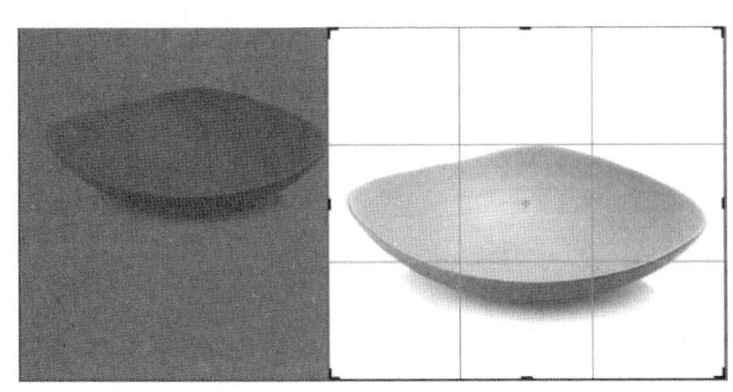

图 2-36　裁剪原始效果图

图 2-37　调整后的效果图

（3）打开葡萄原始效果图，选择“魔棒工具”，并选择“魔棒工具”工具属性栏中的“添加到选区”选项，单击葡萄外的所有白色区域，所有白色区域被选中的效果如图 2-38 所示。

本案例的目的是将葡萄放置在盘子中，因此需要选中葡萄，而不是白色区域。接下来执行“选择”→“反选”命令（快捷键为<Ctrl+Shift+I>）来选中葡萄，如图 2-39 所示。

图 2-38　白色区域被选中

图 2-39　葡萄被选中

（4）使用“编辑”菜单下的“拷贝”命令（快捷键为<Ctrl+C>）复制被选中的葡萄。进入裁剪后的盘子效果图中，使用“编辑”菜单下的“粘贴”命令（快捷键为<Ctrl+V>）将已复制的葡萄图像粘贴到本文件中，如图 2-40 所示。

（5）粘贴后的葡萄个头较大，可执行“编辑”→“自由变换”命令（快捷键为<Ctrl+T>）对其大小及摆放的角度进行调整，效果如图 2-41 所示。调整合适后，双击葡萄图像以确认此次操作。

图 2-40　粘贴葡萄后的效果图

图 2-41　调整后的效果图

（6）为使葡萄放置在盘中的效果更加逼真，可使用“橡皮擦工具”沿着盘子的边缘将盘子边沿的葡萄部分擦除，以达到将葡萄放置在盘子中的效果。为使擦除的边缘更精细，可以使用“放大镜工具”先将图像放大再进行操作，最终效果如图 2-42 所示。

图 2-42 最终效果

2.3 图像绘制与修饰工具

Photoshop 中的绘制与修饰工具包括“画笔工具”“渐变工具”“模糊工具”“锐化工具”“涂抹工具”“加深工具”“减淡工具”“海绵工具”等。

2.3.1 画笔工具

使用画笔工具

1. 认识画笔工具

使用“画笔工具”可以绘制出比较柔和的线条。此工具在绘制工作中使用非常频繁。“画笔工具”的工具属性栏如图 2-43 所示。

图 2-43 “画笔工具”的工具属性栏

画笔：在该下拉列表中可选择画笔大小。

模式：用于设置前景色与背景色之间的混合效果。

不透明度：设置绘图颜色的不透明度，数值越大颜色越明显。

流量：控制颜色的浓淡，如真实画笔中墨水的多少，数值越小，越不清晰。

喷枪工具：可将“画笔工具”设置为“喷枪工具”，“喷枪工具”的画笔边缘更加柔和，而且只要按住鼠标左键，前景色就会在当前位置堆叠，直到释放鼠标左键为止。

设置好画笔后，可以直接绘制内容，通过单击鼠标右键可以选择画笔形状、画笔大小、硬度。

2. 认识“画笔”面板

Photoshop CC 中的“画笔”面板非常重要，“画笔”面板主要用于设置画笔的详细参数。

执行“窗口”→“画笔”命令（快捷键为<F5>），可显示“画笔”面板，如图 2-44 所示。

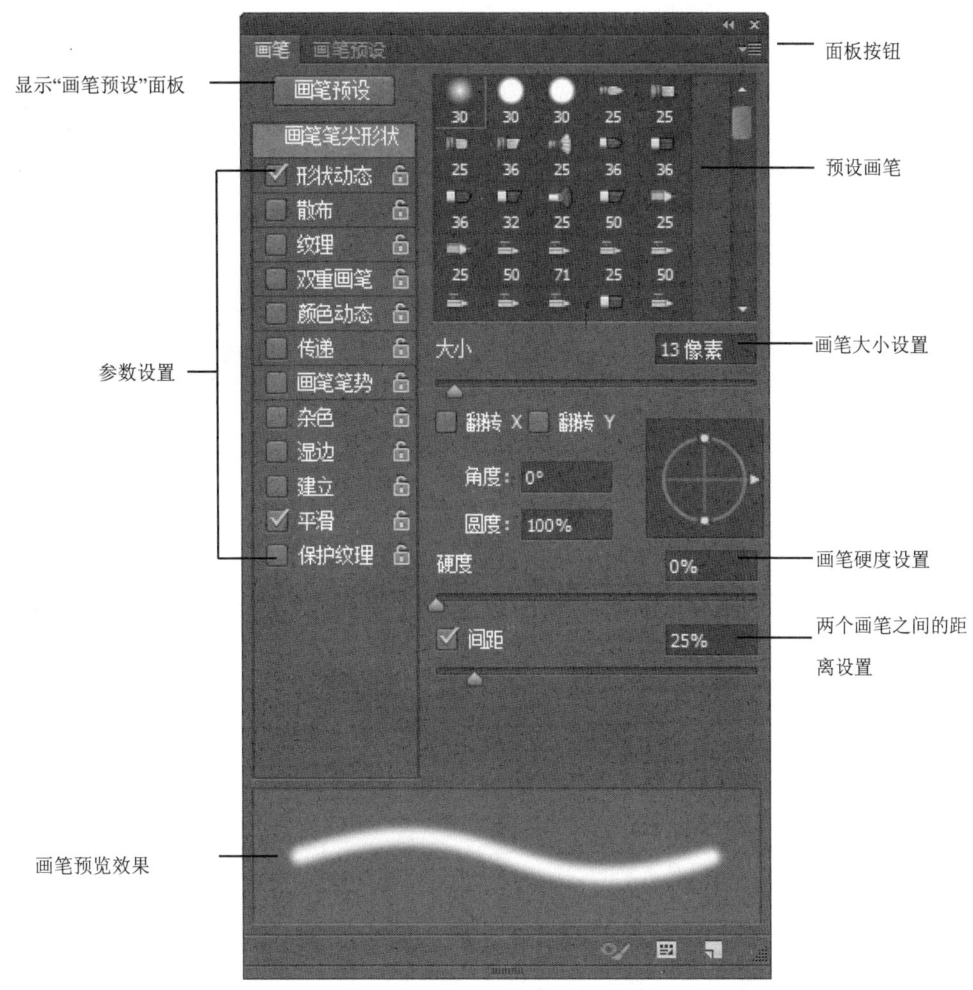

图 2-44 “画笔”面板

“画笔”面板提供了画笔笔尖形状的详细设置，利用各选项可以改变画笔的大小、角度、粗糙程度等。

大小：控制画笔大小，输入以像素为单位的值或拖动滑块来设置。

使用样本大小：将画笔复位到它的原始直径，只有在画笔笔尖形状是通过采集图像中的像素样本创建的情况下才可勾选“翻转 X”“翻转 Y”复选框改变画笔笔尖在其 x 轴、y 轴上的方向。

角度：指定椭圆画笔或样本画笔的长轴在水平方向上旋转的角度，输入度数或在预览框中拖动水平轴进行设置。

圆度：指定画笔短轴和长轴的比率，输入百分比值或在预览框中拖动点进行设置；其中 100%表示圆形画笔，0%表示线形画笔，两者之间的值表示椭圆画笔。

硬度：控制画笔硬度中心的大小，输入数值或拖动滑块更改画笔直径的百分比值进行设置。

间距：控制描边中两个画笔之间的距离，输入数值或拖动滑块更改画笔直径的百分比值进行设置；当取消勾选此复选框时，鼠标指针的移动速度决定间距。

“画笔”面板中的画笔预设提供了形状动态、散布、纹理、双重画笔等 11 个参数设置选项，利用这些选项可以改变画笔的大小和整体形态，在此不赘述。

2.3.2 渐变工具

使用渐变工具

“渐变工具”用于填充渐变颜色。如果不创建选区，“渐变工具”将作用于整个图像。所谓渐变，就是在图像某一区域填入多种过渡颜色的混合色。“渐变工具”的使用方法是按住鼠标左键拖动以形成一条线段，线段的长度和方向决定了渐变填充的区域和方向，在拖动的同时按住<Shift>键可保证线条的方向是水平方向、竖直方向或 45 度倍数方向，拖动的距离越长，渐变就越柔和。选择工具箱中的“渐变工具”，菜单栏下方会出现“渐变工具”的工具属性栏，如图 2-45 所示。

图 2-45 “渐变工具”的工具属性栏

“渐变工具”的工具属性栏中主要包括编辑渐变效果、选择渐变效果、选择渐变类型、模式、不透明度、反向等选项。

1. 编辑渐变效果

单击“点按可编辑渐变”按钮，弹出“渐变编辑器”对话框，如图 2-46 所示。

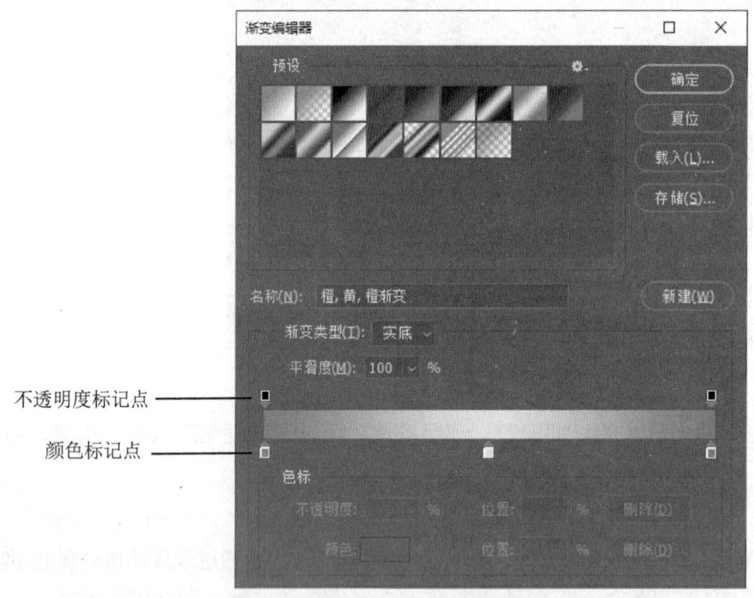

图 2-46 “渐变编辑器”对话框

单击任意一个渐变图标，“名称”文本框会显示其对应的名称，且对话框中的渐变效果预览条会显示渐变的效果，可进行渐变的调节。在已有的渐变样式中选择一种渐变作为编辑的基础，在渐变效果预览条中调节任何一个参数，“名称”文本框中的名称都将自动变成“自定”，用户可以自行设置名字。

渐变效果预览条下端有颜色标记点，其上半部分的小三角形为白色，表示没有选中；单击颜色标记点，其上半部分的小三角形变为黑色，表示已将其选中。在下面的“色标”选项组中，如图 2-47 所示，“颜色”后面的色块会显示当前选中颜色标记点的颜色。单击此色块，可在弹出的“拾色器”

对话框中修改颜色。在渐变效果预览条下端边缘单击，可增加颜色标记点。

渐变效果预览条上端有不透明度标记点，其下半部分的小三角形为白色，表示没有选中；单击不透明度标记点，其下半部分的小三角形变为黑色，表示已将其选中。在渐变效果预览条上端边缘单击可增加不透明度标记点，用于标记渐变过程中该位置的不透明度设置。在下面的“色标”选项组中，如图 2-48 所示，“不透明度”表示当前选中标记点的不透明度，“位置”文本框后面显示其表，单击“删除”按钮可将不透明度标记点删除。

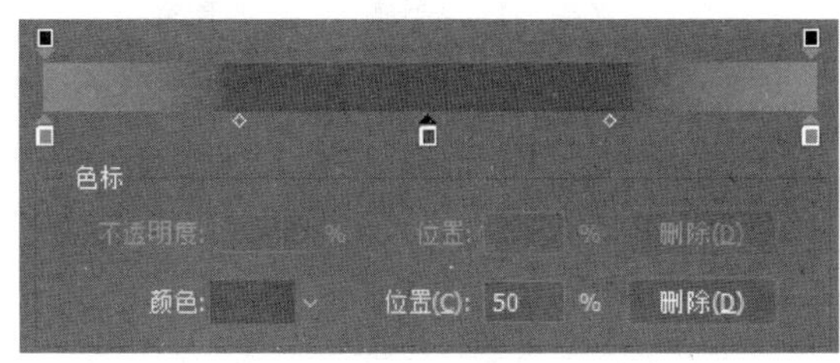

图 2-47　颜色标记点的设置

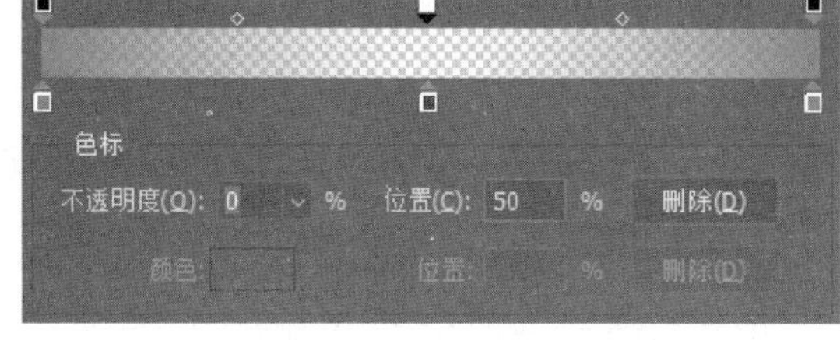

图 2-48　不透明度标记点的设置

2. 选择渐变效果

单击“点按可编辑渐变”按钮后面的下拉按钮，会出现弹出式的渐变面板，如图 2-49 所示，里面保存了多种默认的渐变效果，可以从中选择任一种渐变效果。

3. 选择渐变类型

渐变类型共有 5 种，包括线性渐变、径向渐变、角度渐变、对称渐变和菱形渐变。单击工具属性栏中的渐变类型图标可选择相应的渐变类型。

线性渐变：用于创建直线渐变效果。

径向渐变：用于创建从圆心向外扩展的渐变效果。

角度渐变：用于创建颜色围绕起点并沿着周长改变的渐变效果。

图 2-49　弹出式的渐变面板

对称渐变：用于创建从中心向两侧的渐变效果。

菱形渐变：用于创建菱形渐变效果。

4. 其他选项

打开“模式”下拉列表，在其中可选择渐变色和底图的混合模式；“不透明度”文本框用于改变整个渐变过程的不透明度；勾选“反向”复选框，可使渐变沿着相反的方向进行；勾选“仿色”复选框，可使用递色法来填充中间色调，从而使渐变效果更平缓；勾选“透明区域”复选框，可对渐变填充使用透明蒙版。

2.3.3　模糊工具组

使用模糊工具组

模糊工具组包括“模糊工具”“锐化工具”和“涂抹工具”。

1. 模糊工具

模糊工具可使颜色值相近的颜色融为一体，使颜色看起来平滑、柔和，将较硬的边缘软化，如图 2-50 所示。

（a）原始图像

（b）局部模糊效果

图 2-50 “模糊工具”的使用

“模糊工具”的工具属性栏如图 2-51 所示。

50 模式：正常 强度：50% 对所有图层取样

图 2-51 “模糊工具”的工具属性栏

该工具属性栏包括画笔预设、模式、强度、对所有图层取样等选项。

画笔预设：用于设置模糊工具的形状、大小等。

模式：用于设定工具和底图不同的作用模式。

强度：调节“强度”值的大小，可使工具产生不同的效果，值越大效果就越明显。

对所有图层取样：使用“模糊工具”时，不会受不同图层的影响，不管当前是哪个图层，“模糊工具”对所有图层上的像素都起作用。

2. 锐化工具

锐化工具可增加相邻像素的对比度，将较软的边缘明显化，使图像聚焦。这个工具并不适合多次使用，否则会导致图像严重失真，如图 2-52 所示。

（a）原始图像

（b）多次使用“锐化工具”后的效果

图 2-52 “锐化工具”的使用

3. 涂抹工具

涂抹工具模拟用手指涂抹油墨的效果。使用“涂抹工具”在颜色的交界处涂抹，会有一种相邻颜色互相挤入而产生的模糊感。“涂抹工具”不能在“位图”模式和“索引颜色”模式的图像上使用。“涂抹工具”的工具属性栏如图 2-53 所示。

图 2-53　“涂抹工具”的工具属性栏

“涂抹工具”的工具属性栏和“模糊工具”的工具属性栏的选项类似，不同的是“涂抹工具”的工具属性栏中多了一个“手指绘画”复选框。

强度：为控制手指作用在画面上的工作力度。默认的“强度”值为“50%”，数值越大，拖出的线条就越长，反之则越短。如果“强度”值设置为“100%”，则可拖出不限长度的线条，直到松开鼠标左键。

手指绘画：每次绘制的开始使用的是工具箱中的前景色。如果将“强度”值设置为“100%”，则其作用相当于画笔。

其他选项的含义与“模糊工具”的类似。针对图 2-54（a）中的红色花朵，多次使用“涂抹工具”涂抹红色花朵后的效果如图 2-54（b）所示。

（a）原始图像

（b）多次使用“涂抹工具”后的效果

图 2-54　“涂抹工具”的使用

2.3.4　减淡工具组

使用减淡工具组

减淡工具组包括“减淡工具”“加深工具”和“海绵工具”。

1. 减淡工具

减淡工具主要用于改变图像部分区域的曝光度，使图像变亮，如图 2-55 所示。

（a）原始图像

（b）多次使用“减淡工具”后的效果

图 2-55　“减淡工具”的使用

2．加深工具

加深工具主要用于改变图像部分区域的曝光度，使图像变暗，如图 2-56 所示。

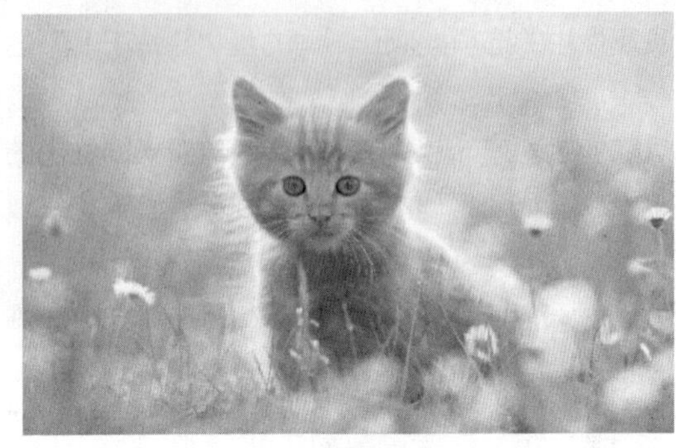

（a）原始图像

（b）多次使用“加深工具”后的效果

图 2-56　“加深工具”的使用

3．海绵工具

海绵工具用于精确地改变图像局部的色彩饱和度。其工具属性栏如图 2-57 所示。

图 2-57　“海绵工具”的工具属性栏

模式：可以降低或升高图像的饱和度。如果“模式”设置为“去色”，则可以降低图像的饱和度，甚至使图像变成灰色。如果“模式”设置为“加色”，则可以升高颜色的饱和度。

“海绵工具”的使用如图 2-58 所示。

（a）原始图像

（b）多次使用“海绵工具”后的效果

图 2-58　“海绵工具”的使用

2.4 修复图像工具

使用修复图像工具

2.4.1 仿制图章工具

使用“仿制图章工具”可准确复制图像的一部分或全部从而产生某部分或全部的备份，它是修补图像时常用的工具。例如，若原有图像有折痕，可用此工具选择折痕附近颜色相近的像素点来进行修复。“仿制图章工具”的工具属性栏如图 2-59 所示，包括画笔预设选取器、模式、不透明度、流量等选项。

图 2-59 “仿制图章工具”的工具属性栏

画笔预设选取器：可在画笔预览图的弹出面板中选择不同类型的画笔来定义“仿制图章工具”的大小、形状和边缘软硬程度。

使用仿制图章工具

模式：选择复制的图像与底图的混合模式。

不透明度：设置复制图像的不透明度。

流量：设置复制图像的颜色深度。

对齐：勾选此复选框后，松开鼠标再绘制时，会继续上一次的复制，而非重新开始，这种功能对于用多种画笔复制一张图像是很有用的；如果取消勾选此复选框，则每次停笔再画时，都从原先的起画点画起，此时适用于多次复制同一图像。

使用“仿制图章工具”的方法为：把鼠标指针移到想要复制的图像上，如图 2-60（a）所示，按住<Alt> 键，选中复制起点，起点处会出现“十”字图标⊕，然后松开<Alt>键；这时就可以拖动鼠标，在图像的任意位置开始复制，鼠标指针表示复制时的取样点。“仿制图章工具”的使用效果如图 2-60（b）所示。

（a）原始图像

（b）仿制效果

图 2-60 “仿制图章工具”的使用

2.4.2 修复画笔工具

“修复画笔工具”主要用于对有污点、划痕、皱纹等的图像进行修复，该工具能够根据要修改点周围的像素及色彩将其完美地修复，而且不留痕迹。“修复画笔工具”的工具属性栏如图 2-61 所示。

图 2-61 “修复画笔工具”的工具属性栏

取样：表示用取样区域的图像修复需要改变的区域。

图案：表示用图案修复需要改变的区域。

使用“修复画笔工具”的方法为：把鼠标指针移到想要取样的图像上，按住<Alt> 键单击，如图 2-62（a）所示，然后释放 <Alt> 键并将鼠标指针移至要修复的目标区域上单击即可修复此区域，效果如图 2-62（b）所示。

（a）在原始图像上取样

（b）修复后的图像

图 2-62 “修复画笔工具”的使用

2.4.3 污点修复画笔工具

“污点修复画笔工具” 主要用于去除图像中的杂色或者斑点。其功能与“修复画笔工具”相似，使用方法比“修复画笔工具”更简单。使用此工具时，不需要取样，只需要选择此工具，后在图像中需要的位置单击即可去除此处的杂色或者污斑。“污点修复画笔工具”的工具属性栏如图 2-63 所示。

图 2-63 “污点修复画笔工具”的工具属性栏

“污点修复画笔工具”的具体使用方法为：选择“污点修复画笔工具”，单击鼠标右键调节画笔大小，单击图像中要修复的位置，如图 2-64 所示，即可将其清除，效果如图 2-65 所示。

图 2-64 用鼠标指针选择位置

图 2-65 清除抓痕后的效果

2.4.4 修补工具

“修补工具” 也主要用于修复图像中令人不满意的区域。它与“修复画笔工具”相似，不同之处在于，“修复画笔工具”着眼于具体点的处理，而“修补工具”则着眼于面的处理，能够修补较大面积的区域。“修补工具”的工具属性栏如图 2-66 所示。

图 2-66 “修补工具”的工具属性栏

源：默认选择此单选项，表示创建选区并释放鼠标左键后，选区内的图像将被选区释放时所在的区域代替。

目标：选择此单选项后，表示创建选区并释放鼠标左键后，选区内的图像将被原选区所在的区域代替。

透明：勾选“透明”复选框后，被修饰的图像区域内的图像将呈现为半透明效果。

扩散：按住鼠标不动的时候，选择点会越来越大，相当于笔芯里面的色，慢慢往外扩散。

“修补工具”的具体使用方法为：选择“修补工具”，在图像中按住鼠标左键拖动鼠标指针绘制选区，如图 2-67 所示，然后按住鼠标左键将选区拖至取样区域，松开鼠标左键即可完成图像修复，效果如图 2-68 所示。

图 2-67 选择目标区域

图 2-68 修复后的效果

2.5 填充与描边图像

应用填充与描边

2.5.1 填充图像

通常图像的填充包括颜色的填充与图案的填充。

填充颜色时经常使用快捷键来完成，填充前景色的快捷键为<Alt+Delete>，填充背景色的快捷键为<Ctrl+Delete>。

如果要进行复杂的图案填充，则需要执行“编辑”→“填充”命令（快捷键为<Shift+F5>），调出“填充”对话框，如图 2-69 所示。

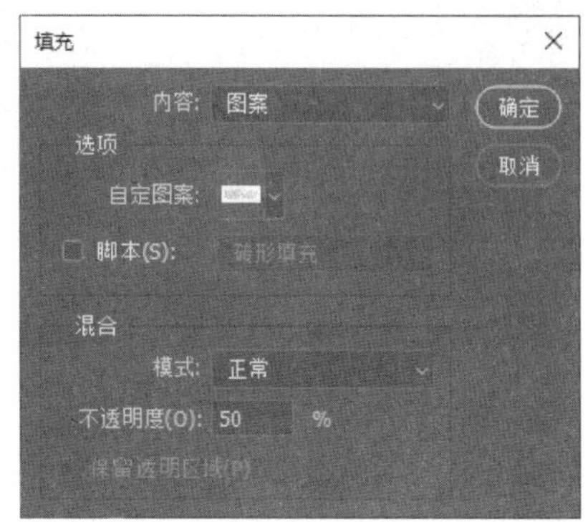

图 2-69 “填充”对话框

内容：可从下拉列表中选择不同的填充内容，例如前景色、背景色、颜色、图案、黑色、白色等。选择“图案”

选项，“自定图案”选项被激活，单击“自定图案”缩略图，在弹出的下拉列表中可以选择要填充的图案。

脚本：此复选框选择后，可以从其下拉列表中选择砖型填充、十字线织物、沿路径置入、随机填充、螺线、对称填充等填充方式。

模式：可从下拉列表中选择所填充的图像与下层图像之间的混合模式。

在 Photoshop CC 中，除了可以使用软件自带的图案，还可以根据需要自定义图案。

下面举例说明自定义图案的步骤。

（1）使用 Photoshop CC 打开素材文件“祥云.jpg”，如图 2-70 所示。执行“编辑”→“定义图案”命令，打开“图案名称”对话框，在“名称”文本框中输入“金色祥云”，如图 2-71 所示。

图 2-70 素材图案图像

图 2-71 “图案名称”对话框

（2）执行“文件”→“新建”命令，创建一个宽度为 800 像素、高度为 400 像素、分辨率为 72 像素/英寸的文档，将其保存为“填充自定义图案.psd”。

（3）执行“编辑”→“填充”命令（快捷键为<Shift+F5>），打开“填充”对话框，单击“自定图案”缩略图，在弹出的下拉列表中选择刚刚定义的“金色祥云”图案，如图 2-72 所示。

（4）单击“确定”按钮，完成自定义图案的填充，效果如图 2-73 所示。

图 2-72 选择自定义图案

图 2-73 填充图案后的效果

还有一种填充方式——“内容识别”，这种填充方式的功能类似于智能的修补工具，在填充选定的选区时，可以根据所选区域周围的像素进行修补。

2.5.2 描边图像

在选区状态下，执行“编辑”→“描边”命令，打开“描边”对话框，如图 2-74 所示。

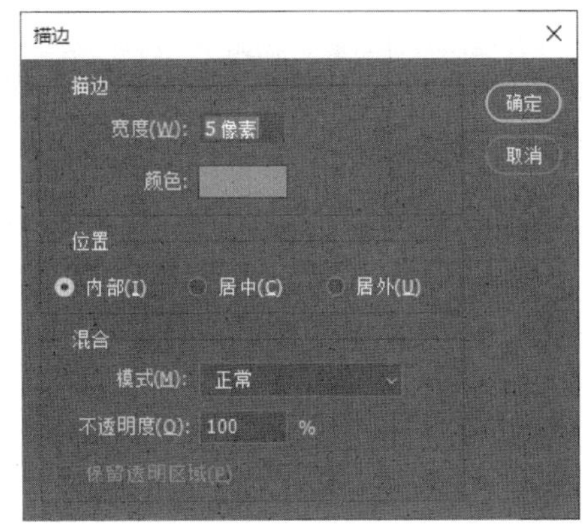

图 2-74 “描边”对话框

宽度：描边的宽度，数值越大线条越宽。

颜色：单击色块，可以在打开的“拾色器”对话框中选择合适的颜色。

位置：可设置描边的线条的位置，内部、居中或居外。

模式：可在下拉列表中选择所填充的图像与下层图像之间的混合方法。

不透明度：可设置描边边框的不透明程度。

保留透明区域：如果强描边区域内存在透明区域，则勾选该复选框后，将不对透明区域进行描边。

使用 Photoshop CC 打开素材文件“小博士.jpg”，使用“多边形套索工具”选择人物，如图 2-75 所示，执行“编辑”→“描边”命令，打开“描边”对话框，设置“宽度”为“15 像素”、“颜色”为白色、“位置”为“内部”，单击“确定”按钮后的效果如图 2-76 所示。

图 2-75 绘制选区

图 2-76 描边后的效果

2.6 文字工具组

使用文字工具组

2.6.1 认识文字工具

文字工具组主要包括“横排文字工具”、“竖排文字工具”等，利用它们分别可以输入横排文字和竖排文字，这里选择“横排文字工具”并介绍其使用方法，其工具属性栏如图 2-77 所示，两种工具的工具的属性栏中的选项基本相同。

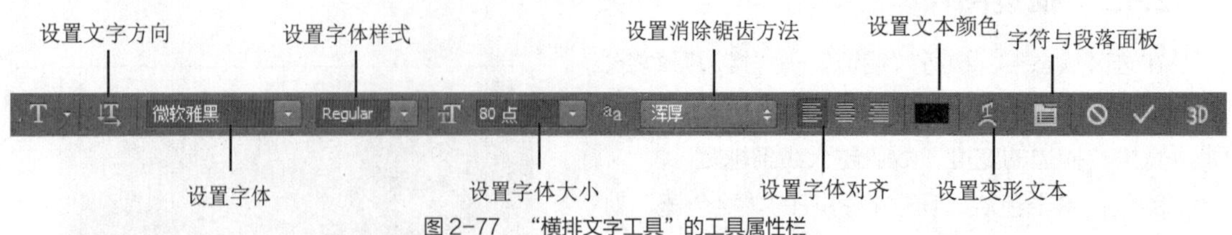

图 2-77 “横排文字工具”的工具属性栏

文字工具的工具属性栏中的各选项的功能和 Word 中的功能类似。第一个选项为“切换文本取向”按钮，其作用是改变文本的方向，如果原来是横排文字，单击此按钮可将其变成竖排文字。接下来依次可以设置字体、字体样式、字体大小。

在字体大小后面为设置消除字体锯齿的方法，共有犀利、锐利、平滑、浑厚等几种方式，主要用于设置所输入字体边缘的形状，并消除锯齿。

接下来的选项为设置输入文字的对齐方式和文本颜色。横排文字的对齐方式分为左对齐、居中对齐和右对齐。

单击创建“文字变形”按钮可以创建变形文本。

“切换字符”和“段落面板”按钮，主要用来打开“字符”“段落”面板，从而调整字体和段落的基本属性。

通过文字工具可以输入直排文字和段落文字。直排文字的输入直接选择文字工具，再单击画面中的合适位置即可。段落文字是一类以段落文本边框来确定文本的位置与换行情况的，边框里的文本会自动换行。选择文本工具，在页面中按住鼠标左键拖动鼠标，松开鼠标左键后创建一个段落文本框。生成的段落文本框有 8 个控制文本框大小的控制点，可以放缩文本框，但不影响文本框内的各项设置，创建完文本框后，可在文本框内直接输入文本，如图 2-78 所示。

（a）输入段落文本

（b）调整后的效果

图 2-78 段落文字的输入

2.6.2 格式化文字

文字的字体是否得当，字体大小是否合适，段落排列是否整齐、美观将直接影响整个作品的效果，如果对输入的文字字体、段落设置等不满意，可单击工具属性栏中的“切换字符和面板”按钮进行细致的调整。单击“切换字符和面板”按钮后，会弹出“字符”面板与“段落”面板，如图 2-79 所示。

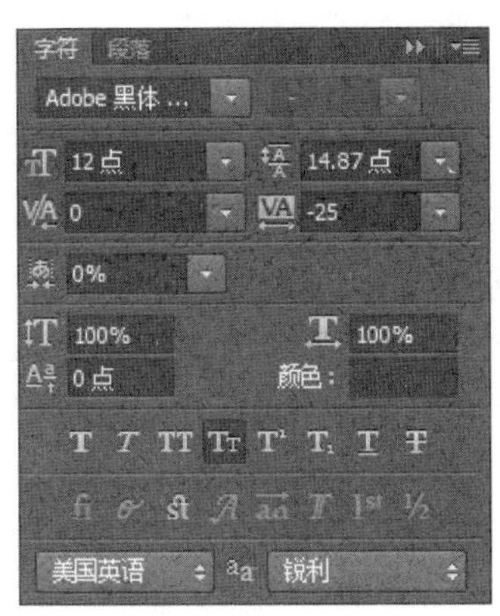

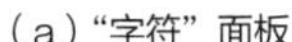
（a）“字符”面板

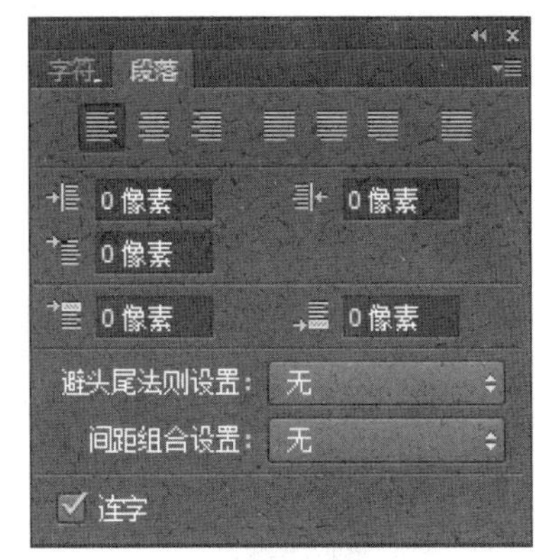

（b）“段落”面板

图 2-79 文字的调整面板

在“字符”面板中除了可以设置文字的字体、大小、颜色、是否消除锯齿，还可设置行距、水平比例、垂直比例等。

行距(自动)：两行文字之间的基线距离，输入数值或在下拉列表中选择一个数值，可以设置行距，数值越大行距越大。

垂直 100% 和水平 100%：在文本框中输入百分比可分别调整文字在垂直方向和水平方向的缩放比例。

字符的比例间距 0%：按指定的百分比减少字符周围的空间；当向字符添加比例间距时，字符两侧的间距按相同的百分比减少，字符本身不会被伸展或挤压。

字距调整 5：用于控制所选字符的间距，数值越大间距越大。

基线偏移 0点：用于控制文字与文字基线之间的距离，正数向上移，负数向下移。

“基线偏移”文本框下方为文字的加粗、倾斜、全部大写、全部小写、上标、下标等基本设置。

在“段落”面板中除了可以设置段落中的文本对齐方式，左缩进、右缩进及首行缩进的大小等，还可以设置段前添加空格、段后添加空格等。

段前添加空格 0点 和段后添加空格 0点：用于设置当前段落与上一段落或下一段落之间的垂直间距。

避头尾法则设置：确定文字中的换行。其中，不能出现在一行的开头或结尾的字符称为避头尾字符。

间距组合设置：确定文字中的标点、符号、数字及其他字符类别之间的间距。

连字：设置手动和自动断字，仅适用于罗马字符。

2.7 调整变换图像

调整变换图像

2.7.1 图像的基本变换

图像处理时可以对图像、选区、选区中的图像及路径进行变换操作。变换操作具体包括：缩放、旋转、斜切、扭曲、透视、变形、精准变换、再次变换、翻转操作、操控变形等。

图 2-80　其他变换命令

下面讲解图像变换的操作方法。

使用 Photoshop CC 打开“荷花.psd”素材，选择“荷花”图层，执行“编辑”→“自由变换”命令（快捷键为<Ctrl+T>）。把鼠标指针放置在变换控制框内部，单击鼠标右键可以调出其他变换命令，如图 2-80 所示。变换控制框上的 8 个点为控制点，按住鼠标左键拖动这些控制点可以得到多种变换和扭曲效果；变换控制框中的中心点为控制中心点，按住鼠标左键拖动控制中心点可以根据需要进行缩放、旋转、斜切、扭曲、变形等变换。

缩放：用于变换图像大小，按住<Shift>键，拖动 4 个角上的控制点可以等比例放大或缩小图像，直接拖动 4 个中间的控制点可以改变图像的宽度或者高度。按住<Alt>键，拖动 8 个控制点可以保持以控制中心点为中心放大或缩小图像。按快捷键<Shift+ Alt >，可以实现以控制中心点为中心等比例地放大或缩小图像。

旋转：用于旋转图像，拖动 4 个角上的控制点可以实现图像的旋转。

斜切：基于选定点的控制中心点在原图的水平方向和垂直方向进行变形。操作为按住<Ctrl>键和<Shift>键并拖动鼠标，主要拖动 4 个中间的控制点。

扭曲：可以对图像进行任何角度的变形，操作为按<Ctrl>键并拖动鼠标，拖动 8 个控制点可以实现不同需求的扭曲。

透视：可以对图像进行“梯形”或“顶端对齐三角形”的变换。

变形：可以把图像边缘变为路径，对图像进行调整。矩形空白点为锚点，实心圆点为控制点。

2.7.2　图像的精确变换

实现图像的精确变换需要借助“变换工具”的工具属性栏，如图 2-81 所示，通过“变换工具”的工具属性栏中的各个选项实现精确变换。

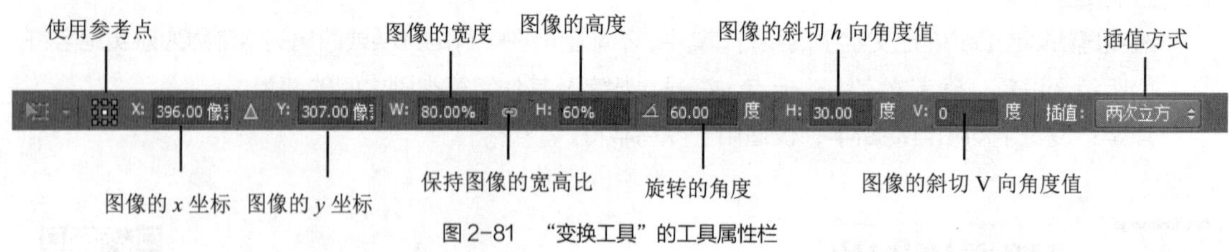

图 2-81　“变换工具”的工具属性栏

2.7.3　再次变换

如果需要对元素进行两次同样的变换，则可以使用再次变换。通常主要使用快捷键复制和自由变换图像。

自由变换的快捷键为<Ctrl+T>，用于对图像进行缩放和旋转变换。

复制并变换的快捷键为<Ctrl+Alt+T>。

复制并再次变换的快捷键为<Ctrl+Alt+Shift+T>。

等比例缩放的操作为按住<Shift>键并拖动鼠标。

中心等比例缩放的操作为按快捷键< Alt+Shift>并拖动鼠标。

注意：以上命令适用于在同一幅图像中重复使用率较高的图像元素，且此图像元素使用的图像调整及变形命令一致。

下面举例演示复制并再次变换的使用方法。

（1）打开 Photoshop CC，执行“文件”→“新建”命令，创建一个宽度为 800 像素、高度为 800 像素、分辨率为 72 像素/英寸的文档，将其保存为“图像变换图案.psd”。

（2）执行“视图”→“新建参考线”命令，打开“新建参考线”对话框，设置的水平参考线的位置为 400 像素，使用同样的方法新建垂直参考线，位置为 400 像素。设置前景色为浅黄色（#ffff00）、背景色为橙色（#459e10），选择“渐变工具”，运用“径向渐变”方式将背景绘制为图 2-82 所示的效果。

（3）新建一个图层，选择“椭圆选框工具”，将鼠标指针放在两条参考线交会的位置（图像中心），按住<Alt>键，绘制一个椭圆形选区，如图 2-83 所示。

图 2-82　设置渐变背景色

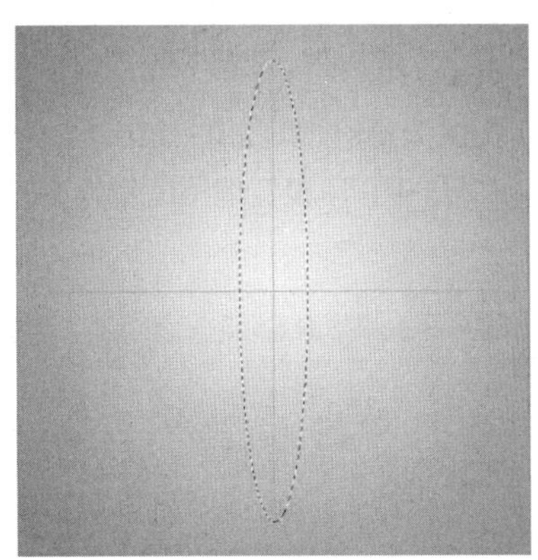

图 2-83　绘制椭圆形选区

（4）执行“编辑”→“描边”命令，打开“描边”对话框，设置描边宽度为“4 像素”、颜色为白色、“位置”为“内部”，如图 2-84 所示，单击“确定”按钮后的效果如图 2-85 所示。

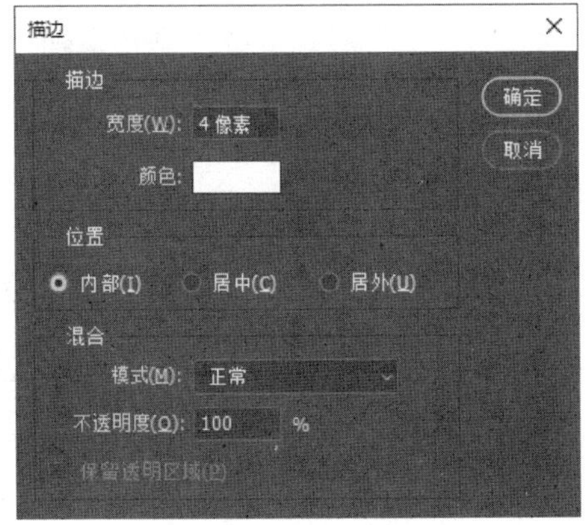

图 2-84　“描边”对话框

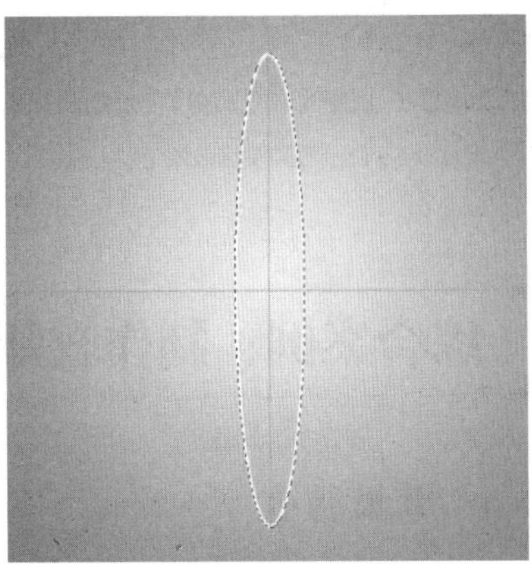

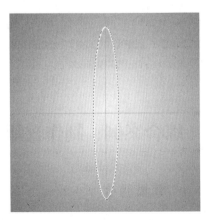

图 2-85　设置描边后的效果

（5）执行“图层”→“复制”命令，复制新的图层。

（6）执行“编辑”→“自由变换”命令（快捷键为<Ctrl+T>），椭圆周围变换控制框，如图 2-86 所示。在变换工具的工具属性栏中设置旋转角度为“10 度”，效果如图 2-87 所示。

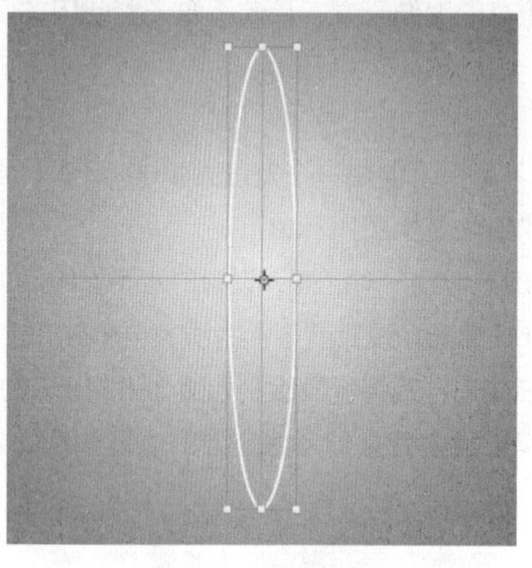

图 2-86　变换控制框

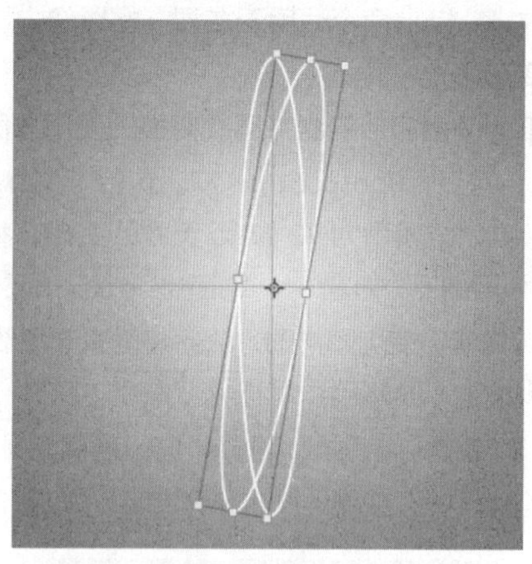

图 2-87　旋转图形

（7）按快捷键<Ctrl+Alt+Shift+T>实现图案的连续复制，最终效果如图 2-88（a）所示。如果在第（6）步中，再设置缩小比例为 95%，则会实现图像边旋转边缩小的的效果，如图 2-88（b）所示。

（a）正常变换效果

（b）调整变换效果

图 2-88　绘制的图案效果

2.8 综合案例：制作教师节海报

感恩教师节
海报制作

2.8.1 效果展示

本案例将通过文字与图像的组合编辑来实现教师节海报的制作，最终效果如图 2-89 所示。

图 2-89　教师节海报效果

素养小贴士

全国优秀教师——张桂梅

张桂梅，女，满族，1957 年 6 月出生，中共党员，云南省丽江华坪女子高级中学党支部书记、校长，华坪县儿童福利院院长，曾荣获“全国优秀共产党员”“时代楷模”“全国先进工作者”“全国十佳师德标兵”“全国最美乡村教师”“感动中国 2020 年度人物”“全国脱贫攻坚楷模”等荣誉称号。

2.8.2　实现过程

用选择工具将图像的部分选取以便和其他图像组合是图像编辑中常用的方式，其操作简单而实用，本案例教师节海报的制作步骤如下。

（1）打开 Photoshop CC，执行“文件”→“新建”命令（或按快捷键<Ctrl+N>），创建一个宽度为 1200 像素、高度为 400 像素、分辨率为 72 像素/英寸的文档。执行“文件”→“存储为”命令，将文件保存为“感恩教师节.psd”。

（2）新建一个图层，命名为“背景图案”，选择“图案图章工具”，在工具属性栏中选择“金色祥云”图案（2.5.1 小节定义的图案），在图层中绘制“金色祥云”图案，并设置其不透明度为“20%”，效果如图 2-90 所示。

（3）打开素材文件夹中的图片“卡通教师.jpg”，使用“裁剪工具”裁剪所需的图像内容，效果如图 2-91 所示。

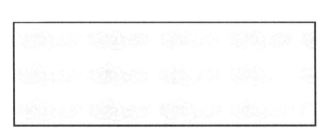

图 2-90　金色祥云背景图案效果

图 2-91　裁剪素材图像

（4）使用“魔棒工具”选择背景浅绿色区域，执行“选择”→“反选”命令（快捷键为<Ctrl+Shift+I>）来选取主体对象，如图 2-92 所示，执行“编辑”→“拷贝”命令（快捷键为<Ctrl+C>）将其复制，切换至“感恩教师节.psd”文档，执行“编辑”→“粘贴”命令（快捷键为<Ctrl+V>）将复制的内容粘贴，并调整其大小与位置，效果如图 2-93 所示。

图 2-92 选取主体对象后的图像

图 2-93 粘贴图像后的效果

（5）由于粘贴后的图像较大，因此执行“编辑”→“自由变换”命令（快捷键为<Ctrl+T>），使用移动工具调整其大小及位置，效果如图 2-94 所示。大小调整合适后，单击“提交变换”按钮确认此次操作（或者按快捷键<Ctrl+Enter>）。

图 2-94 图像调整后的效果

（6）使用“横排文字工具”在文档中输入“教师节”，设置字体为“微软雅黑”、字体大小为“120 点”、颜色为深绿色（#07662f）。在“横排文字工具”的工具属性栏中单击“从文本创建 3D”按钮 3D，弹出“您即将创建一个 3D 图层。是否要切换到 3D 工作区”提示窗口，单击“是”按钮即可进入 3D 工作区，调节参数后即可创建 3D 模型，调整角度与大小后的 3D 文字效果如图 2-95 所示。

图 2-95 插入 3D 文字

（7）打开素材文件夹中的图片“康乃馨.jpg”，使用“裁剪工具”裁剪所需的图像内容，效果如图 2-96 所示。使用“橡皮擦工具”将多余的红花擦除，选择背景的白色区域执行“选择”→“反选”命令（快捷键为<Ctrl+Shift+I>）来选中康乃馨主体，执行“编辑”→“拷贝”命令（快捷键为<Ctrl+C>）将其复制，切换至“感恩教师节.psd”文档，执行“编辑”→“粘贴”命令（快捷键为<Ctrl+V>）将复制的内容粘贴，并调整其大小与位置，效果如图 2-97 所示。

图 2-96　裁剪康乃馨图像

图 2-97　插入康乃馨图像后的效果

（8）新建一个图层，命名为“文字背景”，选择“椭圆选框工具”，在工具属性栏中设置“样式”为“固定大小”、“宽度”为“75 像素”、“高度”为“75 像素”，如图 2-98 所示。

羽化：0 像素　消除锯齿　样式：固定大小　宽度：75 像素　高度：75 像素

图 2-98　设置“椭圆选框工具”的工具属性

（9）在“文字背景”图层中绘制两个圆形，设置前景色为深绿色（#07662f），执行“编辑”→“填充”命令（快捷键为<Shift+F5>）打开“填充”对话框，设置“内容”为“前景色”，如图 2-99 所示，使用“横排文字工具”分别输入“感”“恩”，设置字体为“黑体”、字体大小为“48 点”、颜色为白色（#ffffff），调整位置后的效果如图 2-100 所示。

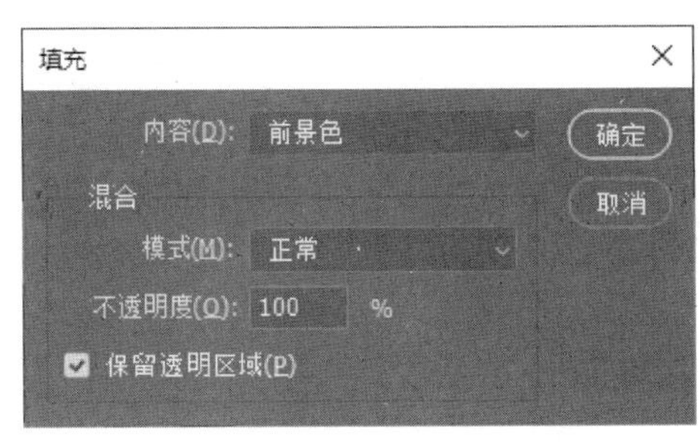

图 2-99　设置填充内容

图 2-100　调整“感”“恩”文字效果

（10）使用“横排文字工具”分别输入“HAPPY TEACHER'S DAY”“2021.09.10”，设置字体大小为“30 点”、颜色为深绿色（#07662f），调整位置后的效果如图 2-89 所示。

（11）如果不采用 3D 效果文字，也可以在素材文件夹中选择“教师节.png”图片将 3D 文字替换，替换 3D 文字后的效果如图 2-101 所示。

图 2-101 替换文字后的效果

（12）书籍是人类进步的阶梯，而教师是我们人生路上的引路人，因此在图像中插入一条大道可以提升海报的设计感。选择“画笔工具”，单击鼠标右键从弹出的快捷菜单中执行“干介质画笔”中的“厚实炭笔”，画笔大小设置为 60 像素；新建一个图层，将前景色设置为灰色（#b2b2b2），绘制一条大道；插入素材文件夹中的“背包行走的学生.png”图片，调整其大小与位置，效果如图 2-102 所示。

图 2-102 插入大道的效果

任务实施：公益海报的制作

1. 任务分析

公益海报的制作

“地球一小时”（Earth Hour）是世界自然基金会（World Wide Fund For Nature，WWF）应对全球气候变化所提出的一项全球性节能活动，提倡每年三月最后一个星期六的当地时间晚上 20:30，家庭及商业用户关上不必要的电灯及耗电产品一小时，以此来表明他们对应对气候变化行动的支持。

本任务以“地球一小时”为主题设计制作“节能”的公益海报，打算使用女孩为核心人物，倡导大家每天熄灯 1 小时来达到节能的效果。

素养小贴士

勤俭节约是中华民族的传统美德

习近平总书记对制止餐饮浪费行为作出“厉行节约、反对浪费”的重要指示，要求全社会进一步推动形成勤俭节约之风。家是社会的细胞，良好家风是社会风尚的根基，让勤俭节约之风在新时代成为推动个人和社会发展的正能量，需要我们以优秀家风助推社会勤俭节约良好风尚的形成。

2. **技能要点**

核心技能要点：画笔工具、文字工具的使用等。

3. **实现过程**

本案例的操作步骤如下。

（1）打开 Photoshop CC，执行“文件”→“新建”命令（或者按快捷键<Ctrl+N>），创建一个宽度为 3543 像素、高度为 5315 像素、分辨率为 150 像素/英寸的文档，背景色填充为黑色，效果如图 2-103 所示。执行“文件”→“存储为”命令，保存为“熄灯 1 小时公益海报.psd”。

（2）执行“文件”→“打开”命令，打开“女孩.jpg”素材图片，使用“移动工具”将“女孩.jpg”图片拖入画布中，并将其放置到合适的位置，效果如图 2-104 所示。

图 2-103　背景图层的填充效果

图 2-104　将素材拖入画布中

（3）为了使女孩图片和背景更好地融合，选择工具箱中的“橡皮擦工具”，选择“画笔”模式，单击“画笔预设”选取器，选择“柔边圆”预设画笔，设置画笔大小为“1000 像素”、不透明度设为“20%”，将女孩图片上方不需要的部分擦除，效果如图 2-105 所示，将其拖入到整个背景后的效果如图 2-106 所示。

图 2-105　擦除不需要的部分

图 2-106　擦除后的效果

（4）将“灯.jpg”素材图片置入画布中，并移动其位置，将其置于画布中合适的位置，效果如图 2-107 所示，更改图层混合模式为“明度”，效果如图 2-108 所示。

图 2-107　添加灯素材

图 2-108　更改图层混合模式后的效果

（5）选择工具箱中的“横排文字工具”，输入“熄”字，设置字体为“汉仪粗宋简”、字体大小为“270 点”、颜色为白色。然后再分图层分别输入“灯”“1”“小”“时”4 个字，修改“灯”“小”“时”3 个字的字体大小为“200 点”，调整位置，效果如图 2-109 所示。

（6）选择“熄”文字图层，单击鼠标右键，在弹出的快捷菜单中执行“栅格化文字”命令，如图 2-110 所示，将文字转化成图片。删除“熄”字的部分笔画，效果如图 2-111 所示。

图 2-109　添加文字

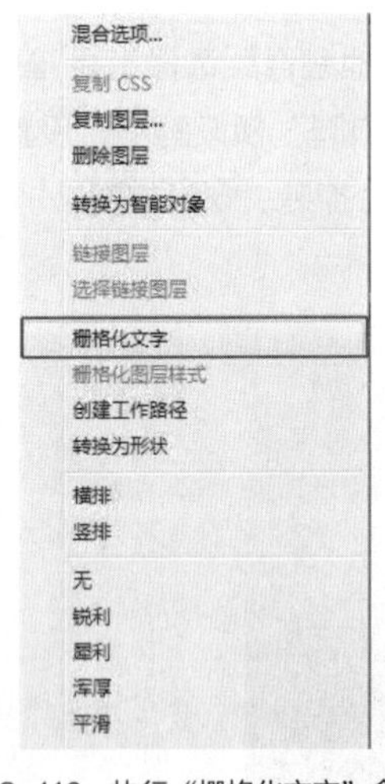

图 2-110　执行“栅格化文字”命令

图 2-111　删除部分笔画

（7）打开“灯.png”素材，使用“移动工具”将素材图片拖到画布中，放置在“熄”字中，调整大小，效果如图 2-112 所示。

（8）使用同样的方法将数字“1”栅格化，删除中间部分的图形，导入素材“LIGHT.png”，并放置在“1”文字图层下面，效果如图 2-113 所示。

图 2-112　添加灯图像后的效果

图 2-113　调整后的“1”

（9）创建新组，将所有文字拖入新组中，并命名为“文字组”。打开“金属.jpg”素材，使用“移动工具”将金属素材拖到画布中，调整其大小并将其放置到“文字组”图层上面，效果如图 2-114 所示。

（10）按住<Alt>键单击“金属”图层与“文字组”图层中间的分割线，为“文字组”图层添加剪切蒙版，效果如图 2-115 所示。

图 2-114　添加金属素材后的效果

图 2-115　为“文字组”图层添加剪切蒙版的效果

（11）打开“地球示意图.png”素材、“光效”素材，使用“移动工具”将地球素材拖到画布中，并复制出 2 个光效层，调整位置，效果如图 2-116 所示。

（12）用“横排文字工具”在海报底部输入“熄灯一小时公益海报设计”，设置字体为“黑体”、字体大小为“30 点”、颜色为白色，效果如图 2-117 所示；用“横排文字工具”在海报顶部输入“TURN OFF THE LIGHTS FOR 1 HOUR”（熄灯 1 小时），设置字体为“黑体”、字体大小为“30 点”、颜色为白色，最终效果如图 2-1 所示。

图 2-116　添加地球素材和光效素材的效果

图 2-117　添加底部文字的效果

任务拓展

1. 应用技巧

在使用 Photoshop CC 的各类选区工具进行抠图时，有很多技巧，如果能熟练掌握，则能大大提高工作效率。

技巧 1：在使用选框工具与“魔棒工具”时配合使用<Shift>键和<Alt>键可以实现选区的逻辑运算，“添加到选区”可按快捷键<Shift>实现；“从选区中减去”可按快捷键<Alt>实现；“与选区交叉”可按快捷键<Shift+Alt>实现。

技巧 2：使用“裁剪工具”调整裁切框而裁切框又比较接近图像边界的时候，裁切框会自动地贴到图像的边上，导致无法精确地裁剪图像，不过只要在调整裁切边框的时候按住<Ctrl >键，就可以方便地控制裁切框，从而进行精确裁切。

技巧 3：如果图像比较复杂，无法使用“魔棒工具”精确选择某一部分图像，那么可以使用“放大镜工具”将其放大，再使用“魔棒工具”进行选择。“缩放工具”的快捷键为<Z>，此外，<Ctrl+空格键>为放大工具的快捷键，<Alt+空格键>为缩小工具的快捷键，但是要配合鼠标才可以实现缩放；按快捷键<Ctrl++>及快捷键<Ctrl+->也可放大或缩小图像；按快捷键<Ctrl+Alt++>和快捷键<Ctrl+Alt+->可以自动调整窗口以满屏缩放显示，使用此快捷键无论图片以多少百分比来显示都能全屏浏览。如果想要在使用“缩放工具”时按图片的大小自动调整窗口大小，可以在“缩放工具”的工具属性栏中勾选“调整窗口大小以满屏显示”复选框。

技巧 4：移动图层和选区时，按住<Shift>键可沿水平方向、垂直方向或 45 度角方向移动；按方向键可做每次 1 个像素的移动；按住<Shift>键后再按方向键可做每次 10 个像素的移动。

技巧 5：若要快速改变对话框中的数值设置，可先单击要修改的内容，让光标处于文本框中，然后按上、下方向键。如果在用方向键改变数值前先按住<Shift>键，那么数值的改变速度会加快。

技巧 6：如果需要取消选区，可以按快捷键<Ctrl+D>，也可以执行“选择”→“取消选择”命令；如果使用的是“矩形选框工具”“椭圆选框工具”“套索工具”，那么可在图像中单击选定区域外的任何位置取消选区，但前提是选区创建模式为“新选区”。

技巧 7：在使用“色彩范围”命令时，若要临时启动“添加到取样”工具，请按住<Shift>键；按住<Alt>键可启动“从取样中减去”工具。

技巧 8：拖动选区内的任何区域，可以移动选区，或将选区边框局部移动到画布边界之外；当将选区边框拖动回来时，原来的选区以原样再现；还可以将选区边框拖动到另一个文档窗口。

技巧 9：执行“视图”→“显示”→“选区边缘”命令将切换选区边缘的视图并且只影响当前选区，在建立另一个选区时，选区边框将重现。

2. **选择并遮住工具的应用**

选框工具组、套索工具组及“魔棒工具”等的工具属性栏中的最后一项都是“选择并遮住”选项。该选项可以提高选区边缘的品质，从而以不同的背景查看选区以便于编辑。还可以使用“选择并遮住”选项来调整图层蒙版，此选项在做精细的选区时应用非常广泛。如果在案例中用到的素材边缘非常粗糙，诸如头发、毛发之类的边缘，即可应用此选项。具体使用方法如下。

（1）在 Photoshop CC 中打开“猫.jpg”素材图片，在打开的图像中可以看见小猫图像的边缘由于毛发的原因显得非常乱，接下来就利用调整边缘工具将其清晰地抠取出来。

利用“套索工具”为图像绘制粗糙选区，如图 2-118 所示，这时选择工具属性栏中的“选择并遮住”选项，弹出“属性”面板，如图 2-119 所示。该面板主要分为视图模式、边缘检测、全局调整和输出设置 4 个部分。

图 2-118　利用“套索工具”绘制选区

图 2-119　“属性”面板

工具箱中的“快速选择工具”主要来创建选区，“调整边缘画笔工具”和“画笔工具”这两种工具可以精确调整发生边缘调整的边界区域。通过“调整边缘画笔工具”涂抹柔化区域（例如头发或毛皮）可以向选区中加入细节。“画笔工具”可以还原通过“调整边缘画笔工具”调整的部分。

视图模式：单击“视图”下拉按钮，打开“视图”下拉列表，其中包括“洋葱皮”“闪烁虚线”“叠加”“黑底”“白底”“黑白”“图层”等选项，从下拉列表中，选择一种视图选项可以更改选区的显示方式。将鼠标指针悬停在视图选项上，系统会显示该视图的相关信息。勾选“显示原稿”复选框可显示原始选区以进行比较。勾选“显示边缘”复选框可在发生边缘调整的位置显示选区边框。

边缘检测：用于检测选择图像的边缘，使之变得精细或粗糙。勾选“智能半径”复选框可以自动调整边界区域中发现的硬边缘和柔化边缘的半径。如果边框一律是硬边缘或柔化边缘，或者需要控制半径并且更精确地调整画笔，则取消勾选此复选框。“半径”选项可以设置发生边缘调整的选区边界的大小。对硬边缘使用较小的半径，对较柔和的边缘使用较大的半径。

全局调整：可以调整图像选区边缘的细节。“平滑”指减少选区边界中的不规则区域（“山峰”和“低谷”）以创建较平滑的轮廓；“羽化”指模糊选区与周围像素之间的过渡效果；“对比度”增大时，沿选区边框的柔和边缘的过渡会变得不连贯。通常情况下，使用“智能半径”选项和调整工具的效果会更好。“移动边缘”的值为负时，向内移动柔化边缘的边框，为正时，则向外移动这些边框。向内移动这些边框有助于在选区边缘移去不想要的背景颜色。

输出设置：勾选“净化颜色”复选框可将彩色边替换为附近完全被选中的像素的颜色，颜色替换的强度与选区边缘的软化度是成比例的。由于此选项更改了像素颜色，因此它需要输出到新图层或文档。“数量”选项用来更改净化和彩色边替换的程度；“输出到”选项决定着调整后的选区是变为当前图层上的选区或蒙版，还是生成一个新图层或文档。

（2）在“边缘检测”栏中勾选“智能半径”复选框，设置“视图模式”选项组中的“视图”为“黑底”，并设置“边缘检测”栏中的“半径”为“200 像素”，这时可以浏览到画布中图像被选择了出来。继续用调整半径工具，将图像边缘部分尚不清晰的地方涂抹掉，形成图 2-120 所示的效果。

（3）使用“色彩范围”等命令略做调整后即可看见边缘清晰的效果，添加新背景图后的效果如图 2-121 所示。

图 2-120 “选择并遮住”后效果

图 2-121 添加新背景后的效果

任务小结

本任务主要介绍了 Photoshop 移动工具、选框工具、橡皮擦工具组等基本工具的简单使用，以及图像选区的创建与编辑，目的是让读者了解各工具的基本操作方法，掌握一定的操作技巧，并对 Photoshop 的基本工具有一个整体的认识。要想很好地掌握这些工具及其使用技巧，需要读者不断加强练习。

拓展训练

1. **理论练习**

（1）“渐变工具”与“油漆桶工具”有何区别？

（2）“渐变工具”包括哪5种渐变模式？各有何特点？

（3）简述应用“渐变编辑器”对话框设置色标颜色和渐变位置的方法。

（4）橡皮擦工具组包括哪些工具？这些工具有何功能？

（5）“仿制图章工具”和“图案图章工具”有何区别？

（6）修复画笔工具组包括哪些工具？这些工具有何功能？

2. 实践练习

依据图2-122所示的相框模板，结合图2-123所示的几张儿童照素材，利用选框工具组、橡皮擦工具组、“魔棒工具”等工具和“自由变换”等命令将图像合成为一幅图像。

图2-122 相框模板

图2-123 素材图片

03

任务 3 应用图层

本任务介绍

图层是 Photoshop 的核心功能，在 Photoshop 中几乎所有的操作都是基于图层来完成的。图层就像是含有文字或图形等元素的胶片，一张张按顺序叠放在一起，组合起来形成页面的最终效果。图层可以将页面上的元素精确定位，图层中可以加入文本、图片、表格、插件，也可以进行图层嵌套。

学习目标

知识目标	能力目标	素养目标
（1）了解图层的定义。 （2）了解图层的分类	（1）掌握图层的基本应用。 （2）掌握图层样式的使用方法与技巧。 （3）掌握图层混合模式的应用方法。 （4）掌握 3D 功能的使用方法	（1）具有勇于创新、敬业、乐业的工作作风与意识。 （2）具备继承中华民族优秀传统文化的担当意识

任务展示：全民健身多彩运动鞋广告设计

全民运动，强国有我。中国体育独特的气质，将指引一代代中国人奋勇向前，昂扬向上。本任务是为一款运动鞋设计广告，要求此广告能体现全民健身的运动鞋的创意广告，效果如图 3-1 所示。

图 3-1 多彩运动鞋广告设计

知识准备

3.1 图层概述

Photoshop 是一款以“图层”为基础操作单位的软件。“图层”是在 Photoshop 中进行一切操作的载体。顾名思义，图层就是“图”+“层”，图即图像，层即分层、层叠。简而言之，就是以分层形式显示图像。

3.1.1 图层的分类及作用

1. **图层的分类**

图层主要分为背景图层、普通图层、文字图层、调整图层、形状图层、填充图层、智能对象和图层组。

背景图层：不可以调节图层顺序，永远在最下边，不可以调节不透明度和增加图层样式，以及添加蒙版，可以使用画笔工具、渐变工具、图章工具和修饰工具。

普通图层：可以进行一切操作。

文字图层：可以通过文字工具创建 3D 文字，文字图层不可以进行添加滤镜、设置图层样式等操作。

调整图层：可以在不破坏原图的情况下，对图像进行色相、色阶、曲线等的调整。

形状图层：可以通过形状工具和路径工具来创建，内容被保存在它的蒙版中。

填充图层：也是一种带蒙版的图层，内容为纯色、渐变和图案，可以转换成调整图层，可以通过编辑蒙版制作融合效果。

智能对象：指向其他 Photoshop 文件的指针，当大家更新源文件时，这种变化会自动反映到当前文件中。

图层组：为了方便图层的组织与管理，对不同的图层进行分组管理。

2. **独立存储元素的作用**

在图像的设计制作过程中，可以使用不同的图层保存不同的图像元素，例如在素材文件夹中的“年年有余.psd”图片中，“金鱼”图层与“老鼠”图层都是独立的图层，如图 3-2 所示。如果单击“金鱼”图层前方的“指示图层可见性”按钮，可以将“金鱼”图层隐藏，可以清晰地看到图层独立存储元素的功能，如图 3-3 所示。

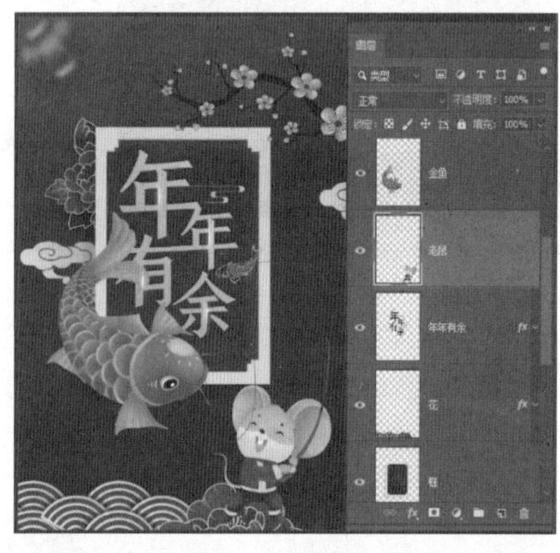

图 3-2 图层独立存储

图 3-3 隐藏图层后的素材图像效果与“图层”面板

3. **图层的排序作用**

Photoshop 中能够随意调整图层的上下顺序，从而改变叠加次序，构建出不同的视觉效果，例如在素材文件夹中的“年年有余.psd”中，“金鱼”图层在“年年有余”图层的上方，将“年年有余”图层放到“金鱼”图层的上方，“金鱼”图层的部分内容就无法显示了，因为它被“年年有余”图层遮挡了。

4. **图层的屏蔽作用**

在图层上可以添加蒙版，通过蒙版可以屏蔽当前图层中的部分内容，从而达到混合图像的目的，这个功能是在设计制作中经常使用的。

3.1.2 图层面板

认识图层面板

对图层进行的各种操作都是基于“图层”面板进行的，因此掌握“图层”面板是掌握图层操作的前提。打开素材文件夹中的“端午节海报.psd”文件如图 3-4 所示，这幅作品中包含了背景图层、普通图层、文字图层、调整图层、形状图层、填充图层、智能对象和图层组等各类图层。

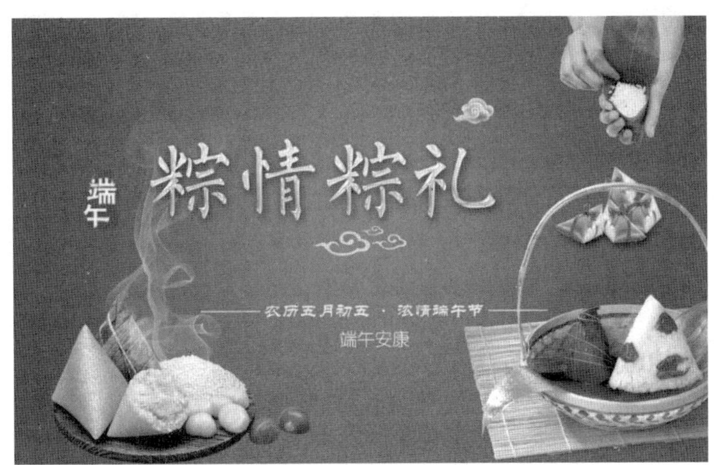

图 3-4　端午节海报

执行“窗口”→“图层”命令（快捷键为<F7>），可以显示图 3-5 所示的“图层”面板。

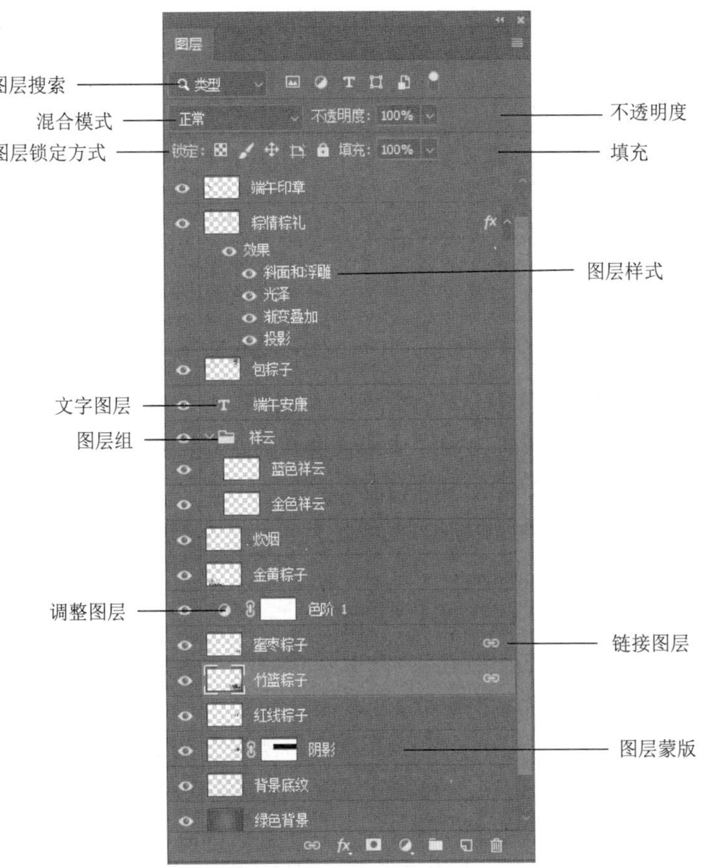

图 3-5　“图层”面板

下面介绍“图层”面板的部分选项。

混合模式 正常 ：用于设置图层的混合模式。

图层锁定方式：分别表示锁定透明像素、锁定图像像素、锁定位置防止画板与画框内外自动嵌套、锁定全部。

图层可见性：用于显示或隐藏图层。

链接图层：用于链接图层。

图层样式 fx：用于设置图层的各种效果。

图层蒙版：用于创建蒙版图层。

填充或者调整图层：用于创建填充或者调整图层。

创建新组：用于创建图层文件组。

创建新图层：用于创建新的图层。

删除图层：用于删除图层。

通过“图层”菜单也可以实现选择图层、合并图层、调整图层顺序、创建智能对象等操作。菜单栏中的“图层”菜单聚集了所有关于图层创建、编辑的命令，而“图层”面板中包含了最常用的操作命令。

除了这两种操作图层的方式：还可以在选择了“选择工具”的前提下，在文档中单击鼠标右键，通过弹出的快捷菜单选择所要编辑的图层。另外在“图层”画板中单击鼠标右键，也可以打开关于编辑图层、设置图层的快捷菜单，使用这些快捷菜单，可以快速、准确地完成图层操作，以提高工作效率。

3.1.3 图层的基本应用

使用图层

在 Photoshop 中，许多编辑操作都是基于图层进行的，因此了解更多的图层编辑方法后，才可以更加自如地编辑图像。

1. 选择图层

在平面设计过程中，一个综合性的作品往往是由多个图层组成的，通过“图层”画板选中某个图层，可以移动、复制和删除图层内容，以达到控制图像内容的目的。

如果要选择某一图层，只需要在“图层”面板中单击需要的图层即可。处于选中状态的图层与普通图层具有一定的区别，被选择的图层以蓝底显示。

如果要选择除背景图层以外的所有图层，操作方法是执行“图层”→“所有图层”命令，或者按快捷键<Ctrl+Alt+A>。

2. 移动图层

使用“移动工具”可以移动当前的图层，如果当前的图层中包含选区，则可移动选区内的图像。在该工具的工具属性栏中可以设置以下属性。

自动选择：勾选该复选框后，单击图像即可自动选择所有包含指定像素的图层，该项功能对于选择具有清晰边界的图形较为有用，但在选择设置了羽化的半透明图像时却很难发挥其作用；选择“组”选项，单击图像可选择被选图层所在的图层组。

显示变换控件：勾选该复选框后，选中的图像周围的定界框上显示手柄，可以直接拖动手柄缩放图像。

3. **复制图层**

通过复制图层可以创建当前图层的副本，从而加强图像效果，如图 3-6 所示，同时也可以保存图像。复制图层的方法有以下几种。

- 选择要复制的图层，然后执行“图层”→“复制图层”命令，在打开的“复制图层”对话框中输入新图层名称。
- 选择要复制的图层，将该图层拖动到“创建新图层”按钮上即可。
- 按快捷键<Ctrl+J>。
- 选择“移动工具”在按住<Alt>键的同时在需复制的图层上单击鼠标左键并拖动鼠标。

图 3-6　复制图层

4. **删除图层**

将没有用的图层删除，可以有效地减小文件的大小。选择要删除的图层，单击“删除图层”按钮或将图层拖动到该按钮上即可删除图层。

5. **调整图层的顺序**

在编辑多个图像时，图层的顺序很重要。上层图层的不透明区域可以覆盖下层图层的图像内容。如果要显示覆盖的内容，则需要对图层的顺序进行调整。调整图层顺序的方法有以下几种。

- 选择要调整顺序的图层，执行“图层”→“排列”→“前移一层”命令（快捷键为<Ctrl+] >），该图层就可以上移一层；若要将图层下移一层，则执行“图层”→“排列”→“后移一层”命令（快捷键为<Ctrl+[>）。
- 选择要调整顺序的图层，按住鼠标左键将其拖到目标图层的上或下方，释放鼠标左键即可调整该图层的顺序。
- 如果需要将某个图层置顶，可以按快捷键<Ctrl+Shift+] >；如果需要将某个图层置底，则按快捷键<Ctrl+Shift+[>。

6. **锁定图层内容**

“图层”面板的顶部有 4 个可以锁定图层的按钮，如图 3-7 所示，使用不同的按钮锁定图层后，可以保护图层的透明像素、图像的像素、位置，使其不会因为误操作而改变。用户可以根据实际需要锁定图层的不同属性。下面分别介绍各个按钮的作用。

图 3-7 锁定图层按钮

锁定透明像素：单击该按钮后，可将编辑范围限制在图层的不透明部分。

锁定图像像素：单击该按钮后，可防止修改该图层的像素，只能对图层进行移动和交换操作，而不能对其进行绘画、擦除或应用滤镜操作。

锁定位置：单击该按钮后，可防止图层被移动，对于设置了精确位置的图像，将其锁定后就不必担心被意外移动了。

锁定全部：单击该按钮后，可锁定以上全部选项。当图层被完全锁定时，“图层”面板中锁定图标显示为实心的；当图层被部分锁定时，锁状图标是空心的。

7. 链接图层

图层的链接功能可以用于方便地移动多个图层图像，同时可以对多个图层中的图像进行变换操作，例如移动、旋转、缩放，从而可以轻松地对多个图层进行编辑。

按住<Ctrl>键单击“图层”面板中的相关图层，然后单击“图层”画板下方的“链接图层”按钮，即可将所有选中的图层链接起来，如图 3-8 所示。

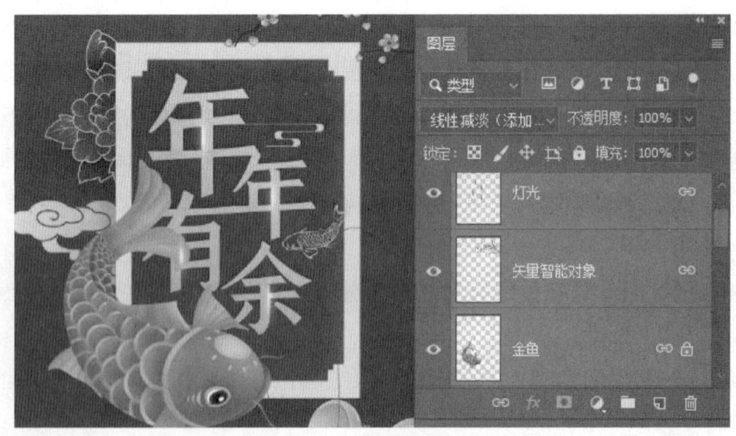

图 3-8 链接图层

8. 合并图层

一幅复杂的图像通常由成百上千个图层组成，图像文件所占用的磁盘空间也相当庞大。此时，如果要减少文件所占用的磁盘空间，可以将一些不必要的图层合并。同时，合并图层还可以提高文件的操作速度。

常见的合并图层的方法有以下几种。

合并图层：选择两个或多个图层，执行“图层”→“合并图层”命令（快捷键为<Ctrl+E >），就可以将选中的图层合并。该命令可以将当前图层与其下一图层合并，而其他图层保持不变。合并图层时，需要将当前图层的下一图层设为显示状态。

合并可见图层：执行“图层”→“合并可见图层”命令（快捷键为<Ctrl+Shift+E >）可以将所有可见的图层、图层组合并为一个图层。执行该命令，可以将图像中所有可见的图层合并，而隐藏的图层保持不变。

拼合图像：执行“图层”→“拼合图像”命令，可以将当前文件的所有图层拼合到背景图层中，如果文件中有隐藏图层，则系统会弹出提示对话框要求用户确认合并操作，拼合图层后，隐藏的图层将被删除。

9. **盖印图层**

盖印是一种特殊的图层合并方法，它可以将多个图层的内容合并到一个目标图层中，同时其他图层保持完好。当需要得到某些图层的合并效果，而又要保持原图层信息完整时，使用盖印功能合并图层可以达到很好的效果。

盖印功能在 Photoshop CC 的菜单栏中无法找到对应命令，其具体的使用方式如下。

打开素材图片“金鱼与金鼠.psd”，如图 3-9 所示，在“图层”面板中，可以将某一图层中的图像盖印至其下面的图层中，而上面的图层的内容保持不变。首先选择“金鼠”图层，按快捷键<Ctrl+Alt +E>执行盖印操作，“金鱼”图层中即出现“金鼠”图层中的内容，如图 3-10 所示。

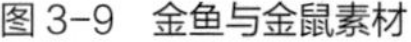
图 3-9　金鱼与金鼠素材

图 3-10　图层盖印后的效果

此外，盖印功能还可以应用到多个图层，具体方法是：选择多个图层，按快捷键<Ctrl+Alt +E>。如果需要将所有图层的信息合并到一个图层，并且保留原图层的内容，则具体方法为：首先选择一个可见的图层，按快捷键<Ctrl+Shift+Alt+E>盖印可见图层，即可将所有可见图层盖印至一个新建的图层中。

10. **剪贴蒙版**

“剪贴蒙版”是 Photoshop 中的一条命令，也称剪贴组，该命令通过使用下方图层中的形状来限制上方图层的显示状态，以达到剪贴画的效果。

选择上方图层执行“图层”→“创建剪贴蒙版”命令，或者使用快捷键< Ctrl+Alt+ G>可以创建剪贴蒙版，也可以按住<Alt>键，在两图层中间出现图标后单击。建立剪贴蒙版后，上方图层缩略图缩进，并且带有一个向下的箭头。

图 3-11 所示的素材有 3 个图层，分别是“背景”图层、“文字”图层、“树林”图层。

图 3-11　素材中的图层

隐藏“树林”图层，将“文字”图层中的内容显示出来，页面效果如图 3-12 所示，以文字作为蒙版。

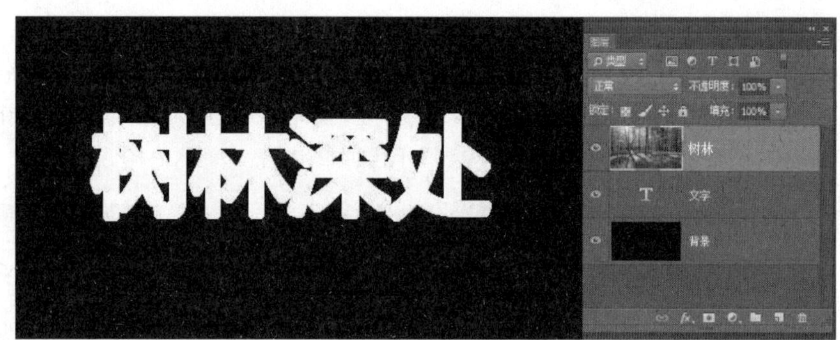

图 3-12　“文字”图层

显示“树林”图层，选择“树林”图层执行“图层”→“创建剪贴蒙版”命令（快捷键为< Ctrl+Alt+G>），即可创建剪贴蒙版，页面效果如图 3-13 所示，在文字中间显示了“树林”图层的内容。

图 3-13　创建剪贴蒙版的效果

11. 对齐和分布链接图层

在对多个图层进行编辑操作时，有时为了创作出精确的图形效果，需要将多个图层中的图像进行对齐或等间距分布，例如精确选区边缘、裁剪选框、切片、形状和路径等。

使用“对齐”命令之前，需要先建立两个或两个以上的图层链接；使用“分布”命令之前，需要建立 3 个或 3 个以上的图层链接。否则这两个命令都不可以使用。

要执行“对齐”或“分布”命令，可以选择“图层”→“对齐”或“图层”→“分布”子菜单下的各个命令；也可以在工具属性栏中单击各个按钮来完成操作。各按钮的功能如表 3-1 所示。

表 3-1　对齐、分布按钮

分类	图标	名称	功能与作用
对齐		顶边	将所有链接图层最顶端的像素与作用图层最上边的像素对齐
		垂直居中	将所有链接图层垂直方向的中心像素与作用图层垂直方向的中心像素对齐
		底边	将所有链接图层最底端像素与作用图层的最底端像素对齐
		左边	将所有链接图层最左端的像素与作用图层最左端的像素对齐
		水平居中	将所有链接图层水平方向的中心像素与作用图层水平方向的中心像素对齐
		右边	将所有链接图层最右端的像素与作用图层最右端的像素对齐
分布		顶边	从每个图层最顶端的像素开始，均匀分布各链接图层的位置，使它们顶端的像素间隔相同的距离
		垂直居中	从每个图层垂直方向的中心像素开始，均匀分布各链接图层的位置，使它们垂直方向的中心像素间隔相同的距离
		底边	从每个图层最底端的像素开始，均匀分布各链接图层的位置，使它们最底端的像素间隔相同的距离
		左边	从每个图层最左端的像素开始，均匀分布各链接图层的位置，使它们最左端的像素间隔相同的距离
		水平居中	从每个图层水平方向的中心像素开始，均匀分布各链接图层的位置，使它们水平方向的中心像素间隔相同的距离
		右边	从每个图层最右端的像素开始，均匀分布各链接图层的位置，使它们最右端的像素间隔相同的距离

3.1.4　图层组的基本操作

操作图层组

在创建复杂的图形作品时，就会存在大量不同类型、不同内容的图层，为了方便组织和管理图层，Photoshop 提供了图层组功能。使用图层组功能可以很容易地将图层作为一组对象来进行操作，比链接图层更方便、快捷。

1. **创建图层组**

单击“图层”面板中的“创建新组”按钮即可新建一个图层组。之后创建新图层，就会在图层组里面创建，如图 3-14 所示。

选择多个图层后，单击鼠标右键，执行“从图层建立组”命令（快捷键为<Ctrl+G>），可以将选择的图层放入同一个图层组内。

图 3-14　图层组的使用

2. 嵌套图层组

在 Photoshop 中，还可以将当前的图层组嵌套在其他图层组内，这种嵌套结构最多可以设置 5 级，如图 3-15 所示。选中图层组中的图层，单击“创建新组”按钮，即可在图层组中创建新组。

图 3-15　嵌套图层功能

3. 编辑图层组

当在“图层”面板中选择了图层组后，对图层组执行的移动、旋转、缩放等变换操作将作用于所选图层组中的所有图层。图 3-16 所示为对图层组执行“斜切”命令的效果。

图 3-16　对图层组执行“斜切”命令的效果

单击图层组前的图标，可以展开图层组，再次单击可以折叠图层组。如果按住<Alt>键单击该图标可以展开图层组及该组中所有图层的样式列表。

如果要解散图层组，可以执行“图层”→“取消图层编组”命令（快捷键为<Ctrl+Shift+G>）。

如果要删除图形组，可以把要删除的图层组拖至“删除图层”按钮上，删除该图层组及其中的所有图层；如果要保留图层组中的图层只删除图层组，可在选择图层组后，单击“删除图层”按钮，在弹出的提示对话框中单击“仅组”按钮。

3.2 图层样式

3.2.1 认识图层样式

图层样式是创建图像特效的重要手段，Photoshop 提供了多种图层样式，用户可以快速更改图层的外貌，为图像添加阴影、发光、斜面、叠加和描边等，从而创建具有真实质感的图像。应用于图层的样式将变为图层的一部分，在“图层”面板中，图层的名称右侧将出现 fx 图标，单击图标旁边的三角形，可以展开样式，以便查看并编辑样式。

当为图层添加图层样式后，可以通过双击缩略图打开“图层样式”对话框并修改样式，也可以通过菜单命令将样式复制到其他图层中，并根据图像的大小缩放样式。还可以将设置好的样式保存在“样式”面板中，方便重复使用。图 3-17 所示为原图像和为图像添加图层样式后的效果。

（a）原图像

（b）应用图层样式后的效果

图 3-17　图层样式应用前后效果对比

3.2.2 常用的图层样式

1. 斜面和浮雕

勾选“斜面和浮雕”复选框可以将图像和文字制作出立体效果，它是通过为图层添加高光和阴影来模仿立体效果的。通过更改众多的参数，可以控制浮雕样式的强弱、大小、明暗变化等。

打开素材文件夹中的“中国梦.psd”图片，给左侧红色的“梦”字设置“斜面和浮雕”样式，具体参数参照图 3-18 中右侧的“图层样式”对话框，效果如图 3-18 左侧所示。

“样式”下拉列表用于设置浮雕的类型，改变浮雕立体面的位置，包含如下选项。

外斜面：在图层内容的外边缘上创建斜面效果。

内斜面：在图层内容的内边缘上创建斜面效果。

浮雕效果：创建图层内容相对下层图层内容凸出的效果。

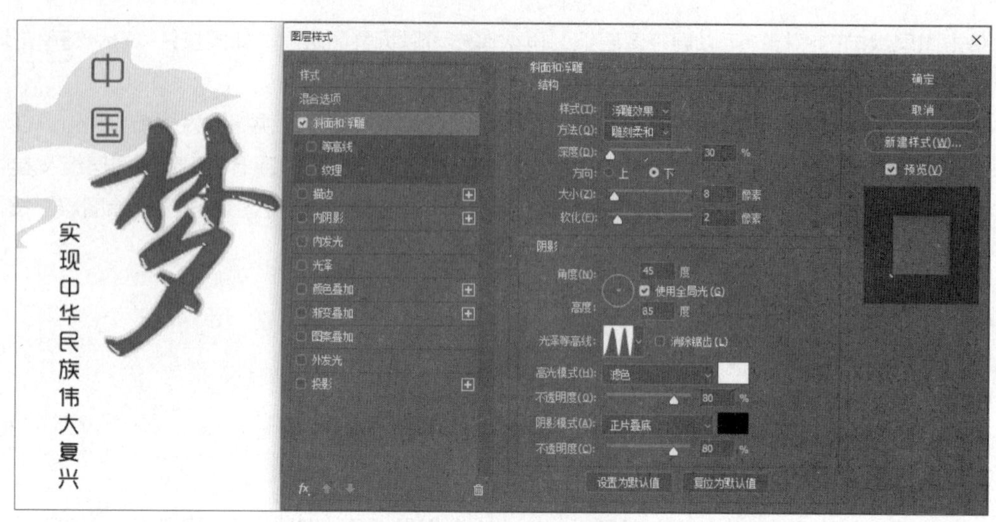

图 3-18　设置“斜面和浮雕”样式

枕状浮雕：创建图层内容的边缘凹陷进下层图层内容中的效果。

描边浮雕：在图层描边样式的边界上创建浮雕效果。

“方法”下拉列表用来控制浮雕效果的强弱，包括如下 3 个级别。

平滑：可稍微模糊杂边的边缘，用于所有类型的杂边，不保留大尺寸的细节特写。

雕刻清晰：主要用于消除锯齿形状（如文字）的硬边与杂边，保留细节特写的能力优于“平滑”选项。

雕刻柔和：没有“雕刻清晰”选项保留细节特写的能力突出，主要应用于较大范围的杂边。

在设置浮雕效果时，还可以通过设置“深度”“大小”“高度”等来控制浮雕效果的细节变化。

深度：设置斜面或图案的深度。

大小：设置斜面或图案的大小。

软化：模糊投影效果，消除多余的人工痕迹。

高度：设置斜面的高度。

光泽等高线：创建类似于金属表面的光泽。

高光模式：用来指定斜面或暗调的混合模式，单击右侧的色块可以打开“拾色器（斜面和浮雕高光颜色）”对话框，从中可以设置高光的颜色。

阴影模式：在该下拉列表中可选择一种斜面或浮雕暗调的混合模式，单击其右边的色块，可以在打开的对话框中设置暗调部分的颜色。

此外，还可以给图层进行等高线和纹理的相关设置。

2. **描边**

“描边”效果使用颜色、渐变颜色或图案描绘当前图层上的对象、文本或形状的轮廓，对于边缘清晰的形状（如文本），这种效果尤其有用。

打开素材文件夹中的“中国梦.psd”图片，在给“梦”字设置“斜面和浮雕”的基础上，继续为其设置黑色“描边”样式，具体参数参照图 3-19 中右侧的“图层样式”对话框，效果如图 3-19 左侧所示。

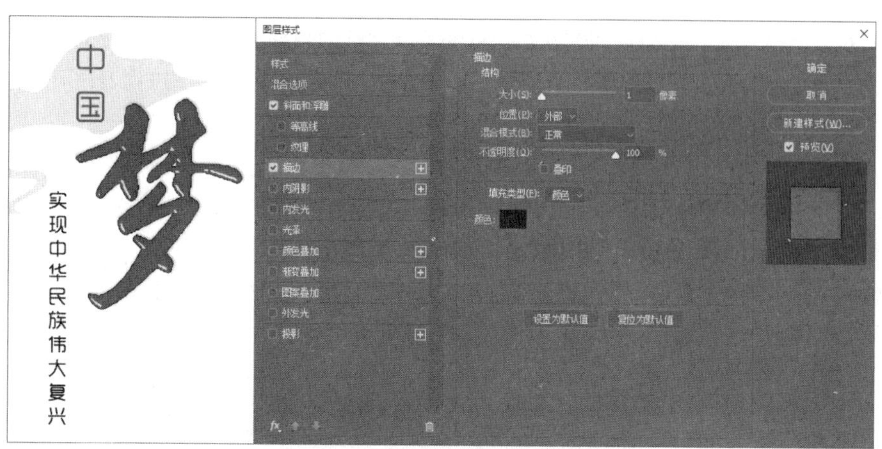

图 3-19　设置“描边”样式

“描边”样式的相关参数说明如下。

大小：用于控制“描边”的宽度，数值越大则生成的描边就越宽。

认识与使用图层样式

位置：主要分为外部、内部、居中。

混合模式：选择不同的混合模式将得到不同的效果。

不透明度：定义描边的不透明度，数值越大描边颜色越浓，反之越淡。

填充类型：主要分为颜色、渐变、图案 3 种。

颜色：单击色块会弹出“拾色器（描边颜色）”对话框，从中可以设置不同的描边颜色。

3.“内阴影”样式

“内阴影”样式作用于对象、文本或形状的内部，在图像内部创建出阴影效果，使图像出现类似内陷的效果。勾选“内阴影”复选框后，在右侧可设置“内阴影”样式的各项参数。

打开素材文件夹中的“中国梦.psd”图片，给“梦”字设置“内阴影”样式，具体参数参照图 3-20 中右侧的“图层样式”对话框，效果如图 3-20 左侧所示。

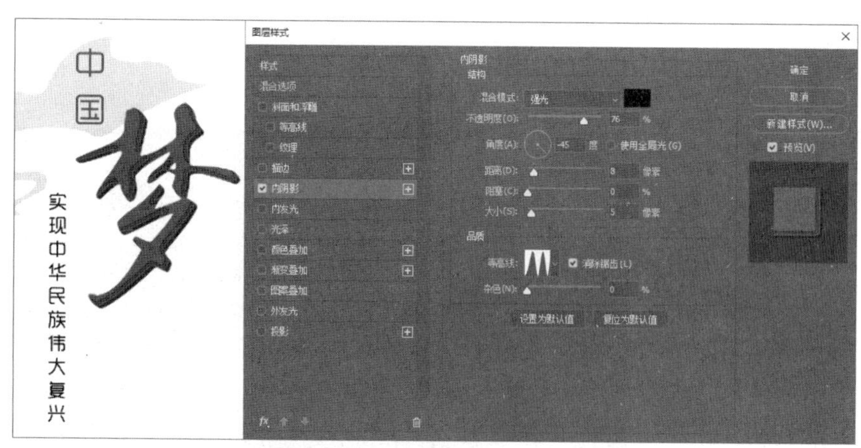

图 3-20　设置“内阴影”样式

“内阴影”样式的相关参数说明如下。

距离：在此拖动滑块或者输入数值可以定义内阴影的投射距离，数值越大则内阴影在视觉上距离投射阴影的对象就越远，其三维空间的效果就越好，反之则内阴影越贴近投射阴影对象。

等高线：可以定义图层样式效果的外观，单击下拉按钮将弹出等高线下拉列表，可以在该下拉列表中选择所需要的等高线类型。

4. “内发光”样式

“内发光”样式就是将从图层对象、文本或形状的边缘向内添加发光效果。在设置发光效果时，应注意主体物的颜色，主体物颜色为深色时，可直观地查看到内发光的效果。

打开素材文件夹中的“中国梦.psd”图片，给“梦”字设置“内发光”样式，具体参数参照图 3-21 中右侧的“图层样式”对话框，效果如图 3-21 左侧所示。

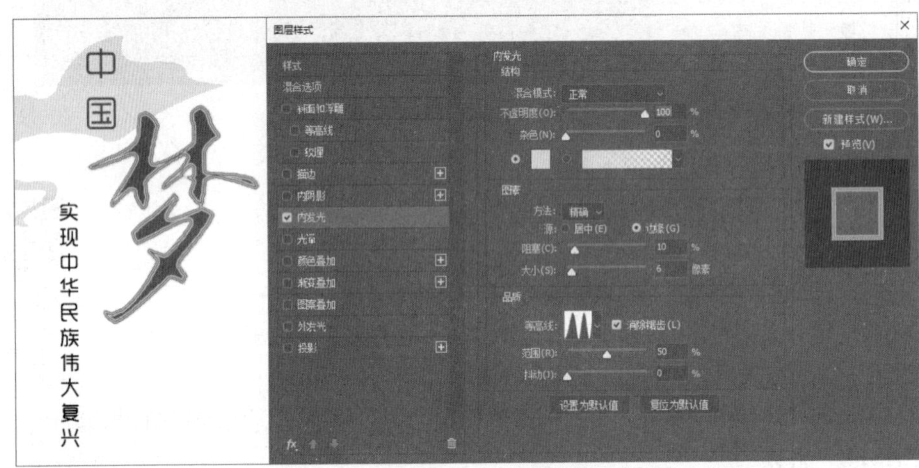

图 3-21 设置“内发光”样式

5. “光泽”样式

“光泽”样式可以使物体表面产生明暗分离的效果，它在图层内部根据图像的形状来应用阴影效果，通过设置“距离”选项，可以控制光泽的范围。

打开素材文件夹中的“中国梦.psd”图片，给“梦”字设置“光泽”样式，具体参数参照图 3-22 中右侧的“图层样式”对话框，效果如图 3-22 左侧所示。

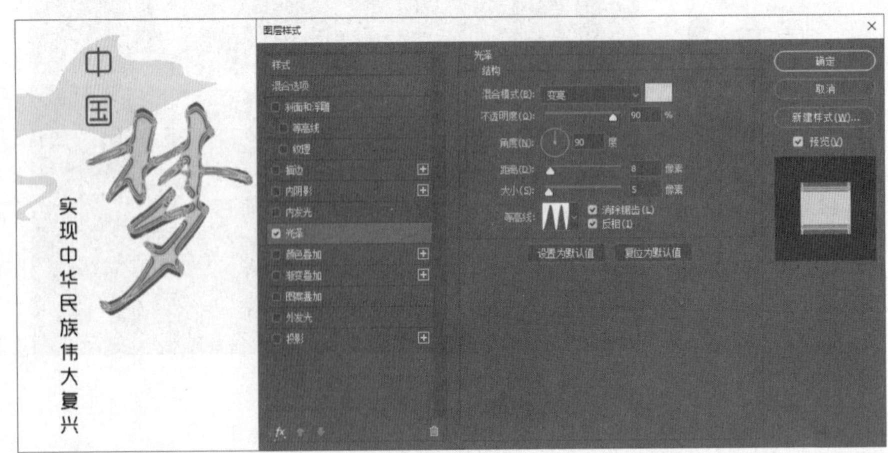

图 3-22 设置“光泽”样式

6. “颜色叠加”样式

“颜色叠加”样式可在图层内容上填充一种选定的颜色。勾选“颜色叠加”复选框后，可以设置“颜色”“混合模式”　“不透明度”，从而改变叠加色彩的效果。该样式和为图像填充前景色和背景色的操作效果相同，所不同的是使用“颜色叠加”样式可以方便、直观地更改填充的颜色。

7. “渐变叠加”样式

“渐变叠加”样式的操作方法与“颜色叠加”样式的类似。勾选“渐变叠加”复选框后可以改变渐变样式及角度。单击“渐变”选项的色块，打开“渐变编辑器”对话框，通过该对话框可以设置出不同颜色混合的渐变色，为图像添加更为丰富的渐变叠加效果。

打开素材文件夹中的“中国梦.psd”图片，给“梦”字设置“渐变叠加”样式，具体参数参照图 3-23 中右侧的“图层样式”对话框，效果如图 3-23 左侧所示。

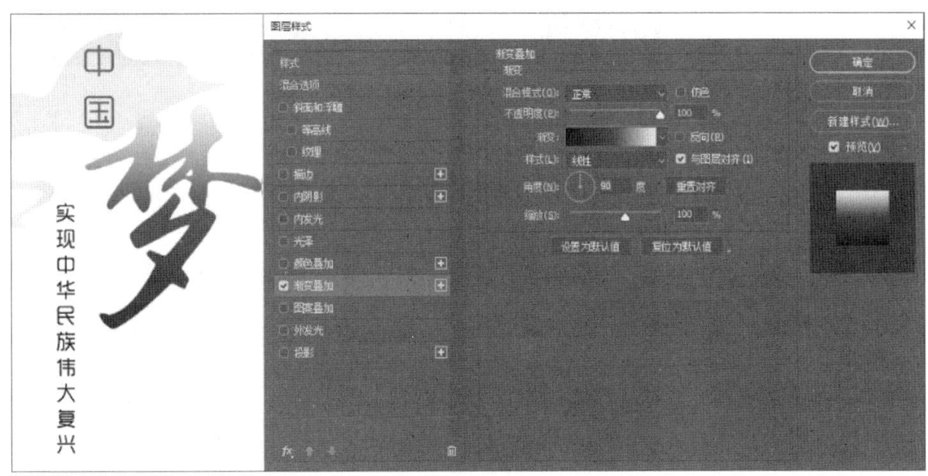

图 3-23　设置“渐变叠加”样式

8. “图案叠加”样式

“图案叠加”样式可在图层对象上叠加图案，即用重复的图案填充对象。从“图案”中下拉列表中选择所需图案。

9. “外发光”样式

“外发光”样式可从图层对象、文本或形状的边缘向外添加发光效果。设置参数可以让对象、文本或形状更精美。

打开素材文件夹中的“中国梦.psd”图片，在给“梦”字设置 1 像素的白色描边的基础上，给“梦”字添加“外发光”样式，参数参照图 3-24 中右侧的“图层样式”对话框，效果如图 3-24 左侧所示。

10. “投影”样式

“投影”样式可为图层上的对象、文本或形状添加阴影效果。通过设置“混合模式”“不透明度”“角度”“距离”“扩展”“大小”等各种选项，可以得到需要的效果。

制作投影是设计者最基础的入门功夫。无论是文字、按钮、边框还是物体，只要加上阴影，就会产生立体感。利用这个图层样式可以逼真地模仿出物体的阴影效果，并且可以对阴影的颜色、大小、清晰度进行调整。

打开素材文件夹中的“中国梦.psd”图片，在给“梦”字设置 1 像素白色描边的基础上，“梦”字设置“投影”效果，具体参数参照图 3-25 中右侧的“图层样式”对话框，效果如图 3-25 左侧所示。

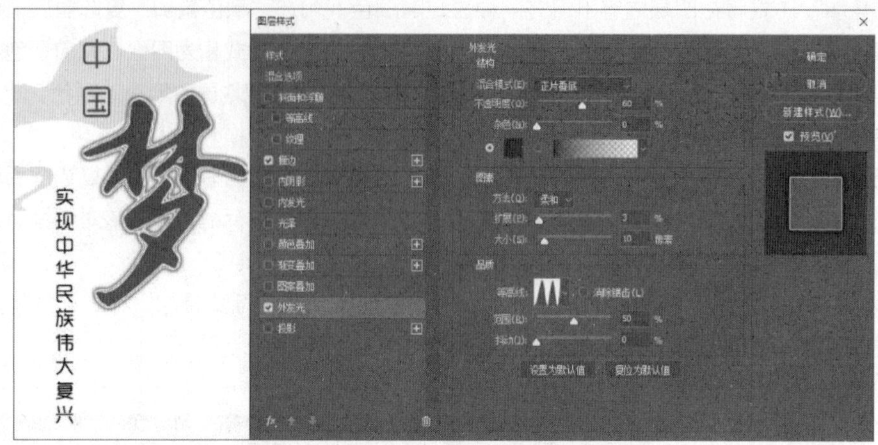

图 3-24 设置“外发光”样式

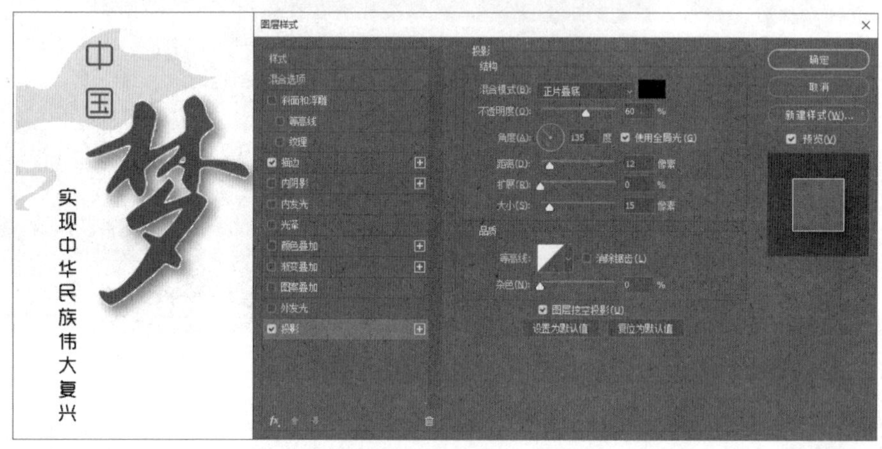

图 3-25 设置“投影”样式

（1）“结构”选项组。

“结构”选项组中可以设置投影的方向、不透明度、角度、距离等参数，以控制投影的变化。

混合模式：用于选择投影的混合模式，其右侧有一个色块，单击可以打开“拾色器（投影颜色）”对话框，从中可以选择阴影颜色。

不透明度：用于设置投影的不透明度，值越大投影颜色越深。

角度：用于设置光线照射的角度，阴影的方向会随角度的变化而变化。

使用全局光：勾选此复选框后，可以为同一图像中的所有图层样式设置相同的光线照射角度。

距离：设置阴影的距离，取值范围为 0~30000，值越大距离越远。

扩展：设置光线的强度，取值范围为 0%~100%，值越大投影效果越强烈。

大小：设置投影柔滑效果，取值范围为 0~250，值越大柔滑程度越大。

（2）“品质”选项组。

在该选项组中，可以控制投影的程度。

等高线：可以选择一个已有的等高线效果并将其应用于阴影，也可以单击色块进行编辑。

消除锯齿：勾选该复选可以消除投影的边缘锯齿。

杂色：设置投影中随机混合元素的数量，取值范围为 0%～100%，值越大随机元素越多。

图层挖空投影：勾选该复选框后，可控制半透明图层中的投影的可视性。

11. **混合选项**

“混合选项”用来控制图层的不透明度及当前图层与其他图层的像素混合效果。执行“图层”→“图层样式”→“混合选项”命令，打开的对话框中包含两组混合滑块，即“本图层”滑块和“下一图层”滑块。它们分别用来控制当前图层和下一图层在最终的图像中显示的像素，通过调整滑块可根据图像的亮度范围，快速创建透明区域。

下面通过一个案例来讲解“混合选项”。

（1）打开“白云.jpg”“龙脊梯田.jpg”文件，如图 3-26 所示，将“白云.jpg”拖至“龙脊梯田.jpg”画面中，得到“图层 1”图层。

（a）白云素材

（b）龙脊梯田素材

图 3-26　混合选项图像素材

（2）双击“图层 1”图层的缩略图，打开“图层样式”对话框，图 3-27 所示的方框内为改变前的混合颜色带。

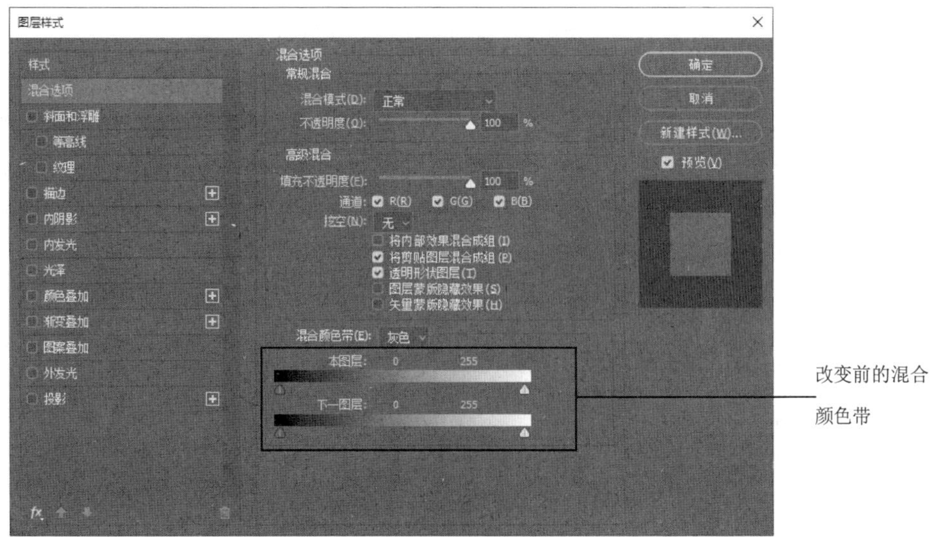

图 3-27　“图层样式”对话框

（3）向右侧拖动“本图层”的混合颜色带的黑色滑块，如图 3-28 所示，可以看出，向右侧拖动黑色滑块后，白云围绕在梯田的周围，已经基本得到了需要的效果，只是不够细腻。

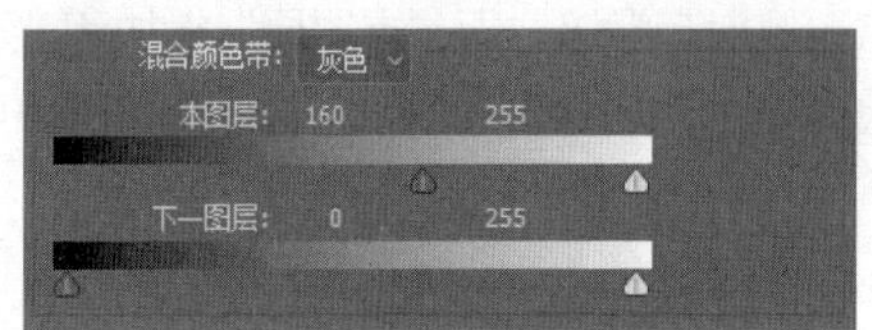

（a）拖动黑色滑块至 190

（b）图层发生的变化

图 3-28 拖动滑块后的图像效果

（4）若要取得非常柔和的效果，需按住<Alt>键单击黑色滑块或者白色滑块，将滑块拆分为两个小滑块，分别移动拆分后的滑块，以调整图像混合时的柔和程度。将“本图层”的混合颜色带的黑色滑块拆分开后的效果如图 3-29 所示。

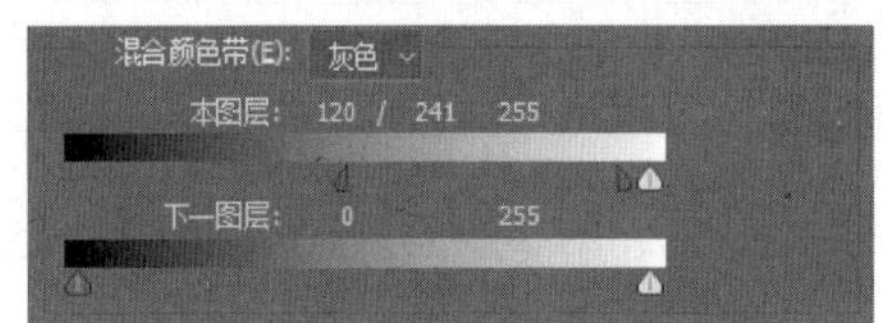

（a）将黑色滑块拆分开

（b）重新调整后图层发生的变化

图 3-29 黑色滑块拆分后的图像混合选项效果

所以，“本图层”滑块用来控制当前图层上将要混合并出现在最终图像中的像素范围。将左侧黑色滑块向中间移动时，当前图层中所有比该滑块所在位置暗的像素都将被隐藏，被隐藏的区域会显示为透明状态。

注意：将滑块分成两部分后，右半侧滑块所在位置的像素为不透明像素，而左半侧滑块所在位置的像素为完全透明的像素，两个滑块中间部分的像素为半透明像素。

以上方法特别适合用于混合有柔和、不规则边缘的云、烟、雾、火等的图像。

3.2.3 自定义与修改图层样式

自定义与修改图层样式

1. 自定义图层样式

用户可以自定义图层样式。例如，执行“图层”→“图层样式”→“混合选项”命令，打开“图层样式”对话框，在“图层样式”对话框中单击“新建样式”按钮，在弹出的“新建样式”对话框中设置样式的名称，然后在“图层样式”对话框中就可以查看到自定义的样式，如图 3-30 所示。

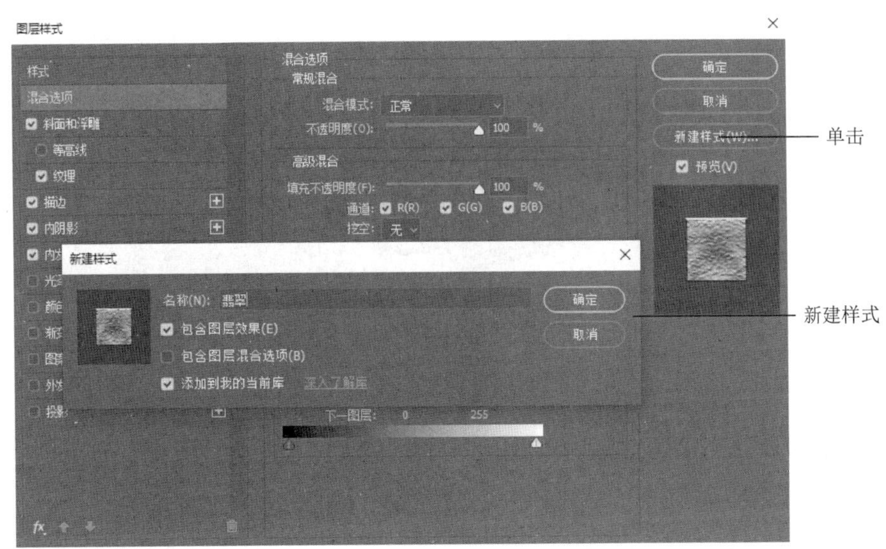

图 3-30 自定义图层样式

在“样式”面板中，如图 3-31 所示，还有很多预设样式，只要选中需要应用样式的图层，单击该面板中的样式图标即可应用样式，效果如图 3-32 所示。

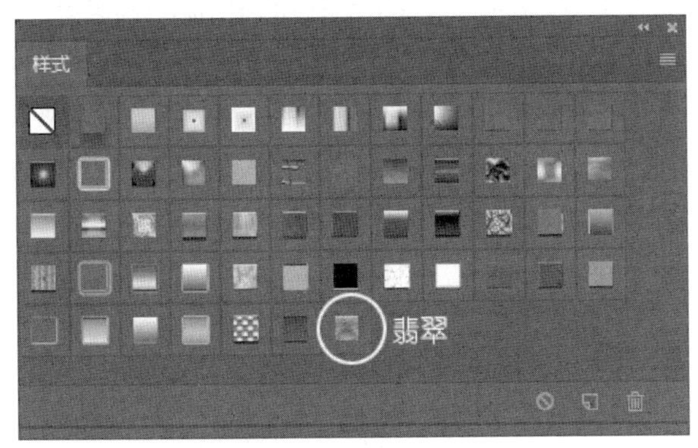

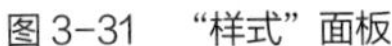
图 3-31 “样式”面板

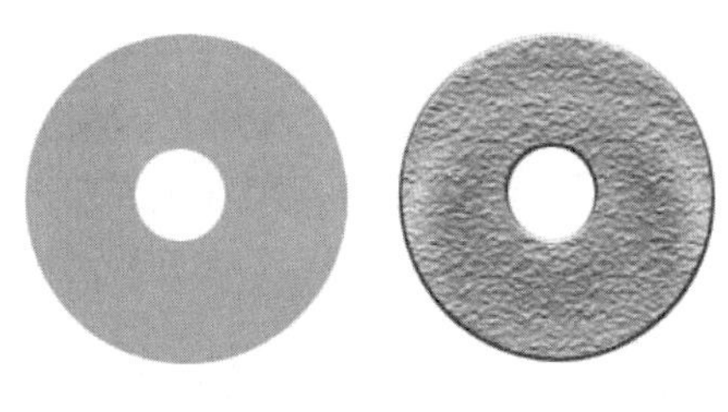
图 3-32 应用“翡翠”样式的效果

2. **修改与复制图层样式**

添加完图层样式后，还可以再次打开“图层样式”对话框，对样式进行修改。

通过复制图层样式，还可以将相同的效果设置添加到多个图层中。在图层名称的右侧单击鼠标右键，在弹出的快捷菜单中执行“拷贝图层样式”命令，在要粘贴的图层名称右侧单击鼠标右键，在弹出的快捷菜单中执行“粘贴图层样式”命令，即可完成图层样式的复制。

3. **缩放样式效果**

对于复制的带有图层样式的图像，对其大小进行调整，添加的样式不会变，但效果与原效果有差别，如图 3-33 所示。

若要获得与图像比例一致的效果，需要对单独的效果进行缩放。此时可以选择复制后的图层，执行“图层”→“图层样式”→“缩放图层效果”命令，在打开的对话框中设置“缩放”参数，以得到理想的效果。

图 3-33　缩放带样式的图层内容

3.3 图层混合模式

认识图层混合模式

3.3.1　认识图层混合模式

数字图像处理过程中进行图像混合时，图层的混合模式是非常有用的功能，在两幅或多幅图像间使用恰当的混合模式，能够轻松地制作出图像间相互隐藏、叠加或混融为一体的效果。简单地讲就是将底层的基色与上层的混合色融合，从而得出结果色，也就是下层图像与上层图像相混合得出新的图像效果。

Photoshop 将混合模式分为六大类，共 27 种混合形式，即：组合混合模式（正常、溶解）、加深混合模式（变暗、正片叠底、颜色加深、线性加深、深色）、减淡混合模式（变亮、滤色、颜色减淡、线性减淡、浅色）、对比混合模式（叠加、柔光、强光、亮光、线性光、点光、实色混合）、比较混合模式（差值、排除、减去、划分）、色彩混合模式（色相、饱和度、颜色、明度）。

图层混合模式的具体应用方式如下所示。

（1）打开图片“爱国.tif”和图片“长城.tif”，画面效果如图 3-34、图 3-35 所示。

图 3-34　爱国.tif

图 3-35　长城.tif

素养小贴士

社会主义核心价值观——爱国

社会主义核心价值观是社会主义核心价值体系的内核，体现社会主义核心价值体系的根本性质和基本特征，反映社会主义核心价值体系的丰富内涵和实践要求，是社会主义核心价值体系的高度凝练和集中表达。爱国，是基于个人对自己祖国依赖关系的深厚情感，也是调节个人与祖国关系的行为准则。它同社会主义紧密结合在一起，要求人们以振兴中华为己任，促进民族团结、维护祖国统一、自觉报效祖国。

（2）使用“移动工具”将“长城.tif”拖至“爱国.tif”中，效果如图 3-36 所示，设置“长城”图层的混合模式为“正片叠底”，得到的效果如图 3-37 所示。

图 3-36　正常效果

图 3-37　正片叠底的效果

依据这个使用方法，依次试验其他的各种混合模式。

其中，不常用的混合模式包括正常、溶解、差值、排除、减去、划分等；常用的混合模式包括正片叠底、线性加深、滤色、颜色减淡、线性减淡、叠加、柔光、颜色、明度等。

3.3.2　图层混合模式详解

Photoshop 的图层混合模式主要分为 6 大类：覆盖混合模式、加深混合模式、减淡混合模式、对比混合模式、比较混合模式、色彩混合模式。

1. **覆盖混合模式**

覆盖混合模式需要降低图层的不透明度时才能产生作用。覆盖混合模式中包含“正常”模式和“溶解”模式，它们需要配合不透明度才能产生一定的混合效果。

- “正常”模式：在“正常”模式下调整当前图层的不透明度可以使当前图层中的图像与其下一图层中的图像产生混合效果，在此模式下形成的合成色或者着色作品不会用到颜色的相减属性。
- “溶解”模式：特点是配合调整不透明度可创建点状喷雾式的图像效果，不透明度越低，像素点越分散。

2. **加深混合模式**

加深混合模式可将当前图层图像与其下一图层图像进行比较并使下方图层图像变暗。

- “变暗”模式：自动检测颜色信息，选择基色或混合色中较暗的作为结果色，其中，比结果色亮的像素将被替换掉，露出下方图层图像的颜色，比结果色暗的像素将保持不变。

- “正片叠底”模式：特点是可以使当前图层图像中的白色完全消失，另外，除白色以外的其他区域都会使下方图层图像变暗。无论是图层间的混合还是在图层样式中，正片叠底都是最常用的一种混合模式。
- “颜色加深”模式：特点是可保留当前图层图像中的白色区域，并加强深色区域。
- “线性加深”模式：与“正片叠底”模式的效果相似，但产生的对比效果更强烈，相当于正片叠底与颜色加深模式的组合。
- “深色”模式：比较混合色和基色的所有通道的总和，并显示值较小的颜色，直接覆盖下方图层图像中暗调区域的颜色，下方图层图像中包含的亮度信息不变，从而得到最终效果。

3. 减淡混合模式

在 Photoshop 中每一种加深混合模式都有一种完全相反的减淡混合模式对应，减淡混合模式的特点是当前图层图像中的黑色会消失，任何比黑色亮的区域都可能加亮下方图层图像。

- “变亮”模式：特点是比较并显示当前图层图像比下方图层图像亮的区域，与“变暗”模式产生的效果相反。
- “滤色”模式：特点是可以使图像产生漂白的效果，与“正片叠底”模式产生的效果相反。
- “颜色减淡”模式：特点是可加亮下方图层图像，同时使颜色变得更加饱和，由于对暗部区域的改变有限，因而可以保持较好的对比度。
- “线性减淡”模式：效果与“滤色”模式的相似，但是可产生更加强烈的对比。
- “浅色”模式：与加深混合模式中的“深色”模式对应，根据当前图层图像的饱和度直接覆盖下方图层图像中高光区域的颜色，以高光色调取代下方图层图像中包含的暗调区域。“浅色”模式可反映背景较暗图像中的亮部信息，并用高光颜色取代暗部信息。

4. 对比混合模式

对比混合模式综合了加深混合模式和减淡混合模式的特点，在进行混合时 50%的灰色会完全消失，任何亮于 50%灰色的区域都可能加亮其下一图层图像，而暗于 50%灰色的区域都可能使其下一图层图像变暗，从而增强图像的对比度。

- “叠加”模式：特点是在为下方图层图像添加颜色时，可保持下方图层图像的高光和暗调。
- “柔光”模式：可产生比“叠加”模式或“强光”模式更为精细的效果。
- “强光”模式：特点是可增强图像的对比度，相当于“正片叠底”模式和“滤色”模式的组合。
- “亮光”模式：特点是混合后的颜色更为饱和，可使图像产生一种明快感，相当于“颜色减淡”模式和“颜色加深”模式的组合。
- “线性光”模式：特点是可使图像产生更强的对比效果，从而使更多区域变为黑色和白色，相当于“线性减淡”模式和“线性加深”模式的组合。
- “点光”模式：特点是可根据混合色替换颜色，主要用于制作特效，相当于“变亮”模式与“变暗”模式的组合。
- “实色混合”模式：特点是可增强颜色的饱和度，使图像产生色调分离的效果。

5. 比较混合模式

比较混合模式可比较当前图层图像与其下一图层图像，然后将相同的区域显示为黑色，不同的区域显示为灰度层次或彩色。

- “差值”模式：特点是当前图层图像中的白色区域会使图像产生反相的效果，而黑色区域则会越接近下方图层图像。

• “排除”模式：可产生比“差值”模式更柔和的效果。

• “减去”模式：效果与“差值”模式的类似，用下方图层图像颜色的亮度值减去当前图层图像颜色的亮度值，并产生反相效果，当前图层图像越亮混合后的效果就越暗，与白色混合后为黑色；当前图层图像为黑色时混合后无变化。

• “划分”模式：比较当前图层图像与下方图层图像，然后将混合后的区域划分为白色、黑色或饱和度较高的彩色；当前图层图像越亮混合后的效果变化就越不明显，与白色混合没有变化；当前图层图像为黑色，混合后图像基本变为白色。

6. 色彩混合模式

色彩的三要素是色相、饱和度和明度，使用色彩混合模式合成图像时，Photoshop 会将三要素中的一种或两种应用在图像中。

• “色相”模式：适合于修改彩色图像的颜色，可将当前图层图像的基本颜色应用到下方图层图像中，并保留下方图层图像的明度和饱和度。

• “饱和度”模式：特点是可使图像的某些区域变为黑色或白色，可将当前图像的饱和度应用到下方图层图像中，并保留下方图层图像的明度和色相。

• “颜色”模式：特点是可将当前图层图像的色相和饱和度应用到下方图层图像中，并保留下方图层图像的明度。

• “明度”模式：特点是可将当前图层图像的明度应用于底层图像中，并保留下方图层图像的色相与饱和度。

3.3.3 混合模式的综合应用

混合模式合成
水墨效果

下面利用混合模式合成一幅水墨效果图像。

（1）启动 Photoshop CC，执行“文件”→“打开”命令，打开“宣纸 .jpg”图片，效果如图 3-38 所示。

（2）打开“荷花.jpg”图片，效果如图 3-39 所示，将其拖入背景图中，设置图层名为“荷花”，设置混合模式为“颜色加深”，不透明度设为“50%”，效果如图 3-40 所示。

图 3-38 宣纸背景

图 3-39 荷花素材

（3）采用同样的方法打开素材文件夹中的“书法.jpg”图片，效果如图 3-41 所示，设置混合模式为“线性加深”，效果如图 3-42 所示。

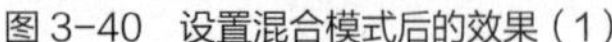

图 3-40　设置混合模式后的效果（1）

图 3-41　书法素材

图 3-42　设置混合模式后的效果（2）

（4）打开“毛笔.png”图片，将其拖入背景图中，设置图层名为“毛笔”，为“毛笔”图层设置“投影”样式增强立体感，参数如图 3-43 所示，最终效果如图 3-44 所示。

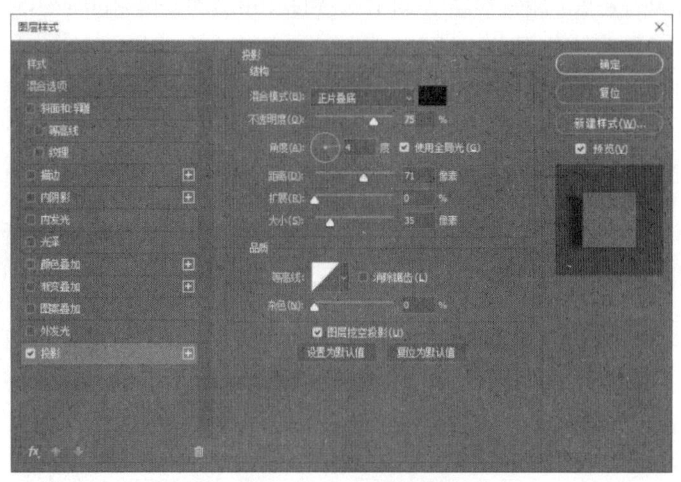

图 3-43　“投影”样式参数的设置

图 3-44　最终效果

3.4 智能对象

使用智能对象

3.4.1　认识智能对象

Photoshop 的智能对象可以保留图像的源内容及其所有原始特性，从而让用户能够对图层执行非破坏性编辑。简言之，智能对象可以让用户对图片进行无损编辑。

智能对象具有以下特点。

- 执行非破坏性变换。可以对图层进行缩放、旋转、斜切、扭曲、透视变换操作或使图层变形，而不会丢失原始图像数据或降低图像品质。
- 非破坏性应用滤镜。应用于智能对象的滤镜可以随时编辑。
- 编辑智能对象会自动更新其所有的链接实例。

• 应用于智能对象链接或未链接的图层蒙版。

• 智能对象具有强大的替换功能。在 Photoshop CC 里可以将某个图层上添加的所有图层样式复制粘贴到另外一个图层上，但它只局限于同一个文档的图层，而无法在对某个文档中的图层执行一系列的调整、滤镜等编辑后，将这些编辑应用在另外的文档中。而使用智能对象则只需单击鼠标右键，执行“替换内容”命令，就可以把 A 文档中的编辑效果复制粘贴到 B 文档中。

• 无法对智能对象直接执行会改变像素数据的操作（如绘画、减淡、加深或仿制），除非先将其转换成常规图层（将进行栅格化）。若要执行会改变像素数据的操作，可以在智能对象的上方创建一个图层，智能对象的副本或新图层。

3.4.2 创建智能对象

一般情况下，可以通过右击图层名称，执行快捷菜单中的“转换成智能对象”命令将指定图层转换成智能对象。另外，也可以通过执行“文件”→“打开为智能对象”命令，将图片直接以智能对象的形式在 Photoshop CC 中打开。

在 Photoshop CC 中，还可以将一个图片，直接拖曳到其他画布中，这个图片默认以智能对象的形式置入。当然，执行“文件”→“置入链接的智能对象”命令，在打开的对话框中选择一个矢量文件或位图文件，也可以创建一个智能对象，如图 3-45 所示。

图 3-45 创建智能对象

在图 3-45 所示的界面中双击“书法素材”智能对象，Photoshop CC 将打开一个新文件，这个新文件就是智能对象“书法素材”的子文件，也就是置入的内容图片。

3.4.3 智能对象的常见操作

1. **编辑智能对象**

智能对象是一种特殊的图层，它的特殊性在于无法使用绘图工具、修饰工具对其进行处理，当然也无法使用滤镜或图像调整命令对其进行调整。但智能对象可以进行以下操作。

变换：可以像编辑普通图层一样对智能对象中的图像进行缩放、旋转等操作。

修改图层属性：可以像修改普通图层一样设置智能对象的属性，例如不透明度、添加图层样式、设置混合模式等。

色彩调整：可以通过添加调整图层实现对智能对象的色彩调整。

2. 编辑智能对象源文件

在智能对象上双击，即可打开智能对象源文件。打开智能对象源文件后，可以像编辑普通图层一样对其进行编辑，编辑完成后保存即可。这样调用这个源文件的智能对象也会随着变化。

3. 导出智能对象

导出智能对象的方法是：选择需要导出的智能对象，然后执行“图层”→“智能对象”→“导出内容”命令。

4. 栅格化智能对象

栅格化智能对象的方法是：选择需要栅格化的智能对象，然后执行“图层”→“智能对象”→“栅格化”命令，即可将智能对象转换为普通图层。

3.5 3D 功能的基本使用

使用 3D 功能

3.5.1 认识 3D 功能

3D 图层属于一类非常特殊的图层，为便于与其他图层区分，其缩略图上有一个 3D 图层标记。下面通过一个案例介绍 Photoshop 中的 3D 功能。

（1）启动 Photoshop CC，执行“文件”→“新建”命令，创建“感恩父亲节.psd”文件，宽度为 3000 像素、高度为 1800 像素、分辨率为 300 像素/英寸、颜色模式为 RGB、背景内容为白色。

（2）在背景图层中，从工具箱中选择“渐变工具”，设置前景色为深蓝色（#004d74）、背景色为浅蓝色（#009afa），在工具属性栏中单击“对称渐变”按钮，拖动鼠标绘制渐变的背景图像，效果如图 3-46 所示。

（3）选择“横排文字工具”，设置字体大小为“100 点”，字体为“黑体”，输入文本“感恩父亲节 父爱如山”，效果如图 3-47 所示。

图 3-46 创建背景

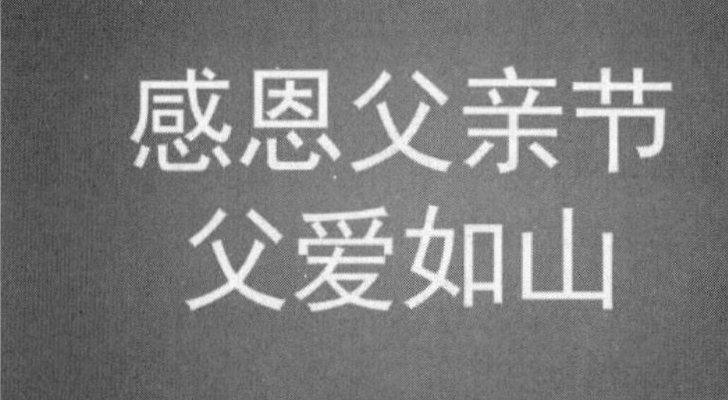

图 3-47 输入文本

（4）执行“3D”→“从所选图层新建 3D 模型”命令，弹出“您即将创建一个 3D 图层。是否要切换到 3D 工作区？”提示框，单击“是”按钮进入 3D 工作区，如图 3-48 所示。

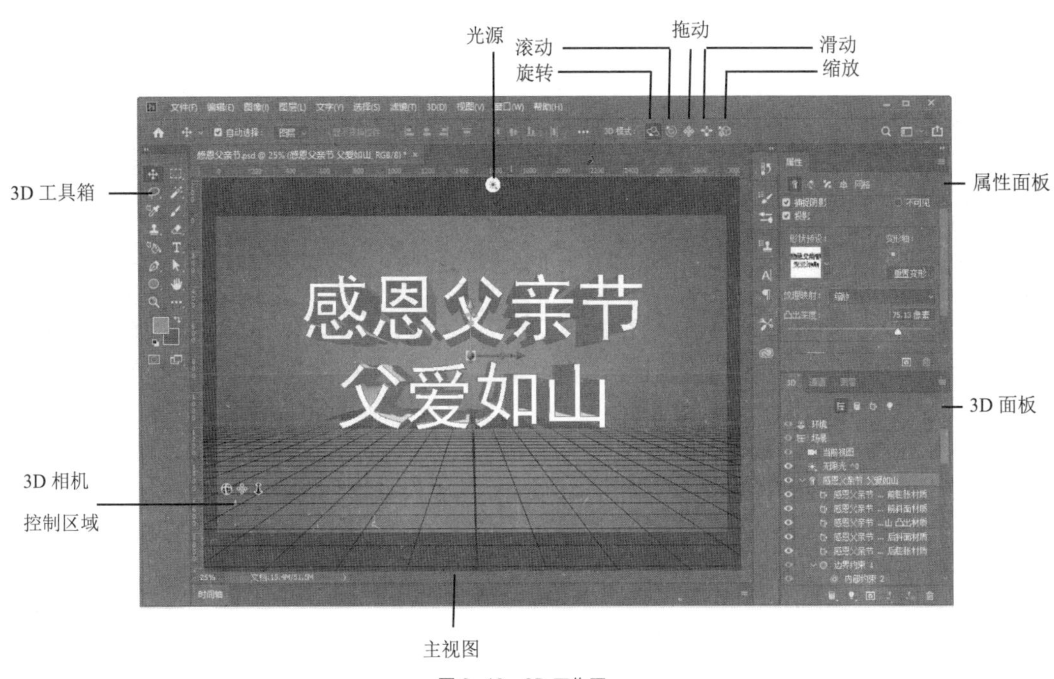

图 3-48　3D 工作区

（5）在空白位置按住鼠标左键拖曳可旋转 3D 对象便于在不同角度观看对象，如图 3-49 所示。单击上方的“光源”，可调整光源方向看到不同方向的光照效果，如图 3-50 所示。

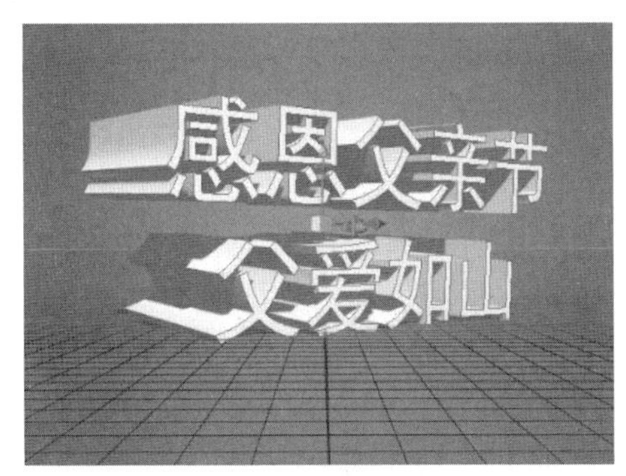

图 3-49　旋转 3D 文字

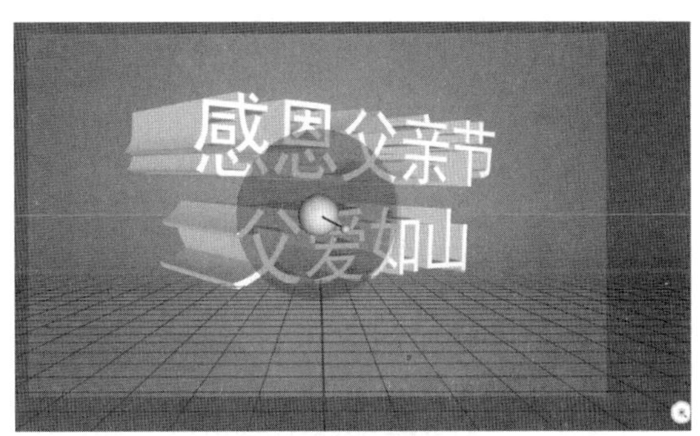

图 3-50　调整光源方向

（6）单击左下角的 3D 相机控制区域，可以分别尝试环绕移动 3D 相机、平移 3D 相机、移动 3D 相机，看到不同方向的 3D 效果，如图 3-51 所示。

（7）单击文字内容，会出现纹理映射及阴影的凸出程度，可按需要自行调节文字的纹理相关设置，例如设置材质为“石砖”，依次设置“闪亮”“反射”“粗糙度”“凹凸”“不透明度”“折射”选项后的效果如图 3-52 所示。

（8）双击文字，弹出阴影设置界面，可设置阴影的形

图 3-51　不同方向的 3D 效果

状预设、纹理映射等，单击阴影部分，可设置阴影的“发光”及“环境”，设置后的效果如图 3-53 所示。

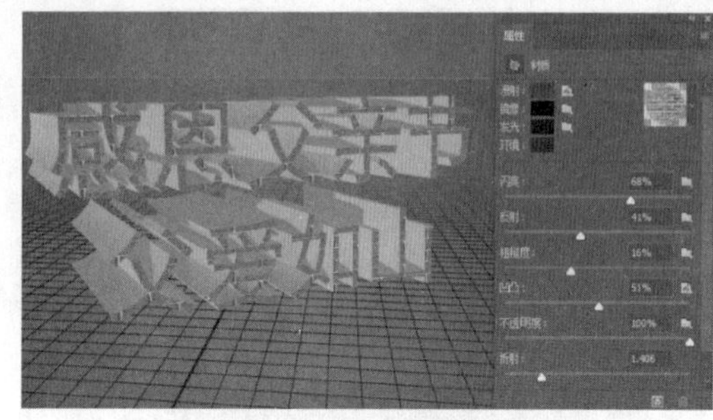

图 3-52　设置文字纹理后的效果

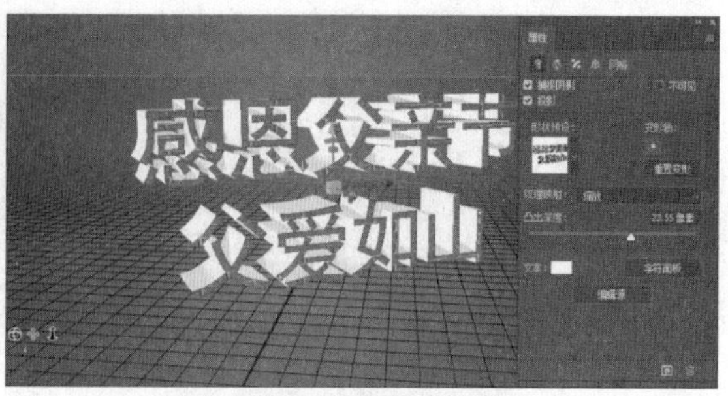

图 3-53　调整阴影后的效果

3.5.2　创建 3D 明信片

打开素材文件夹中的“飞机.jpg”图片，如图 3-54 所示，执行“3D”→“从图层新建网格”→“明信片”命令，可以将平面图片转换为 3D 明信片，该平面图的图层也被转换为 3D 图层。执行 3D 明信片相关命令后的效果如图 3-55 所示。

图 3-54　飞机素材图片

图 3-55　3D 明信片效果

3.5.3　3D 功能的综合应用

下面通过一个案例来介绍 Photoshop CC 的 3D 功能。

（1）启动 Photoshop CC，执行“文件”→“新建”命令，创建“绿色球体.psd”文件，宽度为 3000 像素、高度为 2000 像素、分辨率为 300 像素/英寸、颜色模式为 RGB，背景内容为白色。

（2）在背景图层中，从工具箱中选择“渐变工具”，设置前景色为浅橙色（# fddf8f）、背景色为白色，在工具属性栏中单击“对称渐变”按钮，拖动鼠标绘制渐变的背景图像。

（3）新建空白图层，将其命名为“绿条”，绘制几根绿色条，效果如图 3-56 所示。复制绿色条，将背景图层调成黑色，条纹调成白色，效果如图 3-57 所示，将图层保存为“黑白纹理.psd”，用作条纹纹理的备用文档。

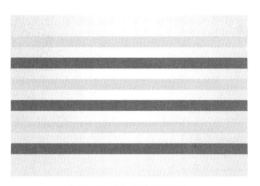
图 3-56　添加绿色条的效果

图 3-57　创建黑白纹理

（4）执行“窗口”→“工作区”→“3D”命令，转换到 3D 工作区，执行“3D”→“从图层新建网格”→“网格预设”→“球体”命令，绿条变化为绿色球体的效果，如图 3-58 所示。

（5）在“3D”面板中单击“滤镜：材质”按钮，如图 3-59 所示。

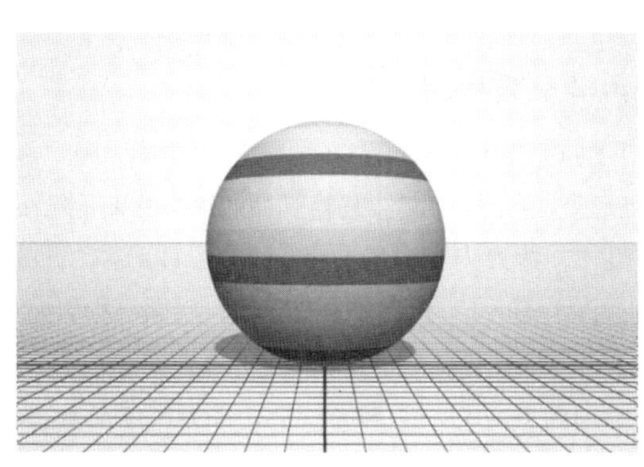
图 3-58　创建球体

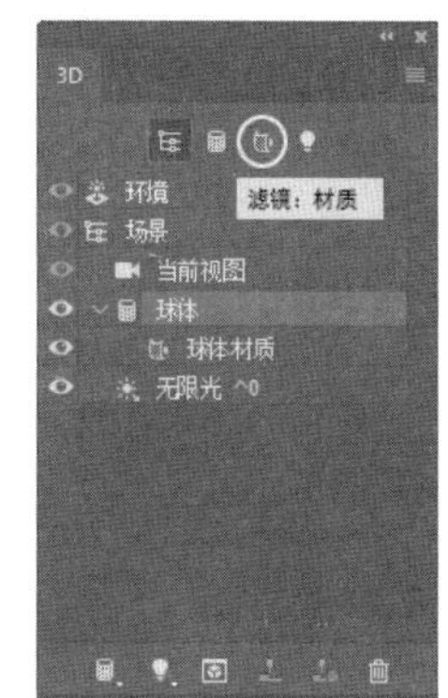

图 3-59　单击“滤镜：材质”按钮

（6）设置 3D 属性，如图 3-60 所示，在“不透明度”文本框后方，单击文件夹图标，选择“载入纹理”选项，选择先前的备用文档“黑白纹理.psd”，设置 3D 属性的“不透明度”为 0，得到镂空的球体，直接用拖动视图，就可以看到各个面的效果，效果如图 3-61 所示。

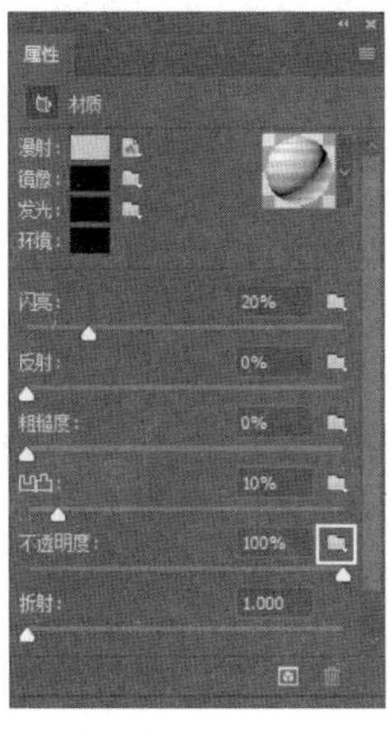

图 3-60　“属性”面板

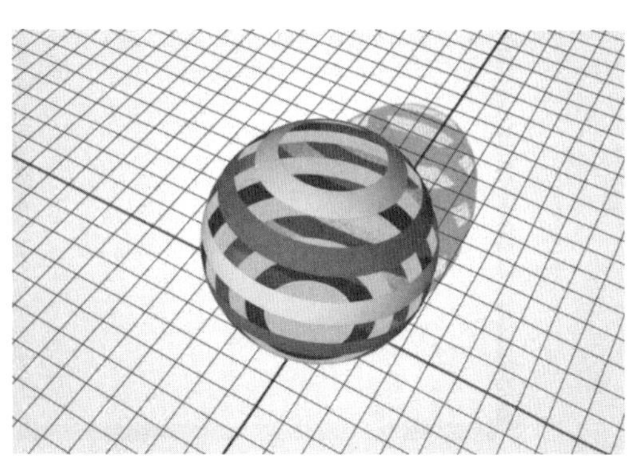
图 3-61　设置材质后的效果

3.6 综合案例：翡翠玉镯的制作

翡翠玉镯的制作

3.6.1 效果展示

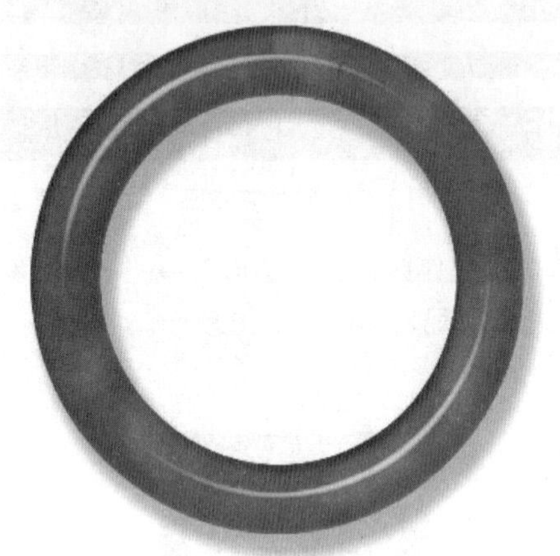
图 3-62 翡翠玉镯的效果展示

本节将通过调整图层与图层的样式来完成翡翠玉镯的制作，效果如图 3-62 所示。

> **素养小贴士**
>
> **中国传统文化——玉文化**
>
> 玉是中国传统文化的一个重要组成部分，以玉为中心载体的玉文化中包含“宁为玉碎”的爱国民族气节、“化干戈为玉帛”的团结友爱风尚。

3.6.2 实现过程

（1）打开 Photoshop CC，执行“文件”→“新建”命令，新建文件，保存文件并将其命名为“翡翠玉镯.psd”，宽度和高度都设为 8 厘米，分辨率设为 300 像素/英寸，背景内容设为白色。

（2）执行“视图”→“标尺”命令（快捷键为<Ctrl+R>），显示图像的标尺，用鼠标指针从标尺 4 厘米处拉出垂直和水平的两条参考线（注意：拉到近中间二分之一处时，参考线会抖动一下，这时停止拖动，即可绘制出水平或垂直的中心线），拉出相互垂直的两条参考线后，图像的中心点就确定了，如图 3-63 所示。

（3）新建一个图层，将其命名为“玉镯”。选择“椭圆选框工具”，在中心点按住鼠标左键，再按住快捷键<Shift+Alt>，拖动鼠标绘制一个以图像中心点为圆心的圆形选区，将前景色设置为绿色（#64BE03），按快捷键<Alt+Delete>填充圆形，效果如图 3-64 所示。

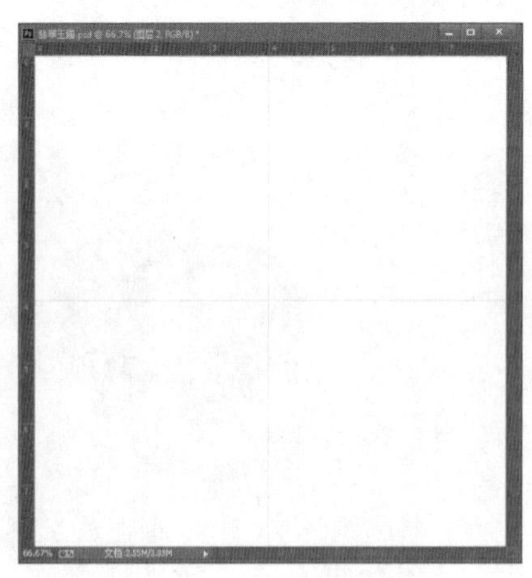
图 3-63 显示标尺并设置参考线

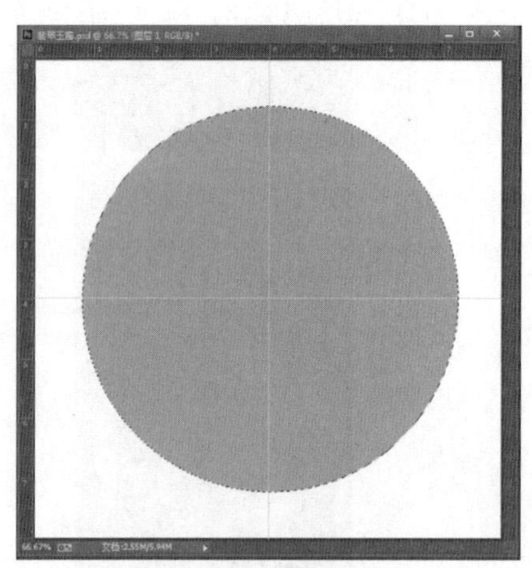
图 3-64 绘制并填充圆形选区

（4）选择“椭圆选框工具”，采用同样的方法绘一个小一些的圆形选区，如图 3-65 所示。删除选区中的绿色，形成图 3-66 所示的环形。

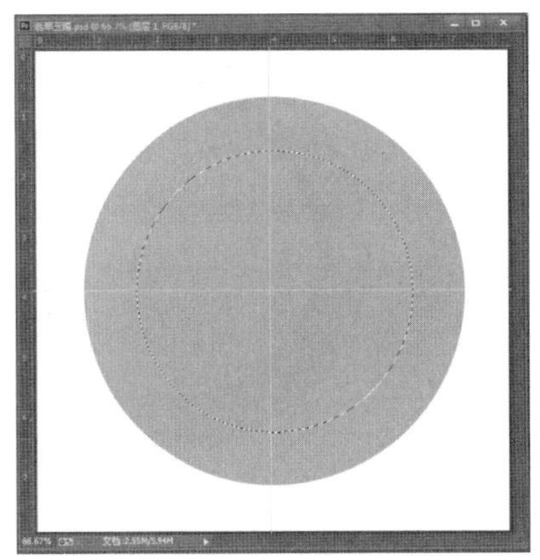
图 3-65　新的小圆形选区

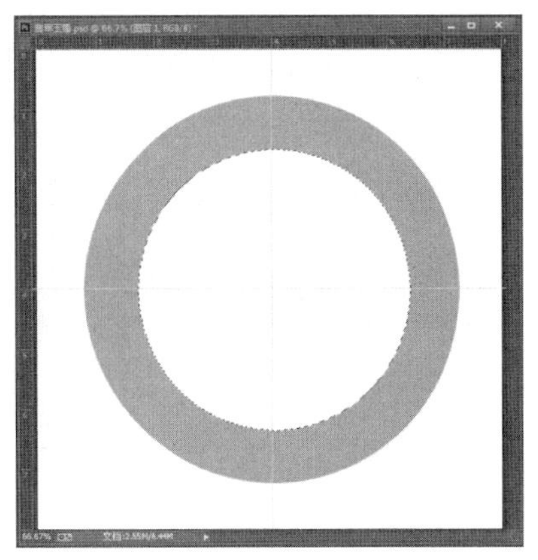
图 3-66　形成环形

（5）双击“图层 1”缩略图，弹出“图层样式”对话框，勾选“斜面与浮雕”复选框，设置各项参数，如图 3-67 所示，效果如图 3-68 所示，参数可依据效果反复调整。

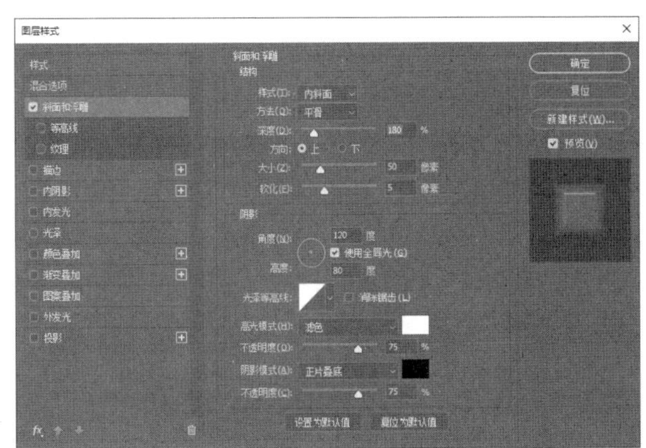

图 3-67　“斜面和浮雕”样式的设置

图 3-68　斜面和浮雕设置后的效果

（6）勾选“图案叠加”复选框，选择云彩图案，调整不透明度和缩放比例至合适，如图 3-69 所示，效果如图 3-70 所示。

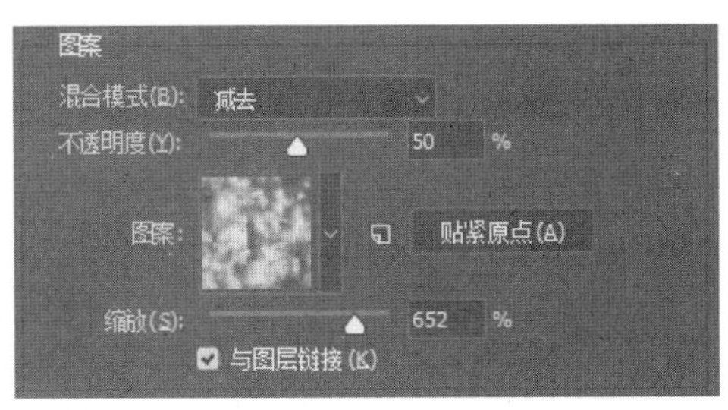

图 3-69　“图案叠加”样式的设置

图 3-70　图案叠加设置后的效果

（7）勾选“光泽”复选框，设置“混合模式”的颜色为翠绿色（#55c90e），设置各个参数，如图 3-71 所示，效果如图 3-72 所示，“距离”和“大小”可根据图像效果调整。

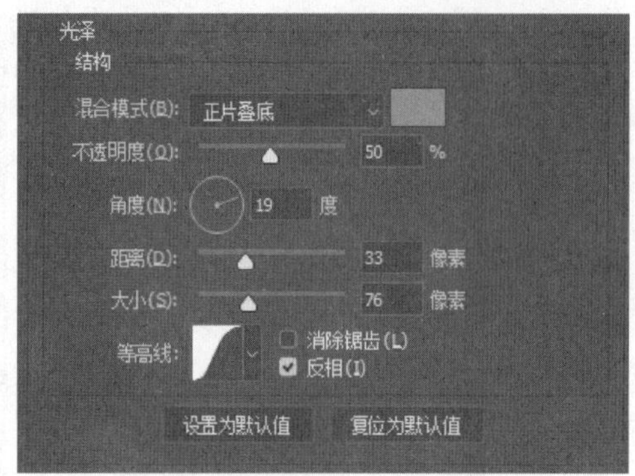

图 3-71 “光泽”样式的设置

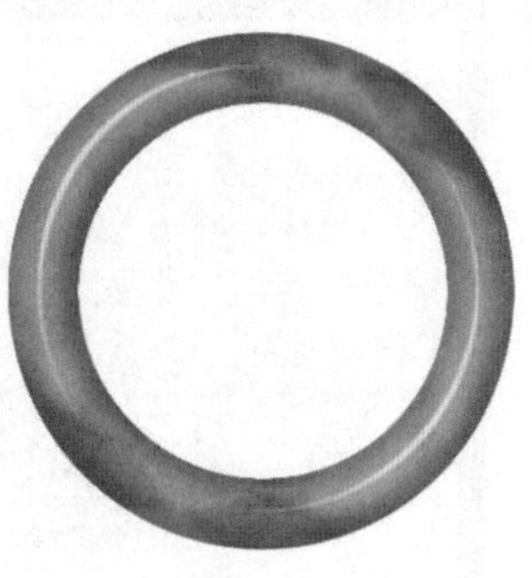

图 3-72 光泽设置后的效果

（8）勾选“投影”复选框，设置“混合模式”为“正片叠底”，颜色设置为深灰色（#5d5d5d），“不透明度”设为“50%”，“角度”设为“120 度”，“距离”设为“30 像素”，“大小”设为“20 像素”，如图 3-73 所示，效果如图 3-74 所示。

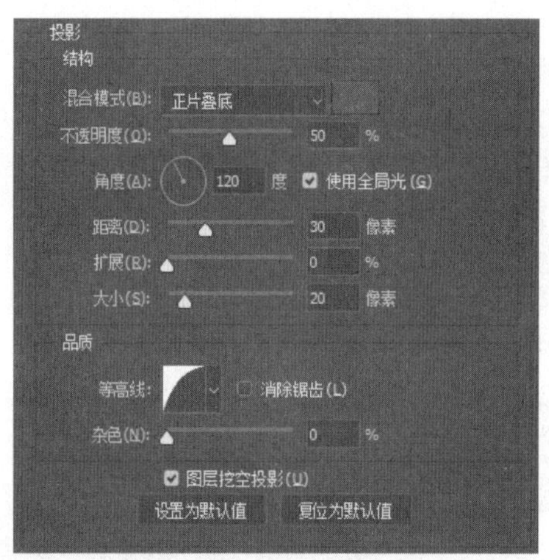

图 3-73 “投影”样式的设置

图 3-74 设置投影后的效果

（9）勾选“内阴影”复选框，“混合模式”设为“正片叠底”，颜色设置为深灰色（#5d5d5d），“不透明度”设为“50%”，“距离”设为“30 像素”，“大小”设为“20 像素”，效果如图 3-62 所示。

任务实施：全民健身多彩运动鞋广告设计

1. 任务分析

随着现代平面广告设计和制作技术的不断发展，以及新一代年轻人的成长，人们对运动品牌中平面广告的审美标准也在不断变化，风格突出是平面广告设计成功的关键，本任务的重点就是突出青春、多彩、活力。

全民健身多彩运动鞋广告设计

素养小贴士

全民健身

全民健身是指全国人民，不分男女老少，一起增强力量、提升柔韧性、增加耐力、提高协调性、加强控制身体各部分的能力，使身体更强健。

2. **技能要点**

核心技能要点：图像的抠取、横排文字工具的应用、图层样式与混合模式的设置等。

3. **实现过程**

全民健身多彩运动鞋广告设计制作的具体步骤如下。

（1）启动 Photoshop CC，执行“文件”→“新建”命令，创建“全面健身多彩运动鞋广告设计.psd”文件，宽度设为 1000 像素，高度设为 720 像素，分辨率设为 300 像素/英寸，颜色模式设为 RGB，背景内容设为黑色。

（2）打开素材文件“运动鞋.jpg”，使用“多边形套索工具”选取左侧的运动鞋，如图 3-75 所示，执行“编辑”→“拷贝”命令（快捷键为<Ctrl+C>）复制运动鞋，切换到“全民健身多彩运动鞋广告设计.psd”文档中，执行“编辑”→“粘贴”命令（快捷键为<Ctrl+V>）将运动鞋粘贴，调整其位置后的效果如图 3-76 所示。

图 3-75　选取运动鞋素材

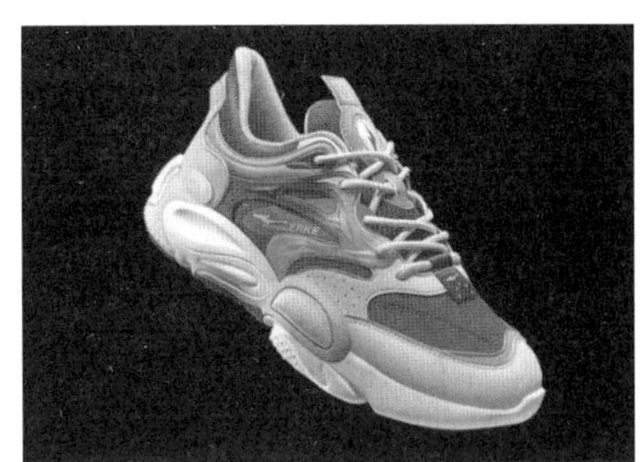

图 3-76　粘贴运动鞋后的效果

（3）执行“文件”→“置入嵌入对象”命令，置入花朵素材“黄菊花.png”，将其调整到合适的位置，效果如图 3-77 所示。执行“图层”→“栅格化”→“智能对象”命令，设置该图层的混合模式为“强光”，效果如图 3-78 所示。

图 3-77　置入菊花素材并调整位置

图 3-78　设置“强光”模式后的效果

（4）选择菊花图层，执行“图层”→“复制图层”命令（快捷键为<Ctrl+J>），调整其位置，设置图层混合模式为“明度”，以此将菊花的明度应用于运动鞋图像，并保持运动鞋图像的色相与饱和度，效果如图 3-79 所示。

（5）按住<Ctrl>键单击“运动鞋”图层，选择运动鞋选区，执行“选择”→“反选”命令（快捷键为<Ctrl+Shift+I>）完成选区的反选，按<Delete>键将多余的菊花删除，效果如图 3-80 所示。

图 3-79 设置图层混合模式为“明度”的效果

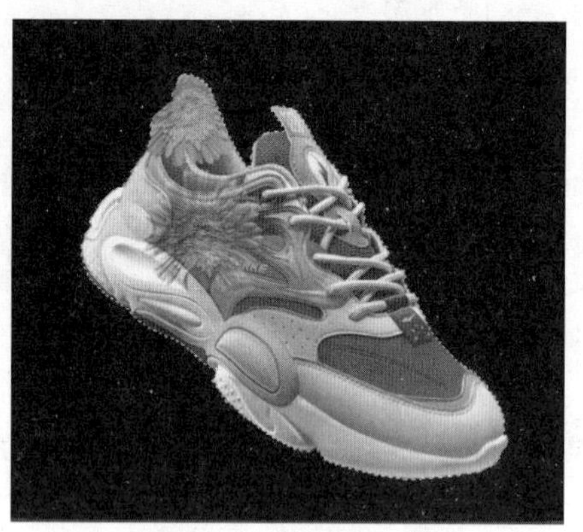

图 3-80 删除多余的菊花

（6）执行“文件”→“置入嵌入对象”命令，置入素材“彩条. jpg”，将其调整到合适的位置，旋转其角度，效果如图 3-81 所示，执行“图层”→“栅格化”→“智能对象”命令，设置该图层的混合模式为“叠加”，按住<Ctrl>键单击“运动鞋”图层，选择运动鞋选区，执行“选择”→“反选”命令（快捷键为<Ctrl+Shift+I>）完成选区的反选，按<Delete>键将多余的彩条删除，效果如图 3-82 所示。

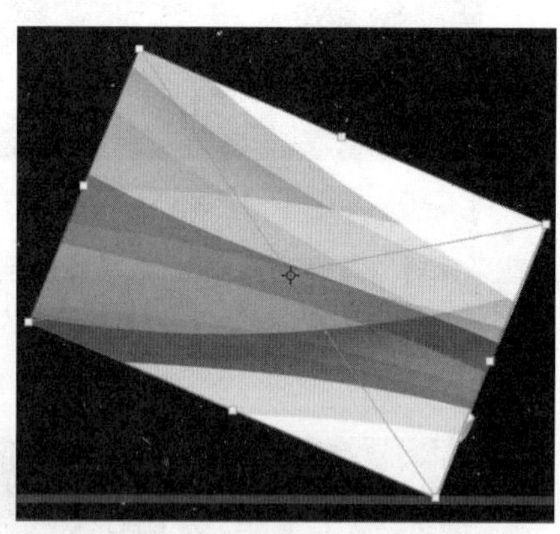

图 3-81 置入彩条素材并调整位置、角度

图 3-82 删除多余的彩条

（7）执行“文件”→“置入嵌入对象”命令，置入素材“炫光.jpg”，将其调整到合适的位置，旋转其角度，效果如图 3-83 所示，执行“图层”→“栅格化”→“智能对象”命令，设置该图层的混合模式为“线性减淡”，同时设置其不透明度为“60%”，选择“橡皮擦工具”，单击鼠标右键设置画笔为“柔边缘”，画笔大小设为“160 像素”，然后将炫光边缘擦除，效果如图 3-84 所示。

（8）选择“炫光”图层，执行“图层”→“复制图层”命令（快捷键为<Ctrl+J>），调整其位置，再次复制一个同样的图层，调整位置后的效果如图 3-85 所示。

图 3-83　置入炫光素材并调整位置、角度

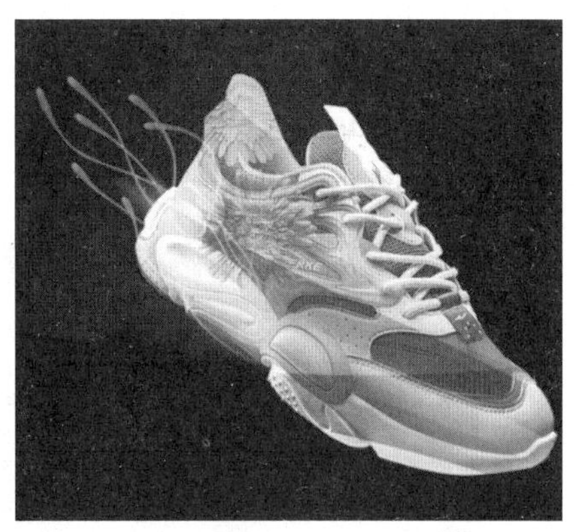

图 3-84　擦除炫光边缘

（9）新建一个图层，将其命名为“光斑”，选择“画笔工具”，单击鼠标右键，选择“特殊画笔”下的“滴水水彩”画笔，设置画笔大小为“100 像素”，如图 3-86 所示，设置前景色为红色，在“光斑”图层绘制红色水彩，效果如图 3-87 所示，采用同样的方法，调整画笔大小，更换前景颜色，例如绿色或者橙色，绘制后设置“光斑”图层的不透明度为“40%”，此时效果如图 3-88 所示。

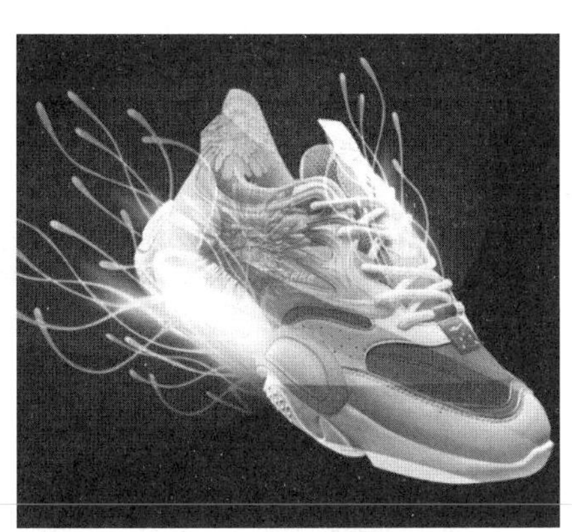

图 3-85　复制炫光的效果

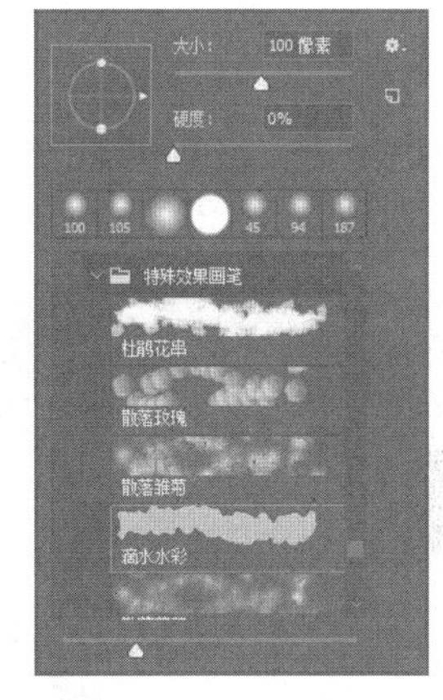

图 3-86　设置画笔

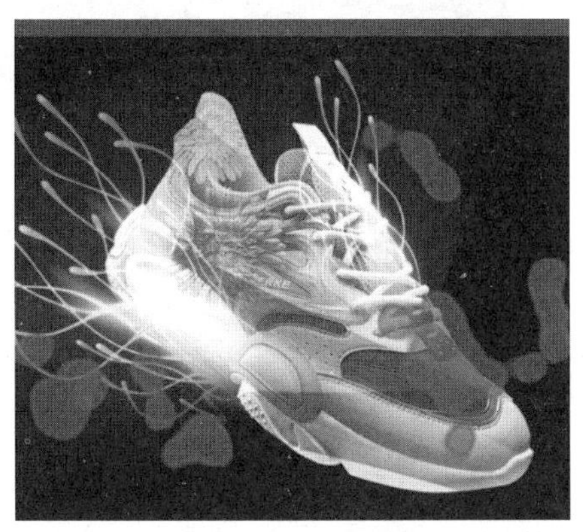

图 3-87　红色水彩效果

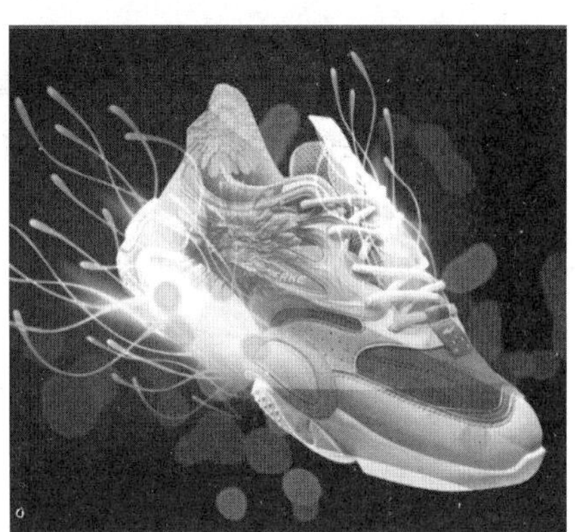

图 3-88　绘制完成的光斑效果

（10）执行“文件”→“置入嵌入对象”命令，置入素材“翅膀.png”，并调整其大小，单击鼠标右键执行“水平翻转”命令，调整翅膀的位置，效果如图 3-89 所示。

（11）执行“图层”→“排列”→“置于底层”命令（快捷键为<Ctrl+Shift+[>）将翅膀置于底层，效果如图 3-90 所示。

图 3-89　调整翅膀的位置

图 3-90　将翅膀置于底层的效果

（12）执行“文件”→“置入嵌入对象”命令，置入素材“全民健身.jpg”，将其调整到合适的位置、大小，效果如图 3-91 所示，执行“图层”→“栅格化”→“智能对象”命令，将其转换为普通图层，选择“魔棒工具”选取白色，执行“选择”→“选取相似”命令，将白色背景选中，按<Delete>键将其删除，效果如图 3-92 所示。

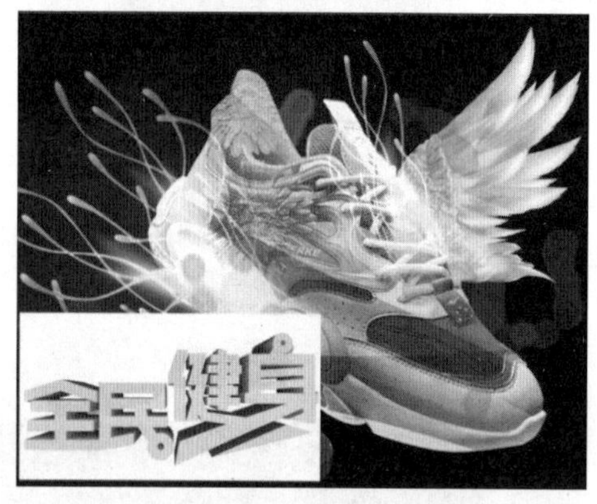

图 3-91　置入素材并调整位置、大小

图 3-92　删除白色背景后的效果

（13）选择“全民健身”图层，打开“图层样式”对话框，勾选“外发光”复选框，设置颜色为白色、扩展为“20%”，大小为“15 像素”，最终效果如图 3-1 所示。

任务拓展

1. 图层应用技巧

在使用 Photoshop 的图层功能时，有很多技巧，如果读者能熟练掌握，则能大大提高工作效率。

技巧 1：如果只想显示某个图层，只需要按住<Alt >键单击该图层的可视性图标即可将其他图层隐藏，再次单击则显示所有图层。

技巧 2：若要改变当前图层的不透明度可以使用小键盘上的数字键。“1”代表 10％的不透明度，“5”代表 50％的不透明度。而“0”则代表 100％的不透明度。连续地按数字键，例如“4”“5”，则会得出一个不透明度为 45％的结果。

注意：上述的方法也会影响当前的画笔工具，因此，如果只想改变当前图层的不透明度，请在改变前先切换到移动工具或是其他的选择工具。

技巧 3：当前工具为“移动工具”，或是按住<Ctrl>键，在画布的任意之处单击鼠标右键都能够在鼠标指针之下得到一个图层列表，按照从上到下的顺序排列，在列表中选择某个图层的名称就能够让对应图层处在活动状态。

技巧 4：如果要降低图层中某部分的不透明度，可先创建一个选区，接着按快捷键<Shift + Backspace>来访问“填充”对话框，将混合模式设置为“清除”，并为需要设置不透明度的选区做出设置。

技巧 5：要在文档之间拖动多个图层，可以先将它们链接，接着使用“移动工具”将它们从一个文档窗口拖到另一个文档窗口中。

2. ***图层样式的使用技巧***

Photoshop 中内置了很多样式，执行“窗口”→“样式”命令，打开“样式”面板，单击“样式”面板中的预设样式就可以直接使用，“样式”面板如图 3-93 所示。单击图 3-93 所示右上角的列表，可以调出其他预设样式，如图 3-94 所示。

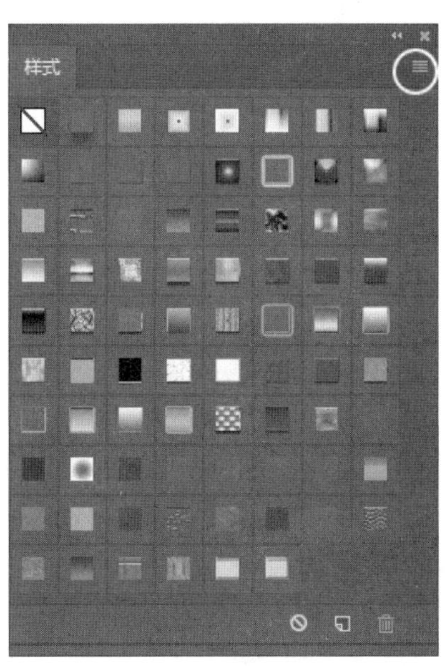

图 3-93　“样式”面板

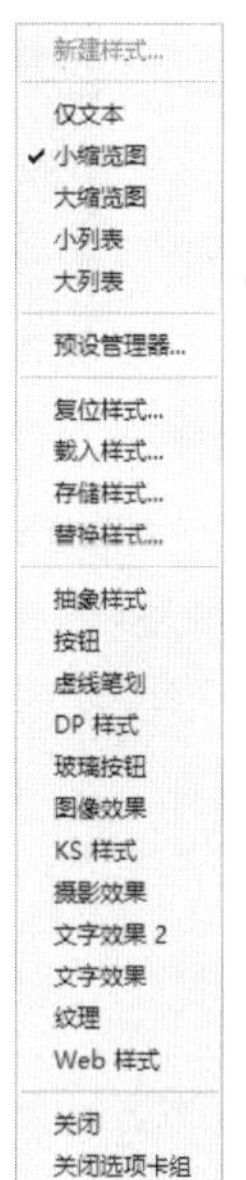

图 3-94　其他预设样式

任务小结

本任务主要介绍了图层的分类及作用、图层的基本应用、图层组的应用、图层样式的应用、图层混合模式的应用，可以帮助读者在设计、制作的过程中灵活地运用相关的图像处理技巧。

拓展训练

1．**理论练习**

（1）怎样链接图层？链接图层和合并图层有何区别？

（2）合并图层的方法有哪些？

（3）怎样创建图层组？图层组与图层有何区别和联系？

（4）什么是图层样式？图层样式包括哪些？

（5）打开“图层样式”对话框有哪些方法？

2．**实践练习**

（1）网店 banner 是一种常见的网络推广方式，一般会占据访问页面的一半，能让客户第一时间注意到所宣传的内容。使用素材文件夹中的素材，以乡村振兴大潮中“中国沙田柚之乡”容县的沙田柚为载体设计网店 banner，充分展示出沙田柚外皮细薄、果肉脆嫩、清香甜蜜、口感醇厚的特性。参考效果如图 3-95 所示。

沙田柚网店 banner 设计

图 3-95　沙田柚网店 banner 的设计效果

（2）生物多样性使地球充满生机，也是人类生存和发展的基础。保护生物多样性有助于维护生态环境，促进可持续发展。使用素材文件夹中的素材来完成动物保护杂志宣传页的设计，参考效果如图 3-96 所示。

动物保护杂志宣传页设计

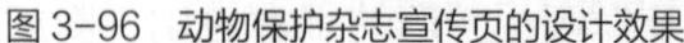

图 3-96　动物保护杂志宣传页的设计效果

04

任务 4 调整图像的色彩与色调

本任务介绍

丰富多样的颜色可以分成两大类，即无彩色系和有彩色系，有彩色系的颜色具有 3 个基本特性：色相、饱和度、明度。色调是指图像的相对明暗程度，在彩色图像上表现为色彩。掌握图像的色彩与色调的调整是很有必要的。

学习目标

知识目标	能力目标	素养目标
（1）认识色彩的基础属性。 （2）了解色彩的含义	（1）掌握图像色调与色彩的基础调整方法。 （2）掌握色彩和色调的特殊调整方法	（1）培养精益求精的工匠精神。 （2）热爱祖国，主动践行中华民族伟大复兴的中国梦

任务展示：制作历史变迁特效

本任务将为武汉黄鹤楼图片制作富有历史变迁效果的艺术特效，最终效果如图 4-1 所示。

图 4-1 制作历史变迁特效

知识准备

4.1 色彩的基础知识

4.1.1 色彩的基本属性

色彩的三要素是指每一种色彩都同时具有 3 种基本属性，即色相、饱和度和明度。

1. 色相

色相是指色彩的“相貌”，是区分色彩的主要依据，它可以包括很多色彩，光学中的三原色为红色、蓝色、绿色，而光谱中最基本的色相可分为红、橙、黄、绿、蓝、紫 6 种。

2. 饱和度

饱和度指的是色彩的鲜艳程度，也称为纯度。从科学角度讲，一种颜色的鲜艳程度取决于这一种颜色反射光的程度。当一种颜色所含的色素越多，饱和度就越高，明度也会随之提高。

3. 明度

明度是指色彩的明暗程度，也称深浅度，是表现色彩层次感的基础。不同明度值的色彩给人的心理感受也有所不同，高明度色彩给人明亮、纯净、唯美的感受；明度适中的色彩给人朴素、稳重、亲和的感受；低明度色彩则给人压抑、沉重、神秘的感受。

4.1.2 色彩的含义

色彩在人们的生活中都具有丰富的含义。例如，红色能让人联想起玫瑰，联想到喜庆，联想到兴奋等。不同的颜色含义也各不相同，表 4-1 所示为一些常用的颜色所表示的含义。

表 4-1　常用颜色的含义

颜色	含义	具体表现	抽象表现
红色	一种能对视觉器官产生强烈刺激的颜色，容易引起注意，让人情绪高昂，能使人产生冲动、愤怒、热情、活力的感觉	火、血、心、苹果、太阳、婚礼、春节等	热烈、喜庆、危险、革命等
橙色	一种能对视觉器官产生强烈刺激的颜色，由红色和黄色组成，比红色多些明亮的感觉，容易引起注意	橙子、柿子、橘子、秋叶、砖头、面包等	快乐、温情、积极、活力、欢欣、热烈、温馨、时尚等
黄色	一种能对视觉器官产生明显刺激的颜色，容易引起注意	香蕉、柠檬、黄金、蛋黄、帝王等	光明、快乐、豪华、注意、活力、希望、智慧等
绿色	对视觉器官的刺激较弱，介于冷、暖两种色彩的中间，给人和睦、宁静、健康、安全的感觉	草、植物、竹子、森林、公园、地球、安全信号	新鲜、春天、有生命力、和平、安全、年轻、清爽、环保等
蓝色	对视觉器官的刺激较弱，在光线不足的情况下不易辨认，具有缓和情绪的作用	水、海洋、天空、游泳池	稳重、理智、高科技、清爽、凉快、自由等
紫色	由蓝色和红色组成，对视觉器官的刺激刚好，为中性色彩	葡萄、茄子、紫甘蓝、紫罗兰、紫丁香等	神秘、优雅、浪漫、忧郁等
褐色	在橙色中加入了一定比例的蓝色或黑色所形成的暗色，对视觉器官刺激较弱	麻布、树干、木材、皮革、咖啡、茶叶等	原始、古老、古典、稳重等
白色	白色是包含光谱中所有颜色光的颜色，白色的明度最高	光、白天、白云、雪、兔子、棉花、护士、婚纱等	纯洁、干净、善良、空白、光明、寒冷等
黑色	为无色相、无纯度之色，对视觉器官的刺激最弱	夜晚、头发、木炭、墨、煤等	黑暗、恐怖、神秘、稳重、科技、高贵、不安全、深沉、悲哀、压抑等
灰色	由白色与黑色组成，对视觉器官刺激微弱	金属、水泥、砂石、阴天、乌云、老鼠等	柔和、科技、年老、沉闷、暗淡、空虚、中性、中庸、平凡、温和、谦让、中立、高雅等

4.1.3　查看图像的色彩分布

图像的色彩分布主要从“信息”面板和“直方图”面板中进行了解。

1. “信息”面板

执行“窗口”→“信息”命令，可显示“信息”面板。“信息”面板与颜色取样器工具可用来读取图像中具体像素的颜色值，从而客观地分析颜色校正前后图像的状态。在使用各种色彩调整对话框时，“信息”面板都会显示像素的两组颜色值，即像素原来的颜色值和调整后的颜色值。此外，用户可以使用“吸管工具”查看单独区域的颜色，如图 4-2 所示。

2. “直方图”面板

为了便于了解图像的色彩分布情况，Photoshop 提供了“直方图”面板。执行“窗口”→“直方图”命令，可显示“直方图”面板，它用图形的形式表示图像每个亮度级别的像素的数量，为校正色调和色彩提供依据。“直方图”面板主要包含了平均值、标准偏差、中间值、像素、色阶、数量、百分位、高速缓存级别等信息，如图 4-3 所示。

图 4-2　单独区域的颜色

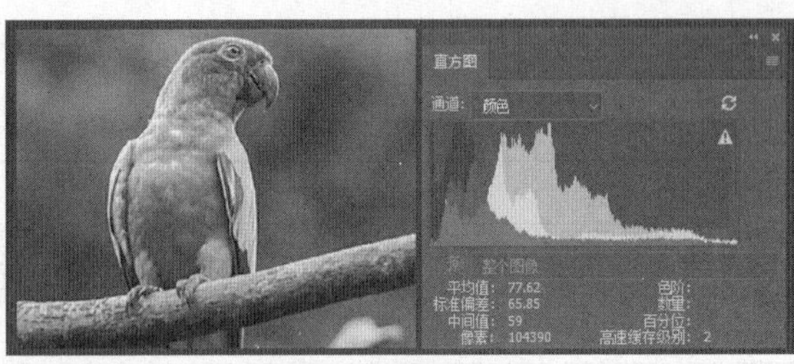

图 4-3　“直方图”面板

4.2 色彩的基础调整

运用“色阶”命令调整色彩

4.2.1　运用“色阶”命令

“色阶”命令通过将每个通道中最亮和最暗的像素定义为白色和黑色，然后按比例重新分配中间像素值来调整图像的色调，从而校正图像的色调范围和色彩平衡。

运用“色阶”命令来调整图像的具体方法为：执行“图像”→“调整”→“色阶”命令（快捷键为<Ctrl+L>），打开“色阶”对话框，如图 4-4 所示。

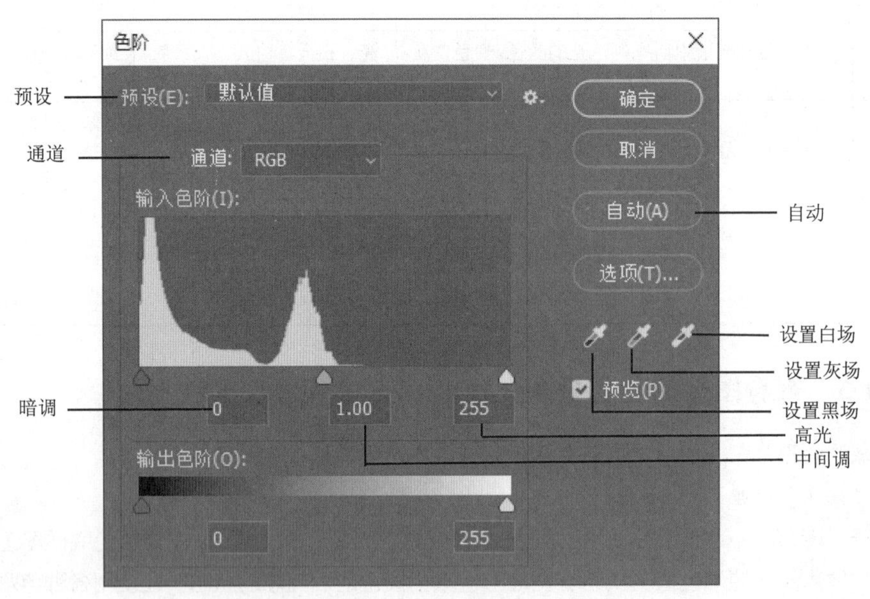

图 4-4　“色阶”对话框

“色阶”对话框中的部分选项说明如下。

预设：Photoshop 自带的调整方案。

通道：用于选择需要调整的通道。

自动：单击此按钮，系统会自动调整整个图像的色调。

暗调、中间调、高光：用来调整整个图像的色调。

设置黑场：选择该工具后在图像上单击，可以将图像中所有像素的亮度值减去单击处的像素亮度值，从而使图像变暗。

设置灰场：选择该工具后在图像上单击，将用单击处的像素中的灰点来调整图像的色调分布。

设置白场：选择该工具后在图像上单击，可以将图像中所有像素的亮度值加上单击处的像素亮度值，从而使图像变亮。

输入色阶：分别拖动“输入色阶”下方的黑色滑块、灰色滑块、白色滑块或在对应文本框中输入数值，可以改变照片的暗调、中间调、高光，从而增强图像的对比度；向左拖动白色滑块或者灰色滑块，可以增加图像的亮度；向右拖动黑色滑块或者灰色滑块，可以使图像变暗。

输出色阶：拖动输出色阶下面的滑块或者对应文本框中输入数值，可以重新定义图像的暗调和高光，以减弱图像的对比度；其中，向右拖动黑色滑块，可以减弱图像暗部的对比度从而使图像变亮；向左拖动白色滑块，可以减弱图像亮部的对比度从而使图像变暗。

运用“色阶”命令来调整一幅曝光度较低的图像，具体步骤如下。

（1）打开素材文件夹中的“池塘.jpg”图片，如图 4-5 所示。

（2）执行“图像”→“调整”→“色阶”命令（快捷键为<Ctrl+L>），如图 4-6 所示，打开“色阶”对话框。

图 4-5 池塘素材

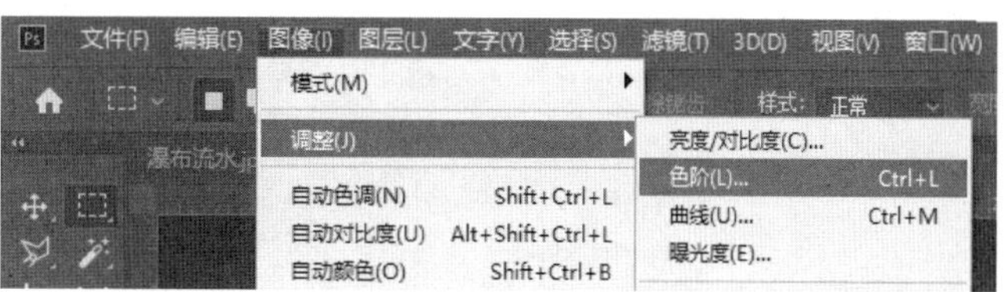

图 4-6 执行“色阶”命令

（3）在“输入色阶”对应的文本框中依次输入“0”“1.9”“120”，如图 4-7 所示。

（4）单击“确定”按钮，即可运用“色阶”命令调整图像，效果如图 4-8 所示。

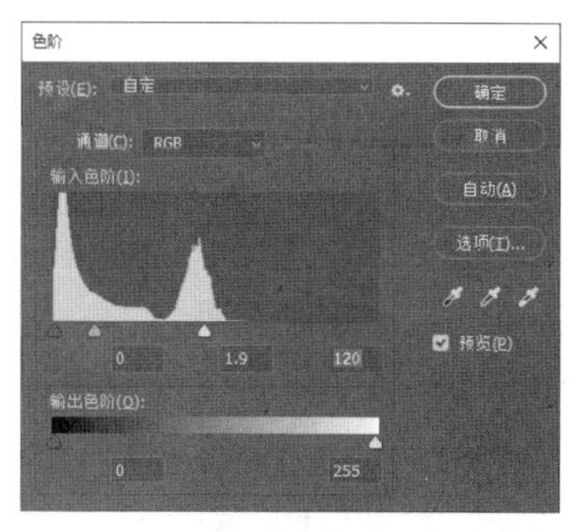

图 4-7 设置输入色阶

图 4-8 调整色阶后的效果

4.2.2 运用“曲线”命令

运用“曲线”命令
调整色彩

通过执行“曲线”命令调节曲线的方式，可以对图像的亮调、中间调和暗调进行适当调整。此方法最大的特点是可以对某一范围内的图像进行色调的调整，而不影响其他部分图像的色调。

运用“曲线”命令调整反差过小的图像，具体操作步骤如下。

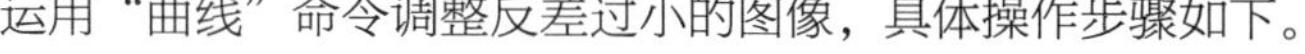

（1）打开素材文件夹中的“飞向蓝天.jpg”，图像与“直方图”面板如图 4-9 所示。

图 4-9 素材图像与“直方图”面板

（2）在图 4-9 中可以看到此图像亮部缺失，解决办法就是将亮部的滑块左移来增大照片的反差，调整后的效果与“色阶”对话框如图 4-10 所示。常见的问题还有反差过大、曝光不足等，解决方法与此相似。

（a）整体调整后的效果

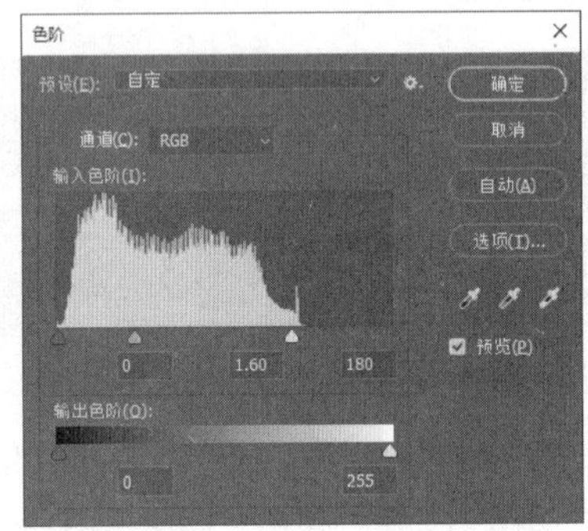

（b）调整后的色阶（消除反差，显示亮部）

图 4-10 调整后的效果与“色阶”对话框

（3）使用“曲线”命令也可以实现这个效果，具体方式是：执行“图像”→“调整”→“曲线”命令（快捷键为<Ctrl+M>）打开“曲线”对话框，如图 4-11 所示。

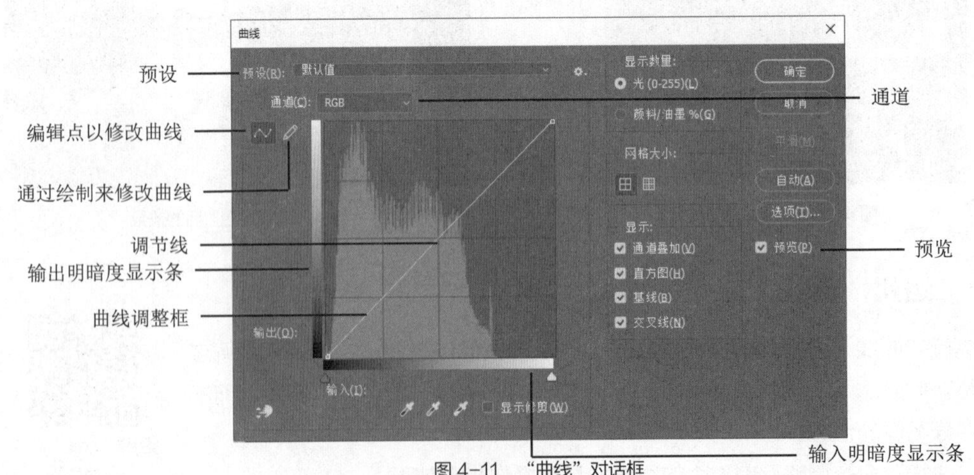

图 4-11 “曲线”对话框

“曲线”对话框中的部分选项说明如下。

预设：Photoshop 自带的调整方案。

通道：用于选择需要调整的通道。

曲线调整框：用于显示对曲线所进行的修改，按住<Alt>键在该区域中单击可以增加网格的显示数量，从而便于对图像进行精确的调整。

明暗度显示条：包括左侧的纵向输出明暗度显示条和底部的横向输入明暗度显示条；其中，横向明暗度显示条表示图像在调整前的明暗度状态，纵向明暗度显示条表示图像在调整后的明暗度状态，拖动调节线时会动态地看到其变化。

调节线：该线段上最多可添加 14 个节点，将鼠标指针置于节点上，就可以拖动对应节点对图像进行调整；若要删除某个节点，可以将其选中并将其拖出对话框外，也可以按<Delete>键来删除。

（4）调整完成后的“曲线”对话框如图 4-12 所示。

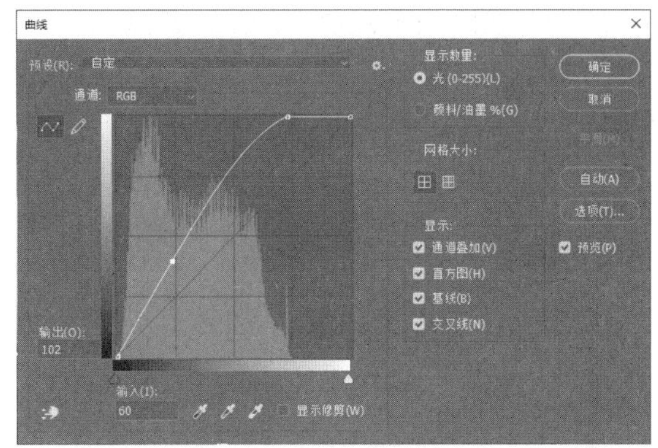

图 4-12　调整后的“曲线”对话框

4.2.3　运用“亮度/对比度”命令

运用“亮度/对比度”命令

运用“亮度/对比度”命令可以方便地调整图像的明暗度。

具体操作方法如下。

（1）打开素材文件夹中的“儿童乐园.jpg”图片，执行“图像”→“调整”→“亮度/对比度”命令，打开图 4-13 所示的“亮度/对比度”对话框。

“亮度/对比度”对话框中的部分选项说明如下。

亮度：用于调整图像的亮度。数值为正时，增加图像亮度；数值为负时，降低图像亮度。

对比度：用于调整图像的对比度。数值为正时，增强图像的对比度；数值为负时，减弱图像的对比度。

使用旧版：勾选此复选框可以使用 CS3 以前的版本的“亮度/对比度”命令来调整图像，原则上不建议勾选。

（2）在“亮度/对比度”对话框中，将“亮度”设为“20”，将“对比度”设为“40”，效果如图 4-14 所示。

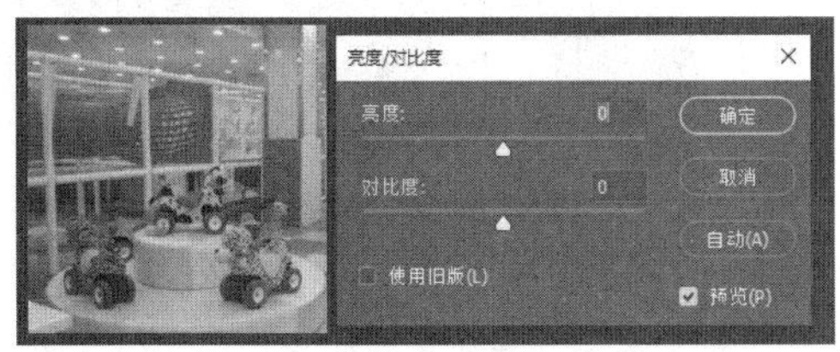

图 4-13　原始素材图像及“亮度/对比度”对话框

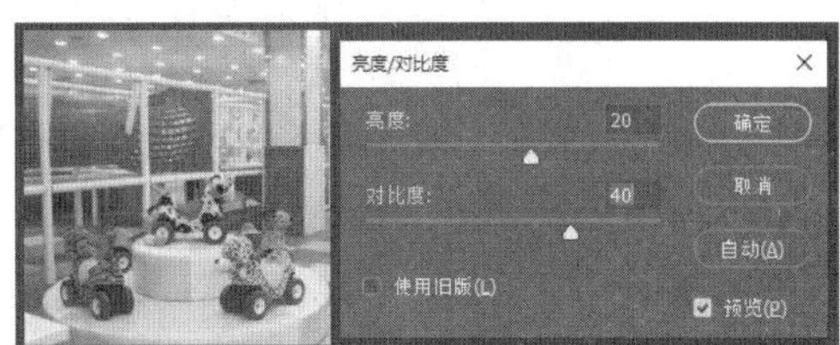

图 4-14　调整亮度与对比度后的效果

4.2.4 运用自动命令

1. 运用“自动色调”命令

执行“自动色调”命令后，系统会根据图像整体颜色的明暗程度进行自动调整，使亮部与暗部的颜色按一定的比例分布。所以，“自动色调”命令常用于校正图像常见的偏色。

运用“自动色调”命令调整图像的方法为：执行“图像”→“自动色调”命令（快捷键为<Ctrl+Shift+L>）。具体操作步骤如下。

（1）打开素材文件夹中的“河流.jpg”图片，如图 4-15 所示。

（2）执行“图像”→“自动色调”命令（快捷键为<Ctrl+Shift+L>），系统自动调整图像的色调，效果如图 4-16 所示。

图 4-15 河流素材

图 4-16 自动调整色调后的效果

2. 运用“自动对比度”命令

使用“自动对比度”命令可以让系统自动调整图像中颜色的总体对比度和混合颜色，将图像中最亮和最暗的像素映射为白色和黑色，使高光显得更亮，暗调显得更暗。

运用“自动对比度”命令调整图像的示例方法为：打开素材文件夹中的“斑马.jpg”图片，如图 4-17 所示，执行“图像”→“自动对比度”命令，效果如图 4-18 所示

图 4-17 斑马素材

图 4-18 自动调整对比度后的效果

3. 运用“自动颜色”命令

运用“自动颜色”命令可以让系统对图像的颜色进行自动校正，若图像有偏色与饱和度过高的现象，使用该命令可以进行自动调整。具体操作步骤如下。

（1）打开素材文件夹中的“海边的小船.jpg”图片，如图 4-19 所示。

（2）执行“图像”→“自动颜色”命令（快捷键为<Ctrl+Shift+B>），系统将自动对图像的颜色进行校正，效果如图 4-20 所示

图 4-19　海边的小船素材

图 4-20　自动校正颜色后的效果

4.3 色调的高级调整

图像色调的高级调整可以通过“色相/饱和度”“色彩平衡”“替换颜色”“照片滤镜”“阴影/高光”等命令来进行，下面分别介绍使用这些命令调整图像色调的方法。

4.3.1 运用“色相/饱和度”命令

使用“色相/饱和度”命令可以精确地调整整幅图像，或调整某种颜色的色相、饱和度和明度。此命令也可以用于调整 CMYK 模式的图像，有利于让图像的颜色值处于输出设备支持的范围中。

运用“色相/饱和度”命令

1. **认识“色相/饱和度”对话框**

执行“图像”→“调整”→“色相/饱和度”命令（快捷键为<Ctrl+U>），打开“色相/饱和度”对话框，如图 4-21 所示。

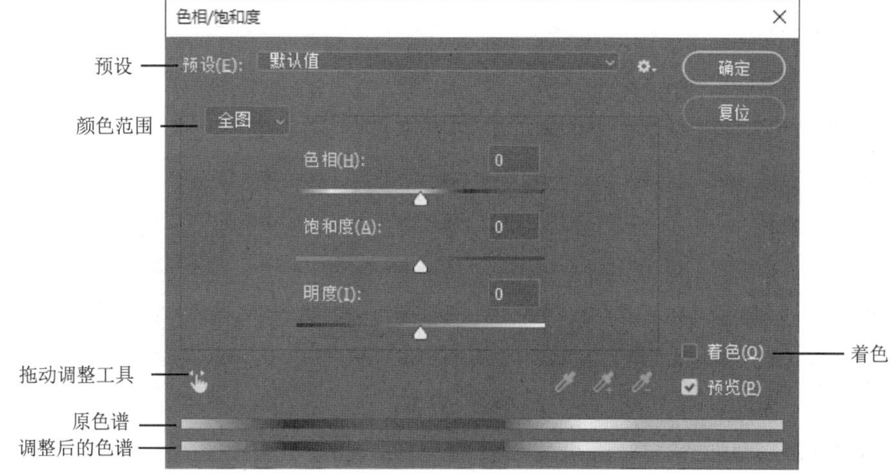

图 4-21　“色相/饱和度”对话框

“色相/饱和度”对话框中的部分选项说明如下。

预设：Photoshop 自带的调整方案。

颜色范围：用于调整图像中的颜色范围其下拉列表中包含“全国”“红色”“黄色”“绿色”“青色”“蓝色”“洋红”等选项，选择相应选项就可以调整图像中对应的颜色。

色相：用于调整图像颜色的色彩。

饱和度：用于调整图像颜色的饱和度，数值为正时，升高颜色的饱和度；数值为负时，降低颜色的饱和度；当饱和度为-100 时，图像将变为灰度图像。

明度：用于调整图像颜色的亮度，向右滑动滑块会增加亮度，向左滑动滑块会降低亮度，滑动范围为-100~100，当明度为 100 时，图像变为白色，当明度为-100 时，图像变为黑色。

拖动调整工具：当在对话框中选择此工具后，在图像中的某种颜色上按住鼠标左键，并向左或向右拖动鼠标，可以降低或升高所单击像素点的饱和度；如果同时按住<Ctrl>键，则可以改变相应区域的色相。

着色：勾选此复选框可以为图像着色，实现图像的单色效果。

2. **“色相/饱和度”命令的应用**

下面运用“色相/饱和度”命令来调整图像的色调，具体操作如下。

（1）打开素材文件中的图片“秋天的山.jpg”，执行“图像”→“调整”→“色相/饱和度”命令（快捷键为<Ctrl+U >），打开“色相/饱和度”对话框，如图 4-22 所示。

图 4-22 秋天的山素材和“色相/饱和度”对话框

（2）在“色相/饱和度”对话框中设置颜色范围为“黄色”，设置“色相”为“+100”，设置“饱和度”为“+60”，设置“明度”为“-15”，单击“确定”按钮，即可调整图像的色调，如图 4-23 所示。

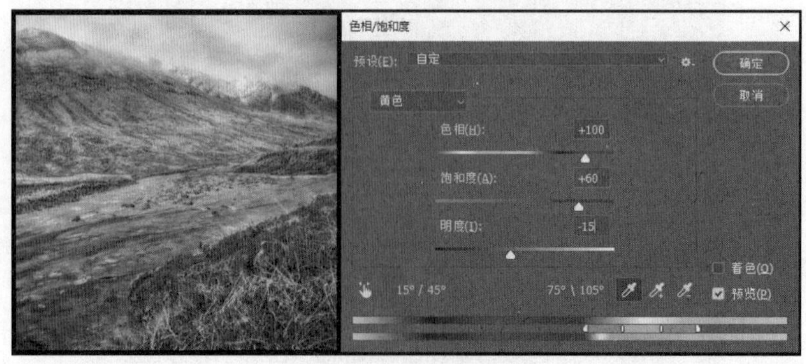

图 4-23 图像色调的调整

（3）如果想实现着色效果，可勾选“着色”复选框，并设置相关参数，如图 4-24 所示，即可实现单色着色效果。

图 4-24　实现着色效果

4.3.2　运用“色彩平衡”命令

运用“色彩平衡”命令

“色彩平衡”命令根据颜色互补的原理，通过添加和减少互补色来达到图像的色彩平衡效果，改变图像的整体色调。

1. 认识“色彩平衡”对话框

执行“图像”→“调整”→“色彩平衡”命令（快捷键为<Ctrl+B>），打开“色彩平衡”对话框，如图 4-25 所示。

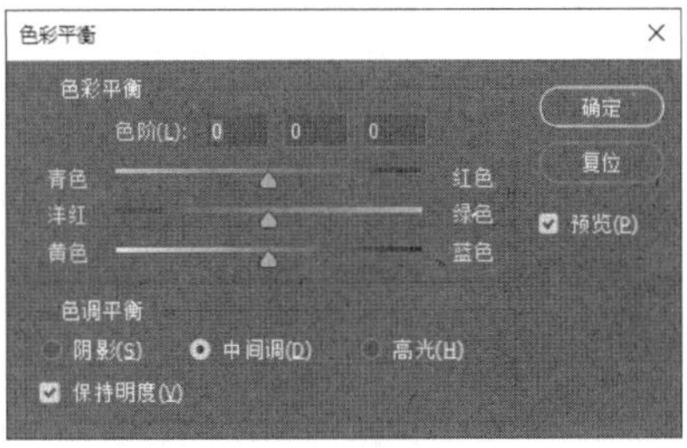

图 4-25　“色彩平衡”对话框

“色彩平衡”对话框中的部分选项说明如下。

阴影：调整图像中阴影部分的颜色。

中间调：调整图像中间调部分的颜色。

高光：调整图像中高光部分的颜色。

保持明度：保留图像原有的亮度。

2. “色彩平衡”命令的应用

下面通过案例来讲解运用 “色彩平衡”命令调整图像色调的方法。

（1）打开素材文件夹中的图片“海棠花.jpg”，执行“图像”→“调整”→“色彩平衡”命令（快捷键为<Ctrl+B >），打开“色彩平衡”对话框，如图 4-26 所示。

图 4-26　海棠花素材和“色彩平衡”对话框

（2）在“色彩平衡”对话框中，“色阶”设置为“-80”“+50”“+100”，选中“中间调”单选项，调整后的效果如图 4-27 所示。

图 4-27　具体设置和调整后的效果

4.3.3　运用“替换颜色”命令

使用“替换颜色”命令可以基于特定的颜色在图像中创建蒙版，再通过设置色相、饱和度和明度值来调整图像的色调。

下面通过案例来讲解运用 “替换颜色”命令调整图像色调的方法。

（1）打开素材文件夹中的图片“桃子.jpg”，执行“图像”→“调整”→“替换颜色”命令，打开“替换颜色”对话框，如图 4-28 所示。

图 4-28　桃子素材与和“替换颜色”对话框

（2）在“替换颜色”对话框中，使用“吸管工具”选择桃子，并扩大范围，设置“颜色容差”为“200”设置“替换”颜色为淡红色，“色相”设置为“-30”，“饱和度”设置为“-10”，“明度”设置为“-20”，具体设置与调整后的效果如图 4-29 所示。

图 4-29　具体设置和调整后的效果

4.3.4 运用“照片滤镜”命令

运用“照片滤镜”命令

使用“照片滤镜”命令可以模仿镜头前加彩色滤镜的效果，可以通过调整镜头的色彩平衡和色温使图像产生特定的曝光效果。

下面通过案例来讲解运用“照片滤镜”命令调整图像色调的方法。

打开素材文件夹中的图片“玉兰花.jpg”，执行“图像”→“调整”→“照片滤镜”命令，打开“替换颜色”对话框，单击“滤镜”右侧的下拉按钮，在弹出的下拉列表中选择“加温滤镜（85）”选项，设置“浓度”为“60%”，单击“确定”按钮，即可调整图像的色调，具体设置和调整后的效果如图4-30所示。

图4-30 具体设置和调整后的效果

“照片滤镜”对话框中的部分选项说明如下。

滤镜：Photoshop预设的多种滤镜，可以根据需要选择合适的选项。

颜色：单击色块可以打开“拾色器”对话框，在其中可以自定义一种颜色作为图像的色调。

浓度：拖动滑块可以调整应用于图像的颜色的范围，值越大应用的颜色范围就越大。

保留明度：勾选此复选框，在调整颜色的同时保持图像的亮度不变。

4.3.5 运用“阴影/高光”命令

使用“阴影/高光”命令可针对图像中过暗或者过亮的区域的细节进行处理，适用于校正强逆光形成阴影的照片，或者校正由于太接近闪光灯而有些发白的焦点。CMYK模式的图像不能使用该命令。

下面通过案例来讲解运用 “阴影/高光”命令调整图像色调的方法。

（1）打开素材文件夹中的图片“荷叶.jpg”，执行“图像”→“调整”→“阴影/高光”命令，打开“阴影/高光”对话框，如图4-31所示。

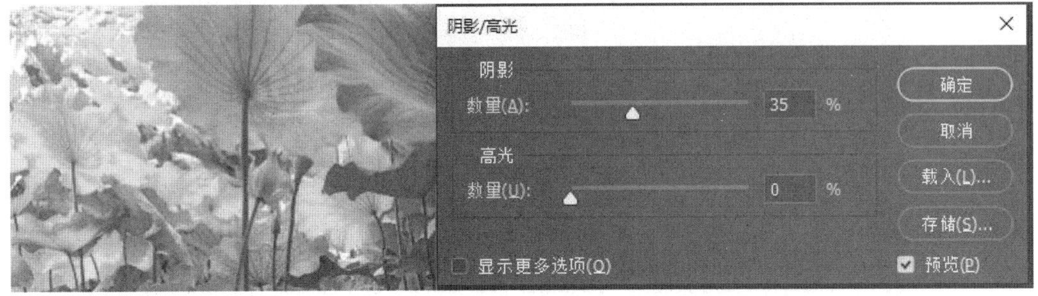

图4-31 荷叶素材与和“阴影/高光”对话框

“阴影/高光”对话框中的部分选项说明如下。

数量：在“阴影”和“高光”区域中拖动该滑块可以对图像的暗调和高光区域进行调整，值越大则调整的幅度就越大。

显示更多选项：勾选该复选框后会显示更多的参数选项，可以进行高级参数的设置。

（2）在“阴影/高光”对话框中设置“阴影”选项组中的“数量”为“10%”，设置“高光”选项组中的“数量”为“30%”，具体设置与调整后的效果如图 4-32 所示。

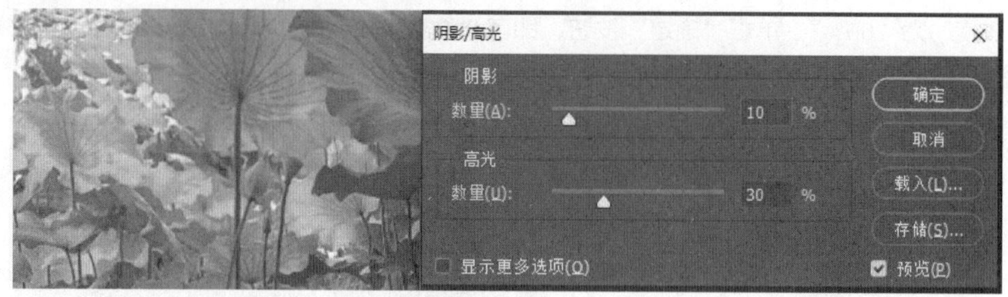

图 4-32 具体设置与调整后的荷叶效果

4.4 色彩和色调的特殊调整

“黑白”“反相”“去色”“色调均化”等命令都可以用于更改图像中颜色的亮度值，通常这些命令只适用于增强颜色与产生特殊效果，而不用于校正颜色。

4.4.1 运用“黑白”命令

使用“黑白”命令可以将彩色图像转换为具有艺术效果的黑白图像，也可以根据需要将图像调整为不同单色的艺术效果。

下面通过案例来讲解运用“黑白”命令调整图像色彩和色调的方法。

（1）打开素材文件夹中的图片“小鸭子.jpg”，执行“图像”→“调整”→“黑白”命令（快捷键为<Ctrl+Shift+Alt+B>），打开“黑白”对话框，如图 4-33 所示。

图 4-33 小鸭子素材和“黑白”对话框

"黑白"对话框中的部分选项说明如下。

预设：Photoshop 自带的多种将图像调整为灰度图像的处理方案。

颜色设置：可以通过滑块对红色、黄色、绿色、青色、蓝色、洋红色这 6 种颜色进行不同的灰度设置。

色调：勾选该复选框后，对话框底部的"色相"选项和"饱和度"选项将被激活，可通过调整"色相"和"饱和度"实现图像色调的调整，从而实现单色调图像效果。

（2）在"黑白"对话框中调整色调为"橙色"，具体设置与调整后的效果如图 4-34 所示。

图 4-34　具体设置与调整后的效果

4.4.2　运用"反相"命令

使用"反相"命令可以对图像中的颜色进行反相，与传统相机中的底片效果相似。

下面通过案例来讲解运用"反相"命令调整图像色彩和色调的方法。

（1）打开素材文件夹中的图片"水果组合.jpg"，如图 4-35 所示。

（2）执行"图像"→"调整"→"反相"命令（快捷键为<Ctrl+I>），即可对图像的颜色进行反相，效果如 4-36 所示。

图 4-35　水果组合素材

图 4-36　进行反相后的效果

4.4.3　运用"去色"命令

运用"去色"命令

使用"去色"命令可以将彩色图像转换为灰度图像，或者将局部图像转化为灰度图像，但图像的原颜色模式保持不变。

下面通过案例来讲解运用“去色”命令调整图像色彩和色调的方法。

（1）打开素材文件夹中的图片“枇杷.jpg”，使用“套索工具”将枇杷果实选中，如图 4-37 所示。

（2）执行“选择”→“反选”命令选择除枇杷果实外的图像，执行“图像”→“调整”→“去色”命令（快捷键为<Ctrl+Shift+U>），即可对选中区域的颜色进行去色，效果如图 4-38 所示。

图 4-37 选中枇杷果实

图 4-38 进行去色后的效果

4.4.4 运用“色调均化”命令

使用“色调均化”命令可以对图像中的整体像素进行均匀的提亮，图像的饱和度也会有所增强。下面通过案例来讲解运用“色调均化”命令调整图像色彩和色调的方法。

（1）打开素材文件夹中的图片“苗寨.jpg”，如图 4-39 所示。

（2）执行“图像”→“调整”→“色调均化”命令，即可对图像进行色调均化如图 4-40 所示。

图 4-39 苗寨素材

图 4-40 色调均化后的图像

4.5 调整图层和填充图层的使用

调整图层和填充图层的使用

4.5.1 认识调整图层与填充图层

执行“图层”→“新建填充图层”子菜单下的任意命令可以创建填充图层。

执行“图层”→“新建调整图层”子菜单下的任意命令可以创建调整图层。

也可以单击“图层”面板中的“创建新的填充或调整图层”按钮创建填充图层或调整图层，如图 4-41 所示。

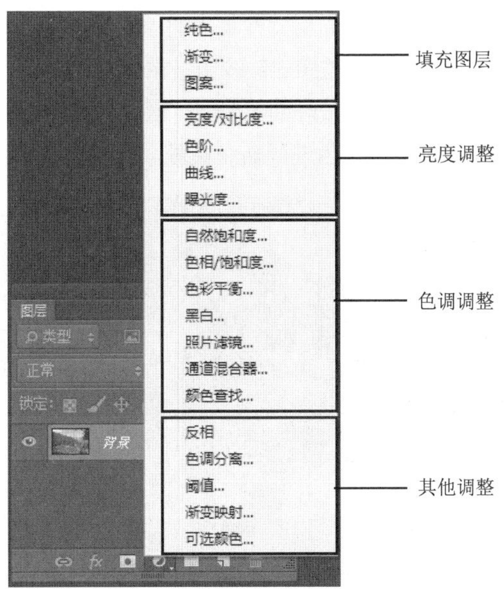

图 4-41 创建新的填充或调整图层列表

调整图层可将颜色和色调调整应用于图像，而不会永久更改像素值。例如，可以创建“色阶”调整图层或“曲线”调整图层，而不是直接在图像上调整色阶或曲线。颜色和色调的调整存储在调整图层中并应用于该图层下面的所有图层；也可以一次性校正多个图层，而不用单独地对每个图层进行调整，还可以随时取消更改并恢复原始图像。

填充图层可以使用纯色、渐变或图案填充图层。与调整图层不同，填充图层不影响它们下面的图层。

调整图层具有许多与其他图层相同的特性，可以调整它们的不透明度和混合模式，并可以将它们编组以便将调整应用于特定图层。同样，可以启用和禁用调整图层的可见性，以便应用或预览效果。

打开素材文件夹中的“山上风景.jpg”图片，单击“图层”面板中的“创建新的填充或调整图层”按钮，在弹出的列表中选择“渐变”选项，打开“渐变填充”对话框，设置由深灰向透明过渡的渐变色，此时对应的图像效果与“图层”面板都发生了变化，如图 4-42 所示。

图 4-42 图像效果及“图层”面板

4.5.2 调整图层的应用

下面使用调整图层制作怀旧图像效果。

（1）在 Photoshop CC 中打开素材文件夹中的“皖南建筑.jpg”图片，如图 4-43 所示，单击“图层”面板中的“创建新的填充或调整图层”按钮，在弹出的列表中选择“渐变映射”选项，在“渐变映射”的“属性”面板中单击“点按可编辑渐变”区域，如图 4-44 所示，打开“渐变编辑器”对话框，选择深蓝色（# 0d62a3）和白色进行渐变映射。

图 4-43 素材图像与“图层”面板

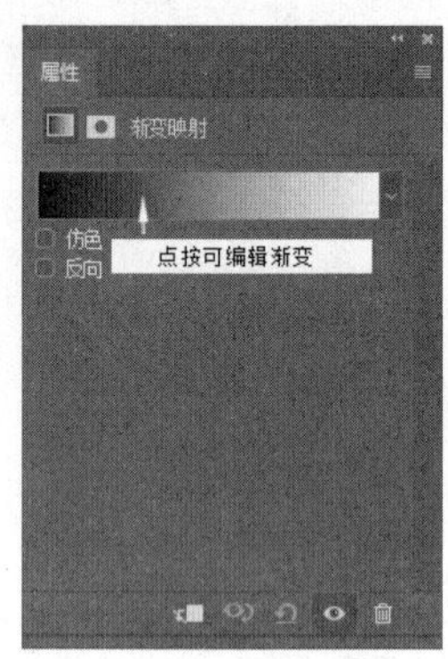

图 4-44 “属性”面板

素养小贴士

中国民居文化——皖南民居

皖南民居是风格较为鲜明的地方传统民居建筑，位于安徽省长江以南地域范围内，以宏村为代表。以徽州（今黄山市、绩溪县及江西婺源县）风格和淮扬风格为代表的徽州民居有强烈的徽州文化特色，而皖南民居则深刻凸显其文化过渡地带风格特征，与江北、皖北的差异较大，今皖北、皖中也多模仿此类风格建造仿古建筑。

（2）设置渐变映射后，单击“确定”按钮，图像的色调随即发生变化，变成了单一色调的图像，同时在“图层”面板中增加了一个新的“渐变映射”调整图层，如图 4-45 所示。

图 4-45 增加调整图层

（3）单击“图层”面板中的“创建新的填充或调整图层”按钮，在弹出的列表中选择“色阶”选项，调整色阶滑块的位置，调整后的图层与效果如图 4-46 所示。

图 4-46 调整后的图层与效果

（4）单击“图层”面板中的“创建新的填充或调整图层”按钮，在弹出的列表中选择“纯色”选项，设置颜色为蓝色（#3a91e9），同时设置其填充图层的混合模式为“颜色”，调整后的图层与效果如图 4-47 所示。

图 4-47 添加纯色填充并设置混合模式

4.6 综合案例：破墙而出特效的制作

破墙而出特效的制作

4.6.1 效果展示

本案例将综合应用前文所讲知识点制作破墙而出特效，效果如图 4-48 所示。

图 4-48 破墙而出特效

4.6.2 实现过程

实现过程如下。

（1）打开 Photoshop CC，按快捷键<Ctrl+N>新建一个宽度为 1024 像素、高度为 600 像素的文档，把墙壁素材图像拖入画面，按快捷键<Ctrl+T>调整其大小和位置，效果如图 4-49 所示。

（2）使用“多边形套索工具”选择破墙部分，按<Delete>键将选区内容删除，效果如图 4-50 所示。

图 4-49 墙壁素材

图 4-50 删除选区内容

（3）打开素材文件夹中的“卡车.jpg”图片，如图 4-51 所示，将其拖入新建的文档中，按快捷键<Ctrl+T>调整其大小和位置，再在“图层”面板中将其放置在“墙壁”图层下方，效果如图 4-52 所示。

图 4-51 卡车素材

图 4-52 调整卡车素材图像

（4）在“图层”面板中单击“指示图层可见性”按钮，隐藏“墙壁”图层，选择“卡车”图层，使用“多边形套索工具”选取卡车头，如图 4-53 所示，复制卡车头并将其置于顶层，如图 4-54 所示。

图 4-53 选取卡车头

图 4-54 复制卡车头并置于顶层

（5）新建一个图层并命名为“车头阴影”，将前景色设置为黑色，选择“画笔工具”，将笔刷的不透明度和流量都设置为 50%左右，在汽车头下面绘制阴影，效果如图 4-55 所示。

（6）单击“图层”面板中的“创建新的填充或调整图层”按钮，在弹出的列表中选择“色阶”选项，参数设置如图 4-56 所示。

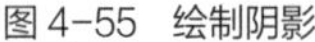

图 4-55　绘制阴影

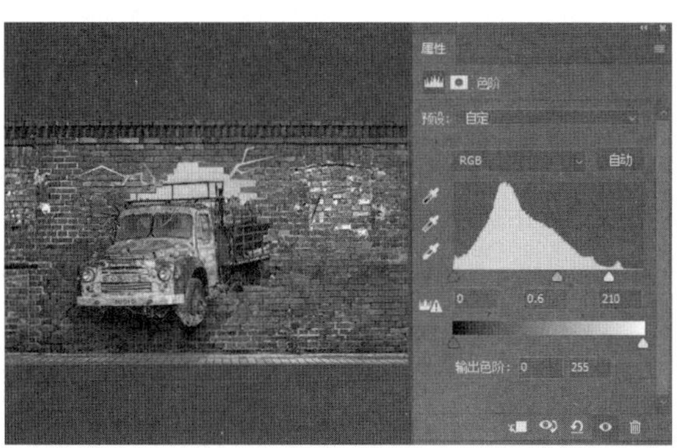

图 4-56　参数设置

（7）打开素材文件夹中的“砖块.png”图片，如图 4-57 所示，用“多边形套索工具”抠出数块砖块，拖进新建的文档中，调整其大小和位置，效果如图 4-58 所示。

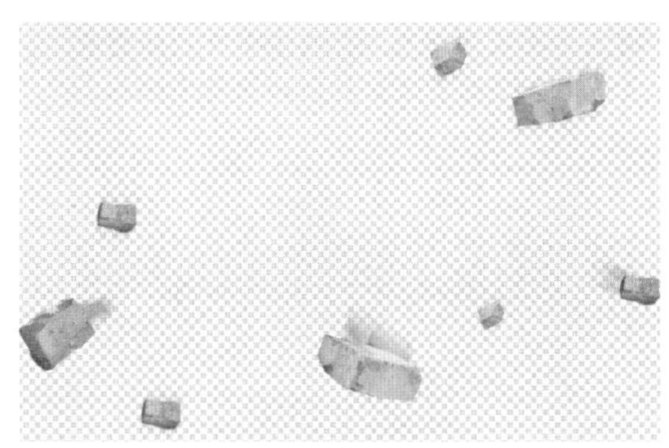

图 4-57　砖块素材

图 4-58　添加砖块效果

（8）按住<Ctrl>键单击“砖块”图层，将砖块选取，单击“图层”面板中的“创建新的填充或调整图层”按钮，在弹出的列表中选择“亮度/对比度”选项，将“亮度”设置为“60”，将“对比度”设置为“45”，效果如图 4-59 所示。

（9）为调整图像的整体效果，单击在“图层”面板中的“创建新的填充或调整图层”按钮，在弹出的列表中选择“色彩平衡”选项，设置“青色 红色”为“+40”，设置“洋红 绿色”为“+16”，设置“黄色 蓝色”为“+12”，如图 4-60 所示，整体效果如图 4-48 所示。

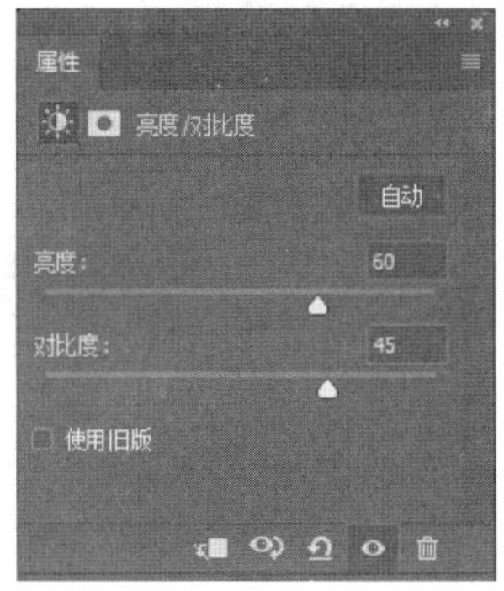

图 4-59　设置砖块的亮度与对比度

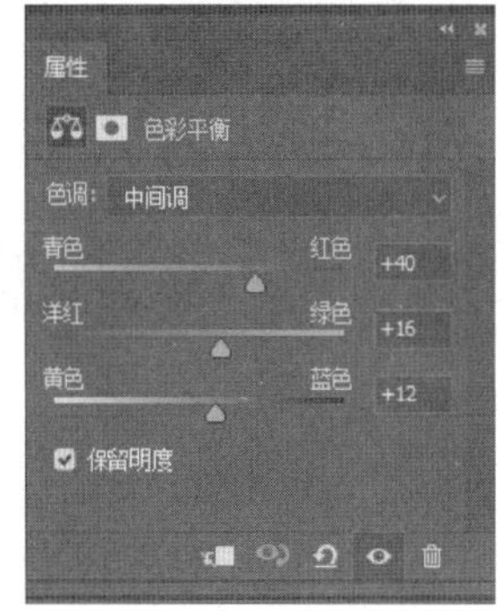

图 4-60　“色彩平衡”调整图层设置

任务实施：制作历史变迁特效

创意合成历史变迁特效

1. **任务分析**

我国旅游业伴随经济社会的发展，走出了一条跨越式的发展之路。本任务主要使用两张图片，制作旅游景点的历史变迁特效。

素养小贴士

改革开放

改革开放是1978年12月十一届三中全会我国开始实行的对内改革、对外开放的政策。我国的对内改革先从农村开始，1978年11月，安徽省凤阳县小岗村实行“分田到户，自负盈亏”的家庭联产承包责任制（大包干），拉开了我国对内改革的大幕。1979年7月15日，中共中央正式批准广东、福建两省在对外经济活动中实行特殊政策、灵活措施，迈开了改革开放的历史性脚步，对外开放成为我国的一项基本国策，中国的强国之路，是社会主义事业发展的强大动力。改革开放有力推动了我国经济社会发展，明显提高了我国社会生产力，极大提高了人民生活水平。在改革开放的进程中，中华民族实现了从站起来到富起来的伟大飞跃，迎来了从富起来到强起来的伟大飞跃。

2. **技能要点**

核心技能要点：调整图层、色阶调整、照片滤镜、图像变形、混合模式等的综合使用。

3. **实现过程**

本案例的操作步骤如下。

（1）在 Photoshop CC 中打开素材文件夹中的“黄鹤楼.jpg”图片，如图 4-61 所示。使用“矩形选框工具”将黄鹤楼的部分选取，使用快捷键<Ctrl+J>进行区域复制以做老照片效果。执行“图像”→“调整”→“去色”命令（快捷键为<Ctrl+Shift+U>）将图像的局部去色，效果如图 4-62 所示。

图 4-61　黄鹤楼素材

图 4-62　局部去色

（2）单击“图层”面板中的“创建新的填充或调整图层”按钮，在弹出的列表中选择“曲线”选项，设置曲线呈“S”形，调整老照片的对比度，使亮的更亮，暗的更暗。调整后的效果与“图层”面板如图 4-63 所示。

（3）单击“图层”面板中的“创建新的填充或调整图层”按钮，在弹出的列表中选择“照片滤镜”

选项，适当调整使老照片出现发黄的效果，如图 4-64 所示。

图 4-63　调整曲线后的效果与“图层”面板

图 4-64　添加“照片滤镜”后的效果与“图层”面板

（4）选择“画笔工具”，单击鼠标右键选择“特殊效果画笔”中的“滴水水彩”画笔，设置画笔大小为“50 像素”、前景色为土黄色（#df9439），在老照片上绘制出破旧的效果，如图 4-65 所示。

（5）为了能做出逼真的老照片效果，可执行“编辑”→“变换”→“变形”命令，对老照片进行变形处理，效果如图 4-66 所示。

图 4-65　破旧照片的效果

图 4-66　对老照片进行变形处理

（6）执行“文件”→“置入嵌入对象”命令，选择素材文件夹中的“手拿照片.tif”图片，将其置入图像中，效果如图 4-67 所示，单击图像周围的控制点，调整图像的大小，效果如图 4-68 所示。

图 4-67 置入图像后的效果

图 4-68 调整图像大小后的效果

（7）执行“图层”→“智能对象”→“栅格化”命令将“手拿照片”图像的图层栅格化为普通图层，使用“魔棒工具”选择“手拿照片”图像中的白色区域，如图 4-69 所示，按<Delete>键将白色选区删除，效果如图 4-70 所示。

图 4-69 选择白色区域

图 4-70 删除白色选区

（8）在“图层”面板中选择“图层 1”图层，选择老照片选区，执行“图层”→“新建”→“图层”命令新建一个空白图层，执行“编辑”→“描边”命令，设置“宽度”为“6 像素”、“颜色”为白色的描边，效果如图 4-71 所示。

（9）打开素材文件夹中的“划痕.jpg”图片，如图 4-72 所示，将其拖到图像中，放到老照片的效果图层上，如图 4-73 所示，在“图层”面板中选择“图层 1”图层，选择老照片选区，执行“选择”→“反选”命令反选多余的划痕图像，按<Delete>键将选区内容删除，效果如图 4-74 所示。

图 4-71 设置的描边效果

图 4-72 划痕素材图像

图 4-73　插入划痕素材图像

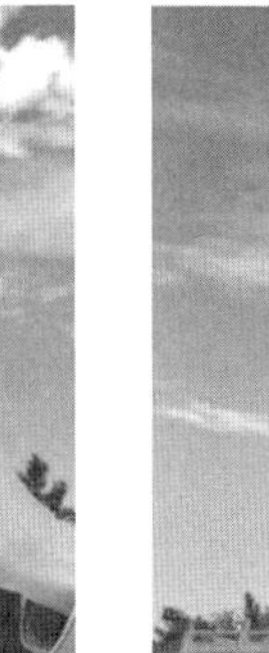

图 4-74　裁剪多余的划痕图像

（10）设置“划痕”图层的混合模式为“滤色”，整个效果就制作完成了，效果如图 4-1 所示。

任务拓展

1. **色彩调整时应注意的原则**

在 Photoshop 中进行色彩调整时，无论是针对图像的高光、暗调，还是中间调进行调整，都会不同程度地影响到整个画面，如果过多地增加亮部层次或暗部层次，必定会导致整个图像的像素丢失，因此建议不要进行过多的全局调整。

另外，大幅度地调整图像，也会造成像素丢失，从而使图像的层次和色彩平衡受到影响，所以最好只进行一些细微的调整。

2. **色彩调整技巧**

技巧 1：色彩的色阶分布图中，凸起分布在右边，说明图像的亮部较多；凸起分布在左边，说明图像的暗部较多；凸起分布在中间，说明图像的中色调较多，缺少色彩对比；凸起分布呈梳子状，说明图像有跳阶的现象，某些色阶像素缺乏，无法表达渐变、平滑等效果。

技巧 2：对于黑白图像的处理，如果直接将图像转换为灰度模式，那么图像将无法在 RGB 模式下使用，所以，一般采用去掉饱和度的方式把图像调整为灰度模式，这样，图像同样呈现出黑白色彩，但实际上图像的颜色模式还是 RGB 模式。

技巧 3：因为调整图层对其下方图层的图像不会造成破坏，所以可以尝试不同的设置并随时重新编辑调整图层；也可以通过降低该图层的不透明度来减轻调整的效果。

技巧 4：使用调整图层能够将调整应用于多个图像。在图像之间复制和粘贴调整图层，可以方便地为图像应用相同的颜色和色调。

任务小结

本任务主要介绍了 Photoshop 中的各种色彩与色调的调整方法，先讲解了色彩的基本属性、图像色彩的分布、图像色调的调整、图像色彩的调整等知识，然后通过各个案例的详解对每种色彩调整方法或功能进行了分析，从而帮助读者更加清楚地掌握各个技巧的运用。

拓展训练

1. **理论练习**

（1）色彩的基本属性有哪些？

（2）举例说明常见色彩的基本含义？

（3）图像色彩的基本调整有哪些命令？

（4）图像色调的基本调整有哪些命令？

2. **实践练习**

（1）通过调整“皖南建筑.jpg”（见图 4–75）素材图像的色调来完成皖南单色调怀旧照片的制作，如图 4–76 所示。

图 4–75 皖南建筑素材

图 4–76 调整后的单色调怀旧照片效果

（2）根据提供的“墙壁.jpg”素材图像（见图 4–77）、“女孩.jpg”素材图像（见图 4–78）和“风景.jpg”素材图像（见图 4–79），结合所学的知识，制作“窗帘后的奇幻世界”效果，如图 4–80 所示。

图 4–77 墙壁素材

图 4–78 女孩素材

图 4–79 风景素材

图 4–80 窗帘后的奇幻世界效果

05 任务 5 应用路径

本任务介绍

在 Photoshop 中，路径就是由贝塞尔曲线构成的一段闭合或者开放的曲线段。使用路径工具和形状工具可以创建任意形状的路径，或勾勒出物体的轮廓，便于制作各类矢量图形。

学习目标

知识目标	能力目标	素养目标
（1）了解路径的概念。 （2）了解路径的原理、分类	（1）掌握绘制路径与选择路径的方法。 （2）掌握创建矢量图形与编辑矢量图形的方法。 （3）掌握填充与描边路径和路径运算方法	（1）增强审美意识，提高文化自信，坚定文化自信。 （2）具有中国特色社会主义坚定理想信念

任务展示：手机音乐播放界面的设计与制作

本任务将利用路径工具和形状工具设计与制作手机音乐播放界面，效果如图 5-1 所示。

图 5-1　手机音乐播放界面效果

知识准备

5.1 路径简介

认识路径

5.1.1　路径的概述

Photoshop 具有矢量图形软件的某些功能，它可以使用路径功能对图像进行编辑和处理。该功能主要用于辅助抠图、绘制平滑的线条和精细的图形、定义画笔等工具的绘制痕迹，以及输出输入路径与选区之间的转换。

路径由一个或多个直线段和曲线段组成。“锚点”标记路径的端点。在曲线段上，选中的锚点显示一条或两条“方向线”，方向线末端为方向点。方向线和方向点的位置决定曲线段的大小和形状。移动这些元素将改变路径中曲线的形状，如图 5-2 所示。

路径可以是闭合的，没有起点和终点（例如圆），也可以是开放的，有明显的终点（例如波浪线）。平滑曲线路径由“平滑点”连接，锐化曲线路径由“角点”连接，如图 5-3 所示。

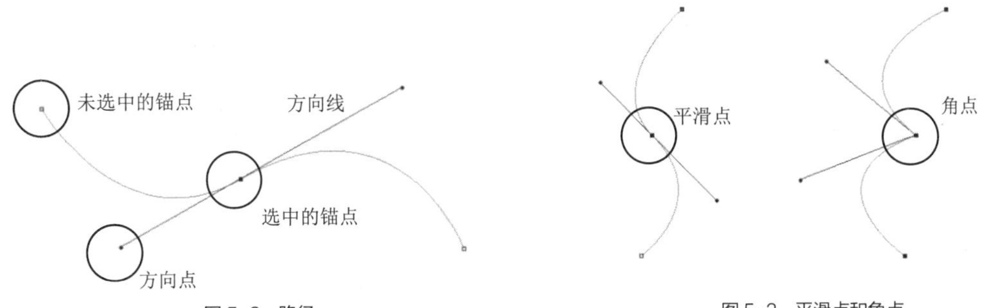

图 5-2　路径　　　　图 5-3　平滑点和角点

在平滑点上移动方向线时，将同时调整平滑点两侧的曲线段；在角点上移动方向线时，只调整与方向线同侧的曲线段。

5.1.2　路径的基本使用

路径的基本使用主要是介绍钢笔工具组的使用，钢笔工具组位于工具箱中，默认情况下，其图标呈现为“钢笔工具”，在此图标上单击，系统将会弹出钢笔工具组，如图 5-4 所示，其中共有 5 种工具。

路径的选择可以使用“路径选择工具”，在此图标上单击，系统将会弹出路径选择工具组，如图 5-5 所示，其中共有 2 种工具。

图 5-4　钢笔工具组

图 5-5　路径选择工具组

5.2　路径的绘制与选择

5.2.1　钢笔工具

在 Photoshop 中，“钢笔工具”用于绘制线段、曲线、封闭的路径或不封闭的路径，并可在绘制路径的过程中对路径进行简单的编辑。选择“钢笔工具”后，其工具属性栏如图 5-6 所示，各项含义如下。

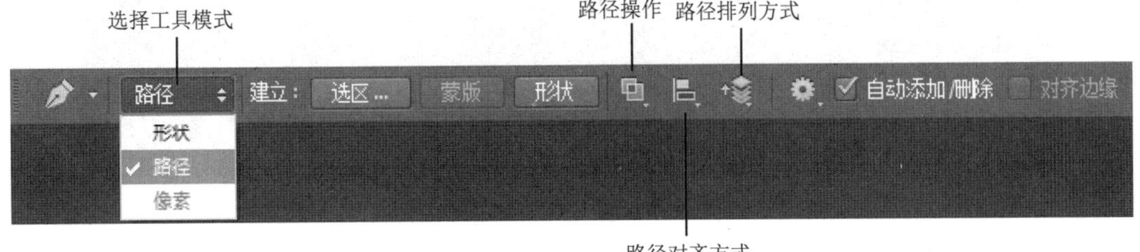

图 5-6　“钢笔工具”的工具属性栏

选择工具模式：主要包括“形状”模式、“路径”模式、“像素”模式 3 种，“形状”模式下可以直接绘制形状，“路径”模式下可以直接绘制矢量路径，“像素”模式下可以直接采用位图模式填充绘制的形状，默认为“路径”模式。

路径操作：主要包括合并形状、减去顶层形状、与形状区域相交、排除区域相交与排除重叠形状 4 种操作，默认为排除重叠形状。

路径对齐方式：包括水平方向上的对齐方式与垂直方向上的对齐方式，以及水平与垂直方向上的均匀分布。

路径排列方式：可将形状设置为顶层或底层，以及将形状前移一层或后移一层。

绘制直线路径时，只需要选择“钢笔工具”，在工具属性栏中选择“路径”模式，然后通过连续单击即可。如果要绘制水平直线路径或 45° 斜线路径，在按住<Shift>键的同时单击即可，如图 5-7 所示。绘制曲线路径时，只需要选择“钢笔工具”，在工具属性栏中选择“路径”模式，然后在起点按住鼠标左键，向上或向下拖出一条方向线后松开鼠标左键，再在第 2 个锚点位置处拖出一条向上或向下的方向线即可，如图 5-8 所示。

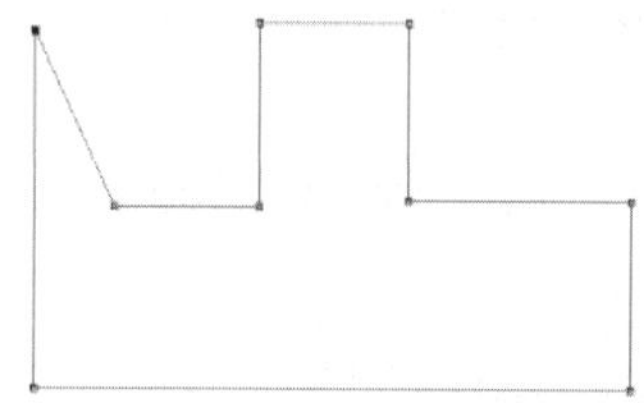

图 5-7　绘制的 45° 斜线路径

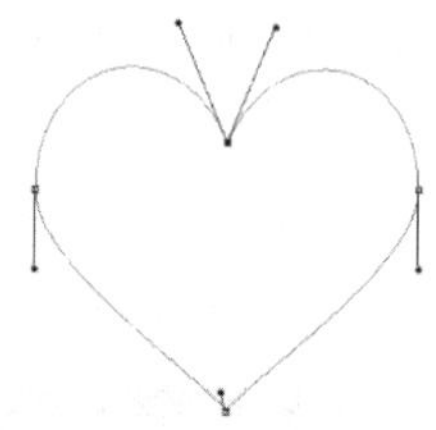

图 5-8　曲线路径

如果勾选“自动添加/删除”复选框，则可以方便地添加和删除锚点。

5.2.2　自由钢笔工具

“自由钢笔工具”可用于随意绘图，就像用钢笔在纸上绘图一样。“自由钢笔工具”在使用上与“套索工具”基本一致，只需要在图像上创建一个初始点即可随意拖动鼠标绘制路径，绘制过程中路径上不添加锚点。

选择“自由钢笔工具”后，其工具属性栏如图 5-9 所示。

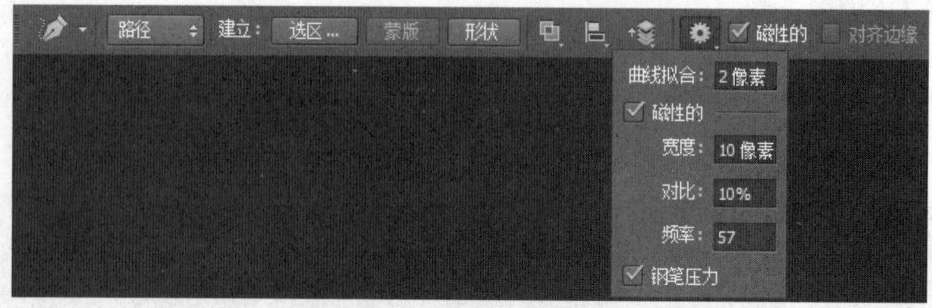

图 5-9　“自由钢笔工具”的工具属性栏

使用“自由钢笔工具”绘制的路径可以通过编辑形成一个较为精确的路径。“曲线拟合”文本框中的值主要用于控制路径对鼠标指针移动的敏感性，值越大创造的路径锚点就越少，路径就越平滑。

5.2.3 添加锚点工具与删除锚点工具

“添加锚点工具” 和 “删除锚点工具” 分别用于增加和删除路径上的锚点。选择 “删除锚点工具” 后，当鼠标指针移至路径锚点处时，鼠标指针自动变成删除锚点工具，如图 5-10 所示，此时单击锚点，即可将其删除，形成的新路径如图 5-11 所示。

图 5-10 删除锚点前

图 5-11 删除锚点后

5.2.4 转换点工具

“转换点工具” 用于调整某段路径控制点的位置，即调整路径的曲率。使用 “钢笔工具”“添加锚点工具” 或 “删除锚点工具” 得到一组由多条线段组成的路径，如图 5-12 所示，如果想将某个锚点转化为角点，只需要选择 “转换点工具”，然后单击锚点即可，拖动角点可进行曲率的调整，如图 5-13 所示。

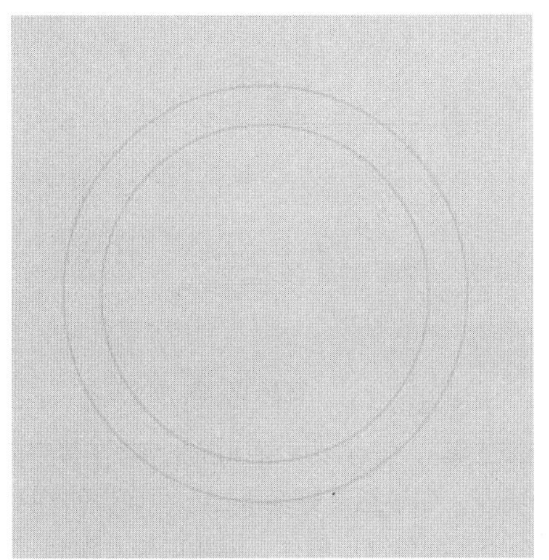
图 5-12 绘制路径

图 5-13 将锚点转换为角点并调整曲率

5.2.5 路径选择工具

在 Photoshop 中，路径的选择可以使用路径选择工具，主要有 “路径选择工具” 和 “直接选择工具” 两种。

1. **路径选择工具**

如果在编辑过程中要选择整条路径，可以使用“路径选择工具”，在整条路径被选中的情况下路径上所有的锚点都显示为实心正方形，如图 5-14 所示，此时可以使用“路径选择工具”移动整条路径，如图 5-15 所示，也可以复制或者删除路径。

图 5-14　选择整条路径

图 5-15　移动路径

2. **直接选择工具**

要选择并调整路径中的锚点时，需要使用工具箱中的“直接选择工具”路径中的锚点在选定状态下呈实心正方形，未被选定的呈现空心正方形，如图 5-16 所示，此时拖动实心正方形锚点即可完成单个锚点的编辑，如图 5-17 所示，将鼠标指针放置在线条上按住鼠标左键拖动鼠标可以移动整段线条。

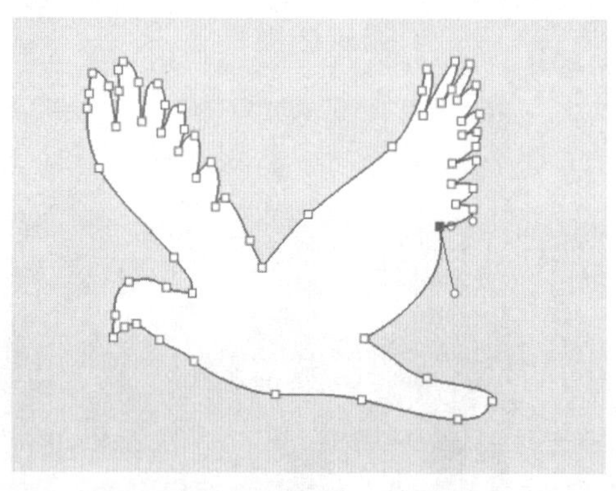

图 5-16　选择路径中的某个锚点

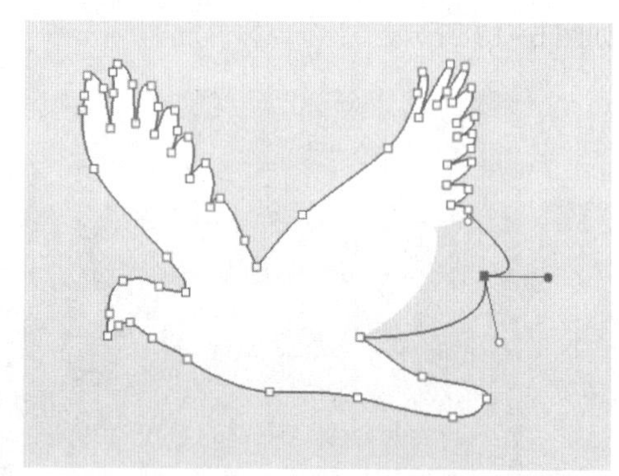

图 5-17　移动单个锚点

当前如果选择了“路径选择工具”或者“直接选择工具”，按<Ctrl>键可以在两个工具中间切换。

选择“直接选择工具”时，一次只能选择一个锚点，如果想选择多个锚点，可以按住<Shift>键单击需要选择的锚点，或者按住鼠标左键拖出一个矩形框将锚点框住，释放鼠标左键后，选择多个锚点。

5.2.6　路径面板

认识路径面板

绘制完成的路径还可以进行保存、复制、删除、隐藏等操作。

绘制路径后，可以在面板组中找到“路径”面板，如图 5-18 所示。

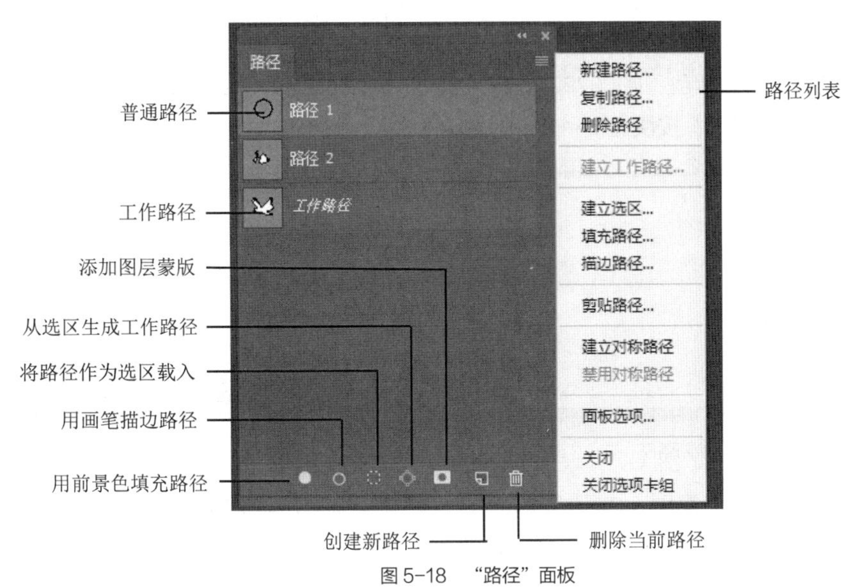

图 5-18 “路径”面板

“路径”面板中的部分选项说明如下。

用前景色填充路径：单击该按钮可用前景色填充闭合的路径区域，图标呈灰色时为不可用状态。

用画笔描边路径：单击该按钮可用当前前景色和当前画笔对路径进行描边。

将路径作为选区载入：单击该按钮可将当前路径转化为选区，在路径被选中状态下，在按住<Ctrl>键的同时单击工作路径，也可以将路径转化为选区。

从选区生成工作路径：单击该按钮可将当前选区转化为工作路径。

添加图层蒙版：单击该按钮可将当前路径转化为图层蒙版。

创建新路径：单击该按钮可新建一个路径。

删除当前路径：单击该按钮可将当前路径删除。

单击“路径”面板右上方的按钮▪，可以显示关于路径的相关操作。

用户自己绘制的路径默认是创建了一个工作路径，当再次绘制新的路径时，该工作路径会被新绘制的内容替代，若要永久保存工作路径中的内容，需要单击“创建新路径”按钮。如果要更改路径的名字，双击路径名称，在弹出的“存储路径”对话框中输入新的路径名称，单击“确定”按钮即可。

5.2.7 路径的应用

使用路径绘制案例

下面应用路径工具制作名片，案例中需要掌握的技术有选区与路径的转换、钢笔工具的使用、路径的调节等。本案例的最终效果如图 5-19 所示。

图 5-19 名片效果

具体实现步骤如下。

（1）打开 Photoshop CC，新建一个文档，命名为“名片”，设置宽度为 9 厘米、高度为 5 厘米、颜色模式为 CMYK、分辨率为 300 像素/英寸，单击“确定”按钮完成文档的创建。

（2）新建一个“图层 1”图层，在工具箱中选择“钢笔工具”，绘制路径，如图 5-20 所示。

（3）将前景色设置为深蓝色（#005293），按快捷键<Ctrl+Enter>将路径载入选区，然后按快捷键<Alt+Delete>填充前景色，按快捷键<Ctrl+D>取消选区，效果如图 5-21 所示。

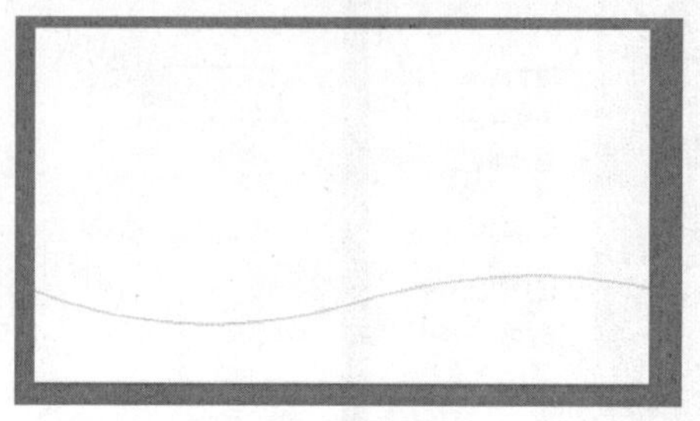

图 5-20　绘制路径

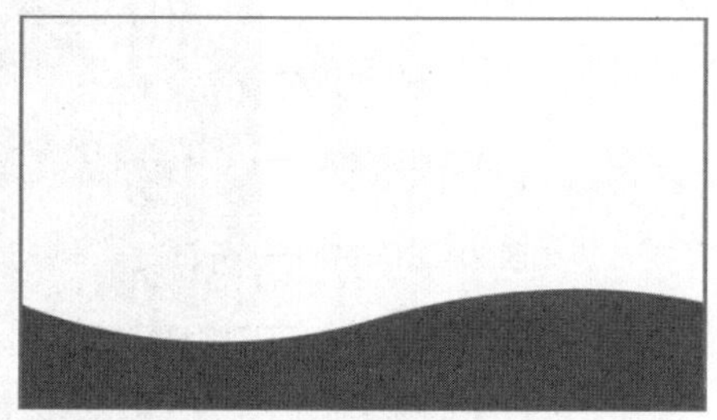

图 5-21　填充路径区域为深蓝色

（4）新建一个“图层 2”图层，执行“窗口”→“路径”命令，对路径进行调整。在工具箱中选择“路径选择工具”，对路径做细节调整，效果如图 5-22 所示。

（5）将前景色设置为橙色（#f7ab00），按快捷键<Ctrl+Enter>将路径载入选区，然后按快捷键<Alt+Delete>填充前景色，按快捷键<Ctrl+D>取消选区，将“图层 2”图层调整到“图层 1”图层的下方，效果如图 5-23 所示。

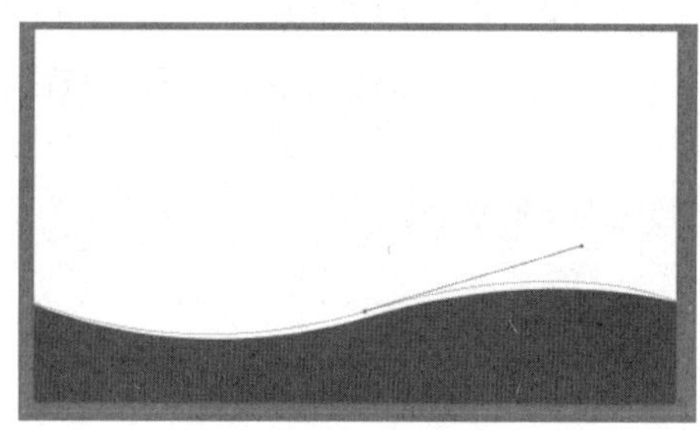

图 5-22　调整路径

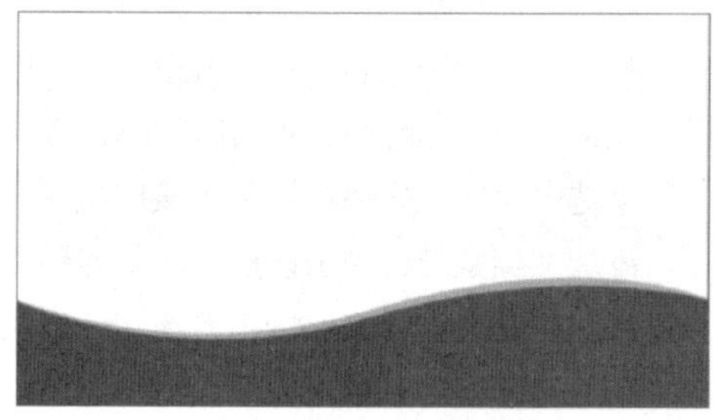

图 5-23　填充路径区域为橙色

（6）使用“横排文字工具”输入“代用名”，设置字体为“大标宋”，字体大小为“14 点”，字体颜色为黑色（#231815）。用同样的方法输入其余文字。调整位置后的效果如图 5-24 所示。

（7）在公司名称下面用“矩形选框工具”绘制一个宽度与高度均为 1 毫米的矩形选区，并填充蓝色，效果如图 5-25 所示。

图 5-24　添加信息

图 5-25　添加蓝色条

（8）打开素材文件夹中的“二维码.jpg”图片，将其复制粘贴到二维码所在位置，保存文档，效果如图 5-19 所示。

5.3 绘制与编辑形状路径

使用形状工具组

5.3.1 形状工具组

1. 认识形状工具组

形状工具组可用于快速绘制各类规范的几何形状，具体包括“矩形工具”“圆角矩形工具”“椭圆工具”“多边形工具”“直线工具”和“自定形状工具”等，如图 5-26 所示。

“矩形工具”主要用于绘制矩形或正方形；“圆角矩形工具”用于绘制不同半径的圆角矩形；“椭圆工具”主要用于绘制椭圆或圆形；“多边形工具”可以根据需要绘制所需的多边形；“自定形状工具”中包含了各种各样的图案，可用于直接绘制所需形状。

形状的绘制模式主要包括形状、路径、像素 3 种，如图 5-27 所示。其中，路径操作中包括新建图层、合并形状、减去顶层形状、与形状区域相交、排除重叠形状。对齐模式与图层的对齐模式相似，主要实现对齐、分布及分布间距的设置。排列方式主要用于调整路径的层次关系，实现置顶、置底或上下移动。单击“设置其他形状和路径选项”按钮可对路径的粗细、颜色、形状、固定大小等进行设置。

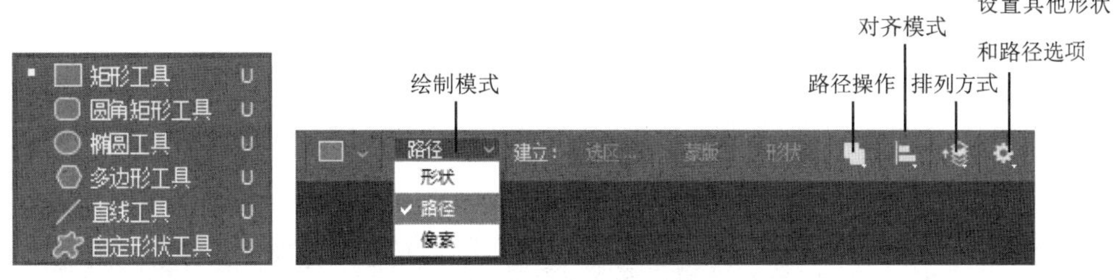

图 5-26 形状工具组

图 5-27 形状工具的工具属性栏

2. 形状工具的基本使用

如果需要绘制矢量图形，可先在工具箱中设置好前景色，然后打开工具箱中的形状工具组，选择某种工具，例如“矩形工具”，然后在绘制模式中选择“形状”模式。

绘制方法很简单：在画布上按住鼠标左键拖动鼠标，即可创建矢量图形。单击工具属性栏中的“填充”和“描边”色块，可设置填充的颜色和描边的颜色。此时在“图层”面板中可以看到新建的一个图层，这个图层就是形状图层。如果要将矢量图形转换为位图，可以选中形状图层，然后执行“图层”→“栅格化”→“形状”命令。

形状是链接到矢量蒙版的填充图层。通过编辑形状的填充图层，可以很容易地将填充更改为其他颜色、渐变或图案。也可以编辑形状的矢量蒙版以修改形状轮廓，并对图层应用样式，常用的操作如下。

- 若要更改形状颜色，可双击“图层”面板中的图层缩略图，然后用拾色器选取需要更换的颜色。
- 若要修改形状轮廓，可使用工具箱中的“直接选择工具”或“钢笔工具”更改形状。
- 若要使用渐变或图案来填充形状，可在“图层”面板中选择形状图层，然后单击“添加图层样式”按钮，在弹出的列表中选择“渐变叠加”选项，并在打开的“图层样式”对话框中设置“渐变”为“色谱”，最后单击“确定”按钮。

绘制形状后，会弹出相应的“属性”面板，如图 5-28 所示，可以根据需要设置圆角矩形的宽度与高度、边框的颜色与粗细，以及每个角的半径。

下面以“椭圆工具”和“多边形工具”为例对形状工具的使用进行详细介绍。

（1）椭圆工具。

在工具箱中选择“椭圆工具”后，绘制椭圆，弹出椭圆的“属性”面板，在该面板中可以对所绘椭圆的一些参数进行设置，如图 5-29 所示。

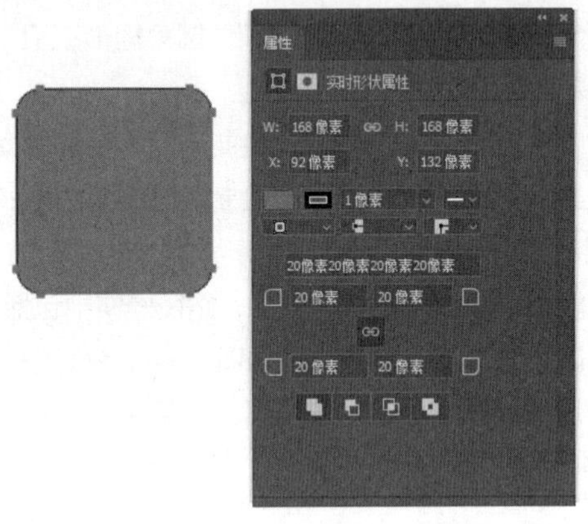

图 5-28　圆角矩形及其“属性”面板

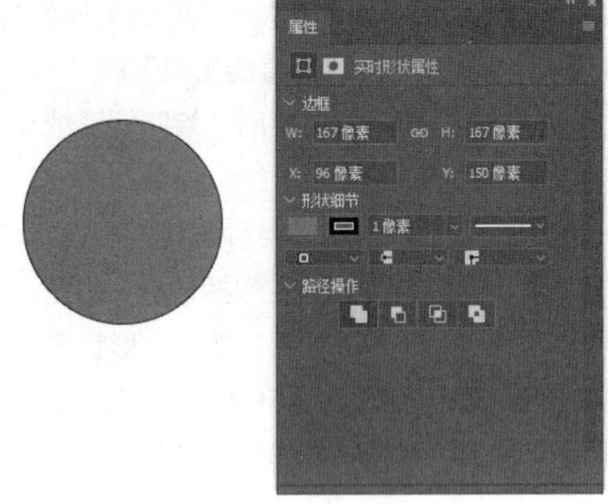

图 5-29　椭圆及其“属性”面板

（2）多边形形工具。

“多边形工具”的工具属性栏中有一个“边”文本框，用于设置所绘制多边形的边数。该工具的“设置其他形状和路径选项”下拉列表如图 5-30 所示。

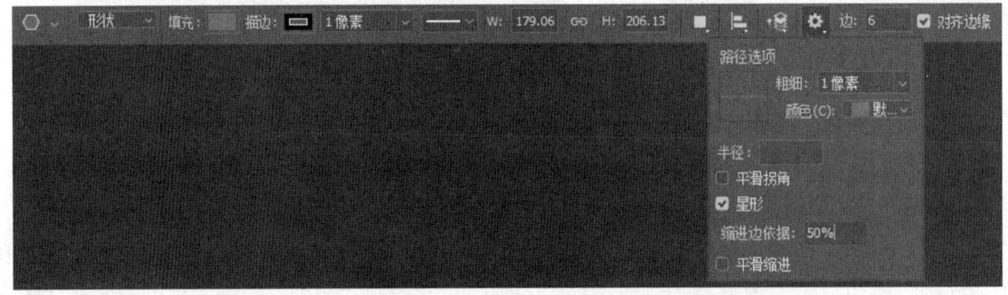

图 5-30　“多边形工具”的“设置其他形状和路径选项”下拉列表

其中部分选项的说明如下。

半径：用于设置多边形的中心点到各顶点的距离。

平滑拐角：勾选该复选框，可将多边形的顶角设置为平滑效果。

星形：勾选该复选框，可将多边形的各边向内凹陷，从而成为星形。

缩进边依据：若勾选“星形”复选框，可在该文本框中设置星形的凹陷程度。

平滑缩进：勾选该复选框，可采用平滑的凹陷效果。

5.3.2　创建自定义形状

创建自定义形状

如果想绘制的形状使用“矩形工具”“圆角矩形工具”“椭圆工具”“多边形工具”“直线工具”都无法完成，则可以使用“自定形状工具”中的一些图案来创建。

1. **绘制系统自带的自定义形状**

如果要绘制一个前景色的绿色的“E-mail”按钮，则可以先使用“圆角矩形工具”绘制一个圆角矩形背景，如图 5-31 所示；然后把前景色设置为白色，再选择“自定形状工具”，在其工具属性栏中的“形状”下拉列表中选择“信封 2”选项，绘制信封形状，效果如图 5-32 所示。

图 5-31　绘制圆角矩形背景

图 5-32　绘制信封形状

2. **自定义形状并绘制**

如果“自定形状工具”的工具属性栏中的“形状”下拉列表中没有所需的形状，那么可以自定义形状并绘制。

下面自定义一个祥云形状，具体步骤如下。

（1）使用“钢笔工具”绘制所需要的形状，如图 5-33 所示。

（2）选择“路径选择工具”，将形状选中，执行“编辑”→“定义自定形状”命令，弹出“形状名称”对话框，如图 5-34 所示，输入新形状的名称“中国风祥云”，单击“确定”按钮。

图 5-33　绘制祥云形状

图 5-34　“形状名称”对话框

（3）选择“自定形状工具”，打开工具属性栏中的“形状”下拉列表，即可显示刚刚完成的自定义形状，如图 5-35 所示。

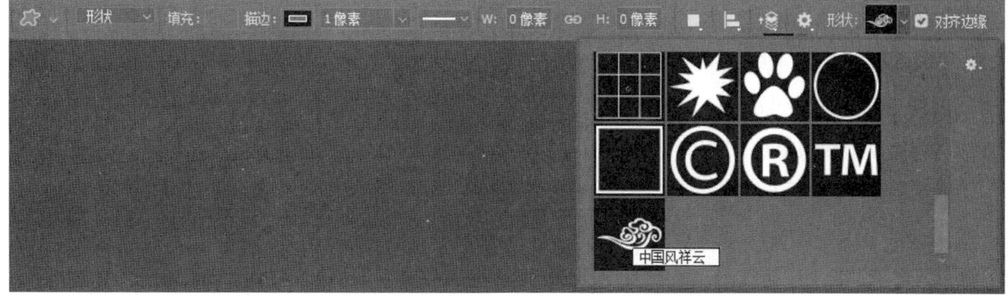

图 5-35　“形状”下拉列表中的自定义形状

5.3.3 填充与描边路径

路径填充与描边

1. 填充路径

在 Photoshop 中，可以以当前的路径为基础进行颜色填充或者图案填充，操作方式如下。

（1）新建一个宽度和高度都为 600 像素的文档，选择“自定形状工具”，在其工具属性栏中单击右侧的设置图标，在弹出的下拉列表中，选择“装饰”选项，此时系统弹出“是否用动物中的形状替换当前的形状？”提示对话框，如图 5-36 所示，单击“追加”按钮。

（2）选择“自定形状工具”，选择“路径”模式，单击“形状”下拉列表，即可显示刚刚完成的自定义形状，如图 5-37 所示。

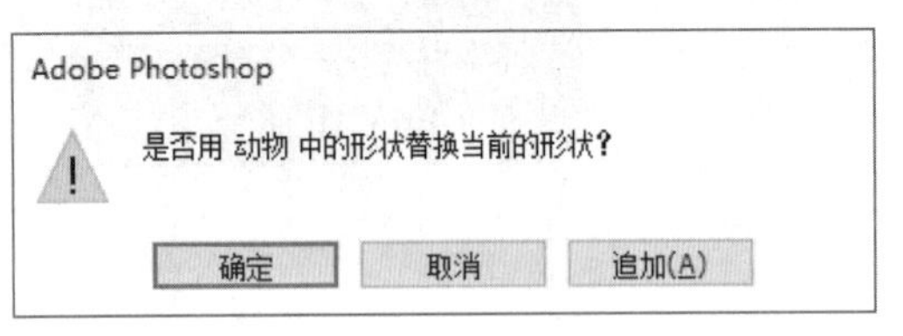

图 5-36 提示对话框

图 5-37 “形状”下拉列表

（3）选择兔子形状，在画布中按住<Shift>键，使用“自定形状工具”绘制兔子形状，如图 5-38 所示。单击“路径”面板中的“用前景色填充路径”按钮，即可完成路径的填充，效果如图 5-39 所示。

图 5-38 绘制兔子形状

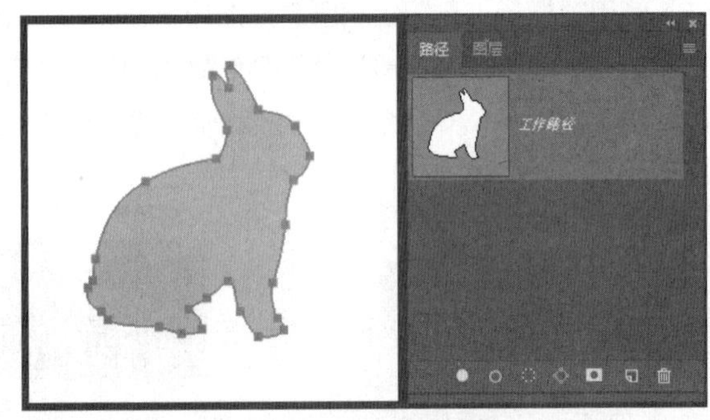

图 5-39 填充路径后的效果

如果想填充更加丰富的效果，可以在单击“用前景色填充路径”按钮的同时，按住<Alt>键，这时系统会弹出“填充路径”对话框，此时可以根据需要设置相关的填充参数。

2. 描边路径

在 Photoshop 中，默认情况下单击“路径”面板中的“用画笔描边路径”按钮可以实现以当前的绘图工具进行描边的操作。

如果按住<Alt>键单击“用画笔描边路径”按钮，则会弹出“描边路径”对话框，如图 5-40 所示。“描边路径”对话框中罗列了各种绘图工具，如果选择“画笔”工具，则需要设置画笔工具的详细参数，例如画笔形状选择“硬边圆”，画笔大小设为“20 像素”，如图 5-41 所示。按<F5>键，弹出“画笔设置”面板，设置画笔笔尖形状的间距为“200%”，勾选“形状动态”复选框，参数设置如图 5-42 所示。

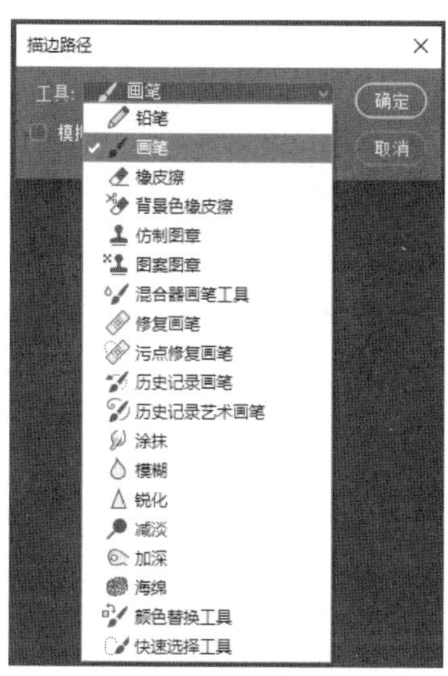

图 5-40 “描边路径”对话框

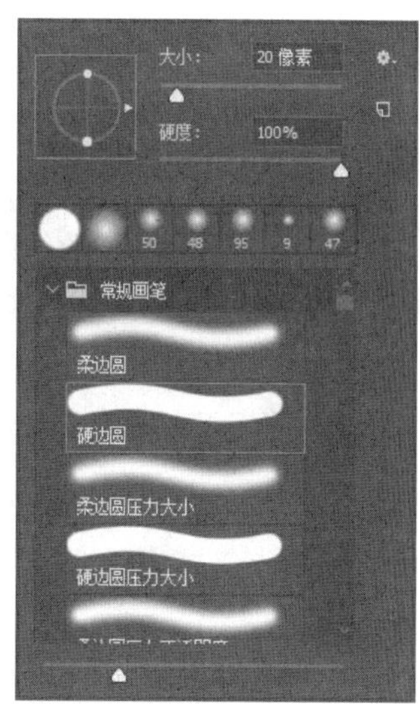

图 5-41 画笔的设置

选择刚刚绘制的兔子形状，前景色设置为深红色，单击“用画笔描边路径”按钮，绘制的描边效果如图 5-43 所示。

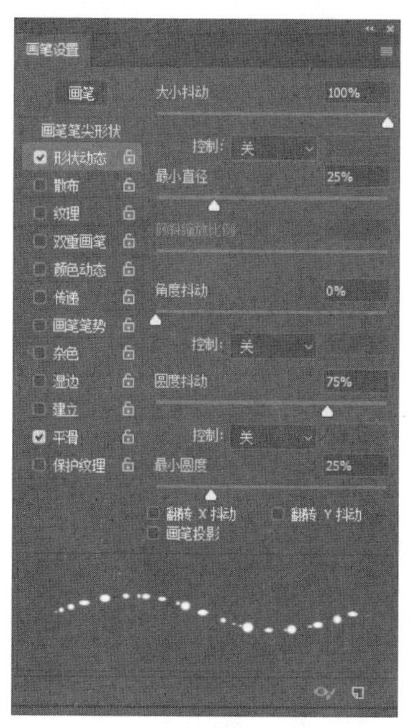

图 5-42 “画笔设置”面板

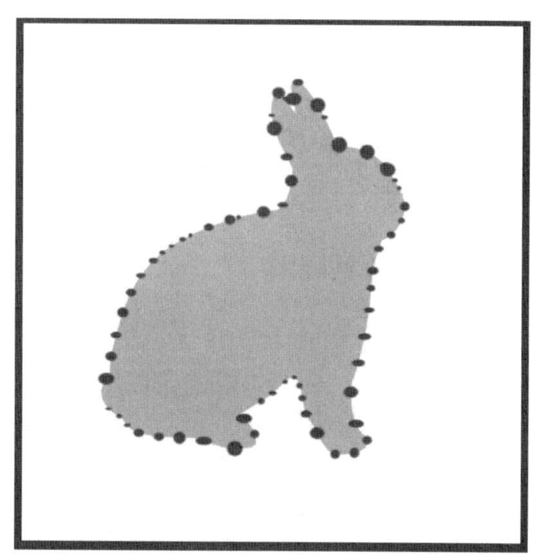

图 5-43 描边后的路径

5.3.4 路径运算

路径运算

在设计过程中，经常需要创建复杂的路径，利用路径运算功能可对多个路径进行相减、相交、组合等运算。

创建形状后，启用不同的运算方式，会得到不同的运算结果，如图 5-44 所示。

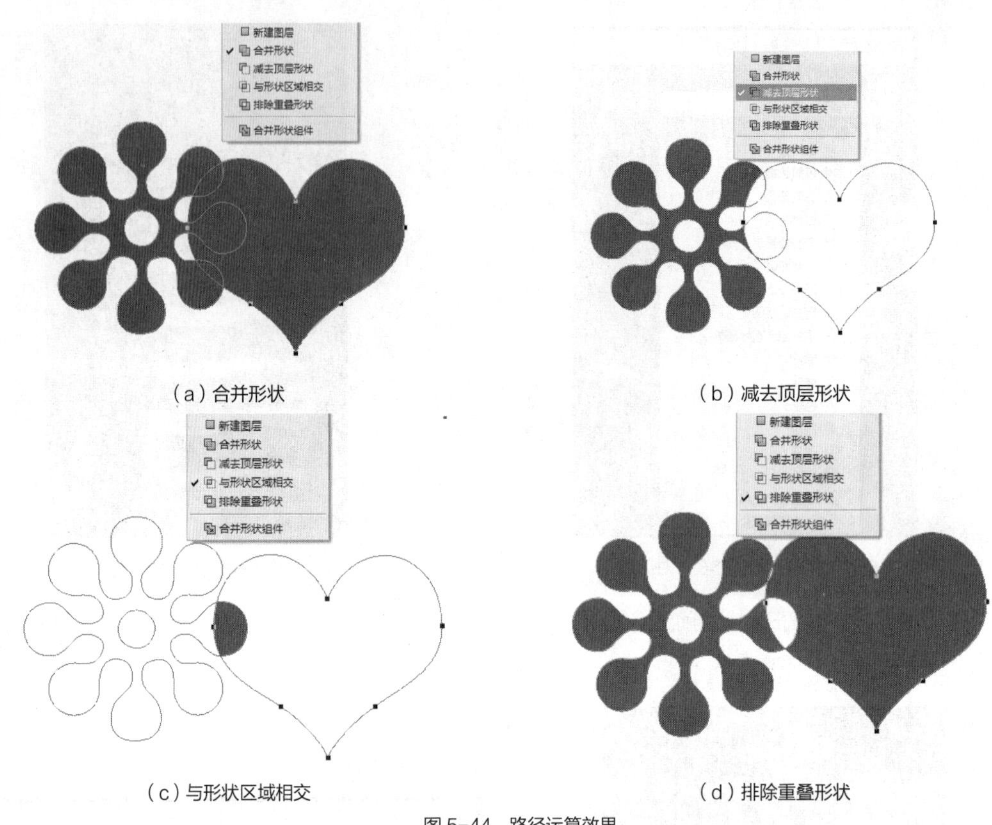

（a）合并形状　（b）减去顶层形状

（c）与形状区域相交　（d）排除重叠形状

图 5-44　路径运算效果

5.4 综合案例：电子名片的制作

电子名片的制作

5.4.1 效果展示

本案例将通过钢笔工具、形状与填充等来制作电子名片，效果如图 5-45 所示。

图 5-45　电子名片效果

5.4.2 实现过程

本案例的实现可以分成 3 步：先绘制名片花纹背景，再绘制蓝橙曲线背景，最后绘制整体效果。背景可以先用“钢笔工具”绘制路径，再通过旋转与复制路径制作背景图案；然后用“钢笔工具”绘制路径，制作电子名片的主体背景。操作步骤如下。

1. 绘制花纹背景

（1）打开 Photoshop CC，执行“文件”→“新建”命令，新建一个宽度为 9 厘米、高度为 5.5 厘米、分辨率为 300 像素/英寸、颜色模式为 RGB 的文档。

（2）新建“图层 1”图层，选择“渐变工具”，设置前景色为蓝色(#53b3d2)，设置背景色为白色，单击“线性渐变”按钮，从图像的右上方至左下方绘制渐变，效果如图 5-46 所示。

（3）选择工具箱中的“钢笔工具”，在画布中绘制一个花瓣形状的闭合路径，效果如图 5-47 所示。

图 5-46 填充渐变背景

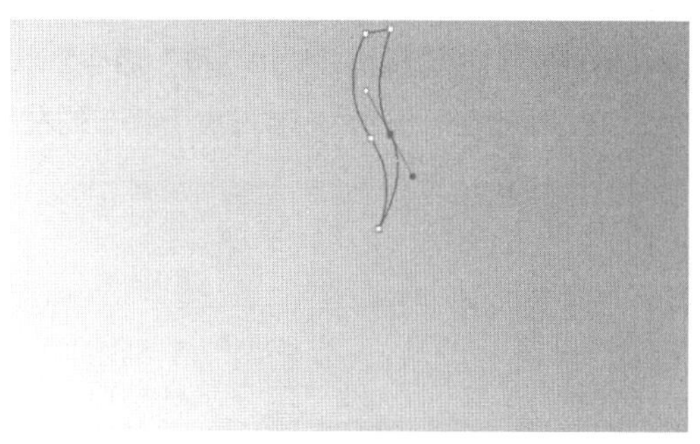

图 5-47 绘制路径

（4）路径绘制完成后，按快捷键<Ctrl+Alt+T>对其应用变换复制，并将旋转中心调整为左下角的变换点，如图 5-48 所示。

（5）在工具属性栏的“角度”文本框中输入“20”，按<Enter>键确定旋转，效果如图 5-49 所示。

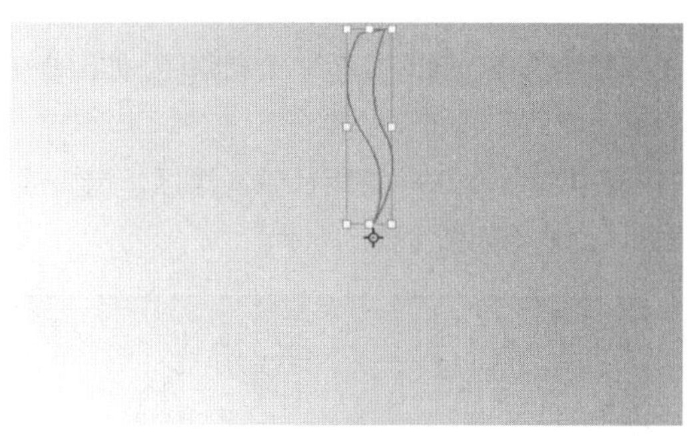

图 5-48 调整旋转中心

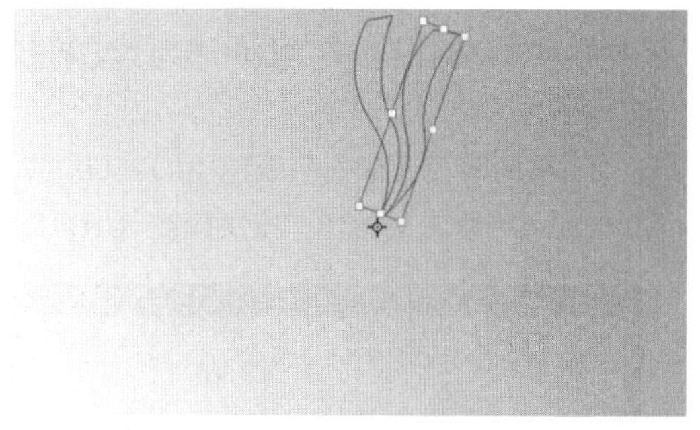

图 5-49 复制并旋转路径

（6）按快捷键<Shift+Ctrl+Alt+T>将路径旋转复制多份，效果如图 5-50 所示。

（7）路径复制完成后，选择工具箱中的“路径选择工具”，将所有路径选中。按快捷键<Ctrl+T>对其执行“自由变换”命令，适当地缩小路径并将其置于与画布的中央，效果如图 5-51 所示，调整完成后按<Enter>键确定变换。

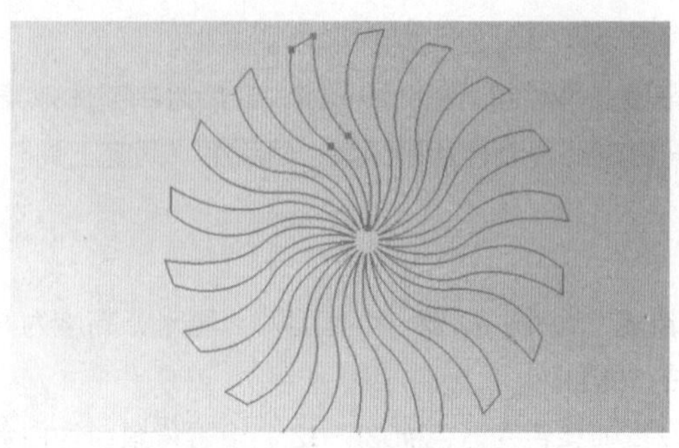
图 5-50 复制并旋转后的效果

图 5-51 调整大小和位置后的效果

（8）按快捷键<Ctrl+Enter>将路径载入选区。新建图层并将其填充为白色，效果如图 5-52 所示。

（9）按快捷键<Ctrl+D>取消选区。按快捷键<Ctrl+T>将图案适当地放大并置于画布的右上角，设置该图层的“不透明度”为 40%、图层混合模式为“柔光”。按快捷键<Ctrl+J>复制图层。按快捷键<Ctrl+T>对图案执行“自由变换”命令，单击鼠标右键，在弹出的快捷菜单中执行“旋转 180 度”命令，并适当地缩小图案后将其置于画布的左下角，调整后的效果如图 5-53 所示。

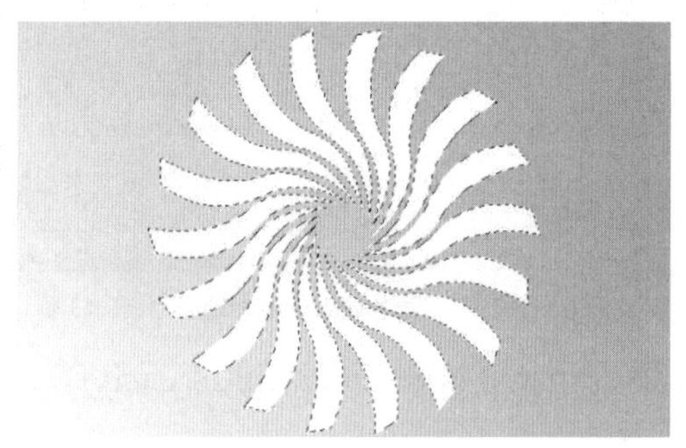
图 5-52 新建图层并填充

图 5-53 调整后的效果

2. 绘制蓝橙曲线背景

（1）新建一个图层，并将其命名为“蓝背景”，在工具箱中选择“钢笔工具”，绘制路径，如图 5-54 所示。

（2）将前景色设置为深蓝色（#1256a0），按快捷键<Ctrl+Enter>将路径载入选区，按快捷键<Alt+Delete>填充前景色，按快捷键<Ctrl+D>取消选区，效果如图 5-55 所示。

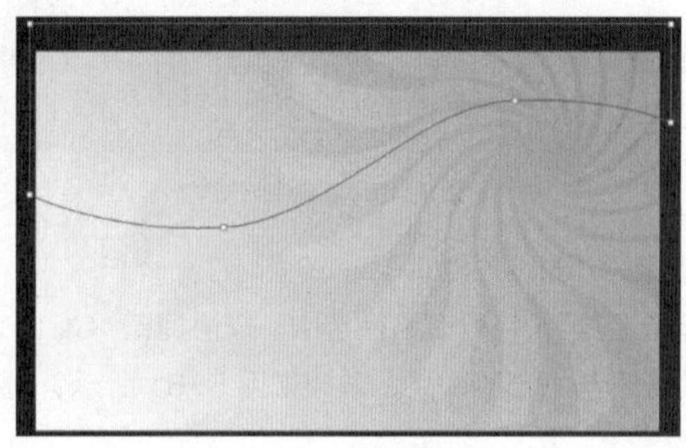
图 5-54 绘制路径

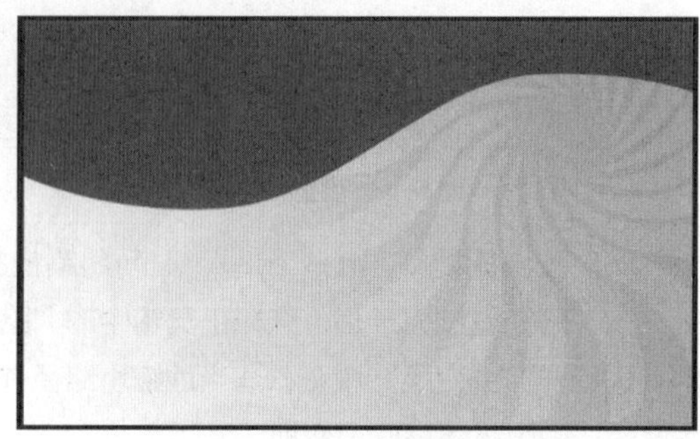
图 5-55 填充路径为深蓝色

（3）新建一个图层，执行“编辑”→“变换路径”→“扭曲”命令，对路径进行调整。也可以在工具箱中选择“路径选择工具”和“直接选择工具”对路径做细节调整，效果如图 5-56 所示。

（4）将前景色设置为橙色（#f3a51a），按快捷键<Ctrl+Enter>将路径载入选区，在弹出的列表中按快捷键<Alt+Delete>填充前景色，按快捷键<Ctrl+D>取消选区，将橙色图层调整到蓝色图层的下方，单击图层下方的“添加图层样式”按钮，选择“投影”选项，在打开的“图层样式”对话框中设置颜色为灰色（#7e7e7e）、不透明度为“60%”、角度为“90 度”、距离为“4 像素”、扩展为“4 像素”、大小为“10 像素”，调整后的效果如图 5-57 所示。

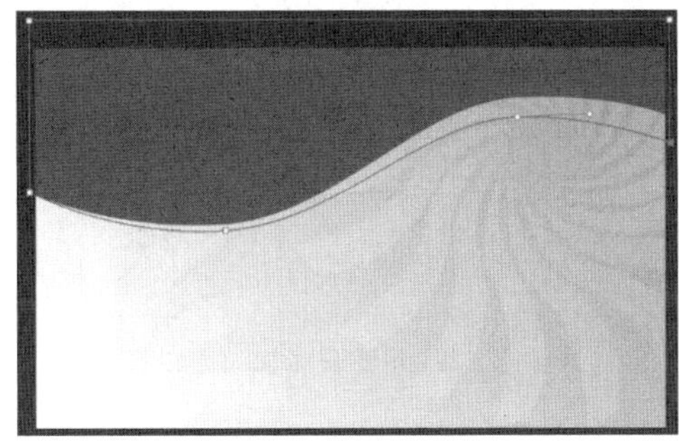

图 5-56 调整路径

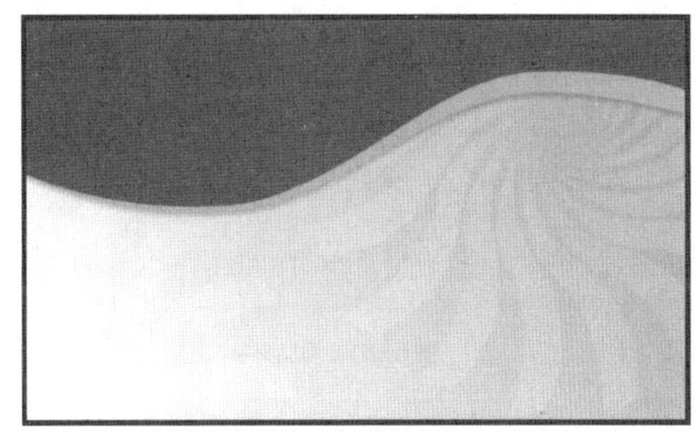

图 5-57 填充路径区域为橙色并设置投影的效果

3. 绘制 Logo 与输入文本

下面来设计“商学院”的 Logo，设计思路与效果如图 5-58 所示。

图 5-58 Logo 设计思路与效果

具体绘制步骤如下。

（1）切换到“路径”面板，新建一个路径，并将其命名为“Logo”，使用“钢笔工具”绘制出基本形状，如图 5-59 所示。

（2）单击“路径”面板中的“将路径作为选区载入”按钮（快捷键为<Ctrl+Enter>）将路径转化为选区，新建一个图层，并将其命名为“Logo”，填充选区颜色为白色（#ffffff），效果如图 5-60 所示。

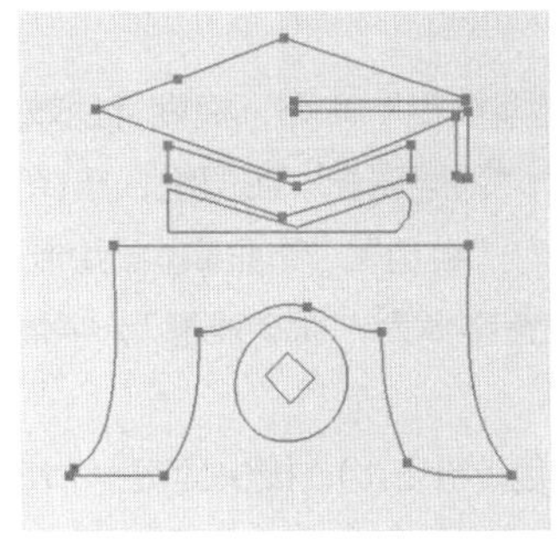

图 5-59 绘制 Logo 的形状

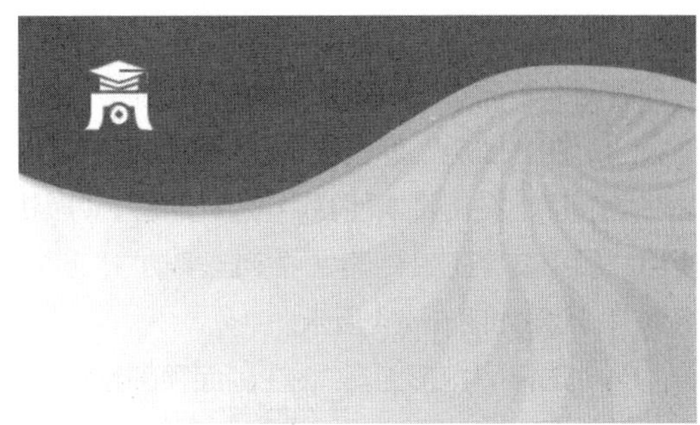

图 5-60 填充选区

（3）使用“横排文字工具”输入文本“商学院”，设置字体为“幼圆”、字体大小为“14 点”、颜色为白色；采用同样的方法输入文本“Business School”，设置字体为“幼圆”、字体大小为“6 点”、字间距为 0、颜色为白色，如图 5-61 所示。

（4）使用“矩形工具”绘制矩形框，并填充为蓝色（# 165b90），输入文字“副教授”，文字颜色设白色，效果如图 5-62 所示。

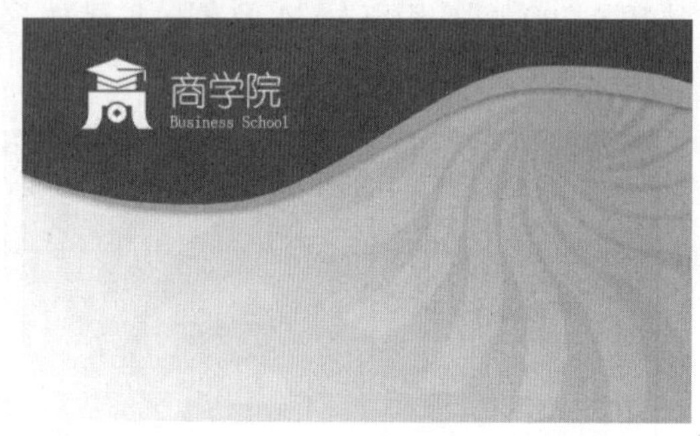

图 5-61 添加文字

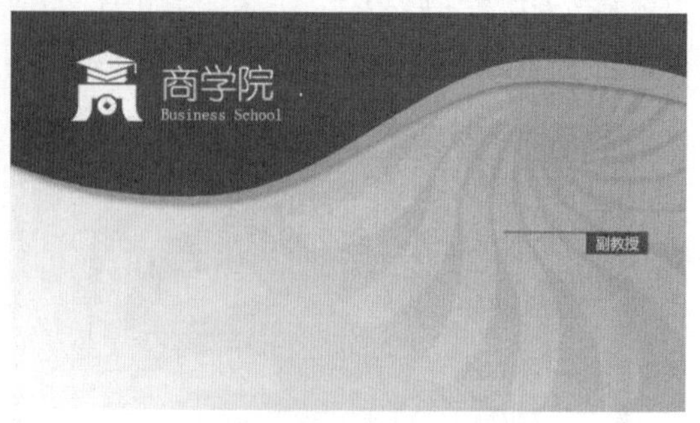

图 5-62 绘制矩形框并添加“副教授”文字

（5）输入其他文本信息，最终效果如图 5-45 所示。

任务实施：手机音乐播放界面的设计与制作

1. **任务分析**

本任务主要采用扁平化的设计思路，借助图片设计音乐播放的界面。

手机 UI 界面设计制作

2. **技能要点**

核心技能要点：文字工具、钢笔工具、图形工具的使用，路径与图形的计算等。

3. **实现过程**

操作步骤如下。

（1）打开 Photoshop CC，执行“文件”→“新建”命令，新建一个名称为“手机音乐播放界面设计”、宽度为 720 像素、高度为 1280 像素、分辨率为 300 像素/英寸的文档。设置前景色为白色（#ffffff），按快捷键<Alt+Delete>填充前景色到背景图层。

（2）打开素材文件夹中的“手机界面背景.jpg”图片，将其拖动到“手机音乐播放界面设计”文档中，同时调整图像的位置，执行“编辑”→“自由变换”命令，调整图像的大小，效果如图 5-63 所示。

注意：若需烘托氛围，可执行“滤镜”→“模糊”→“高斯模糊”命令，模糊背景效果。

（3）在“图层”面板中单击“创建新组”按钮，新建一个“顶层图标”图层组，选择工具箱中的“椭圆工具”，在工具属性栏中设置模式为“形状”，设置颜色为“白色”，在顶部左侧绘制 5 个圆形，使用“横排文字工具”输入“中国移动”“上午 11：35”，设置字体为“微软雅黑”、字体大小为“6 像素”，效果如图 5-64 所示。

（4）选择“矩形工具”，在画面顶部绘制矩形，并填充白色（#ffffff），按快捷键<Ctrl+Enter>，将路径载入选区，执行“选择”→“修改”→“扩展”命令，设置扩展量为 3 像素，单击“确定”按钮，效果如图 5-65 所示；执行“编辑”→“描边”命令，在打开的对话框中设置“宽度”为“2 像素”，“颜色”设为白色，“位置”设为“居外”，单击“确定”按钮。同样，使用“矩形工具”，绘制电量图标，选择“横排文字工具”，在电量图标的左侧输入“100%”，设置字体为“微软雅黑”、字体大小为“6 像素”，效果如图 5-66 所示。

图 5-63 设置背景素材

图 5-64 顶层图标效果

图 5-65 绘制矩形并扩展选区

图 5-66 绘制电量图标及输入文字

（5）在“图层”面板中单击“创建新组”按钮，新建一个名称为“CD 图标”的图层组，执行“视图”→“新建参考线”命令，在打开的“新建参考线”对话框中设置取向为水平，位置设为 500 像素；用同样的方式，再绘制一条取向为垂直，位置为 360 像素的参考线。

（6）新建“CD1”图层，选择“椭圆工具”，按住快捷键<Alt+Shift>，以两条参考线交点为圆心绘制图形，设置前景色为灰色（#858585），按快捷键<Alt+Delete>填充前景色（#858585），效果如图 5-67 所示；复制“CD1”图层为“CD1 拷贝”图层，并按快捷键<Ctrl+T>缩小圆形，按住<Ctrl>键选择缩小后的圆形，填充其颜色为深灰色（#3a3a3a），效果如图 5-68 所示。

图 5-67 绘制圆形并填充

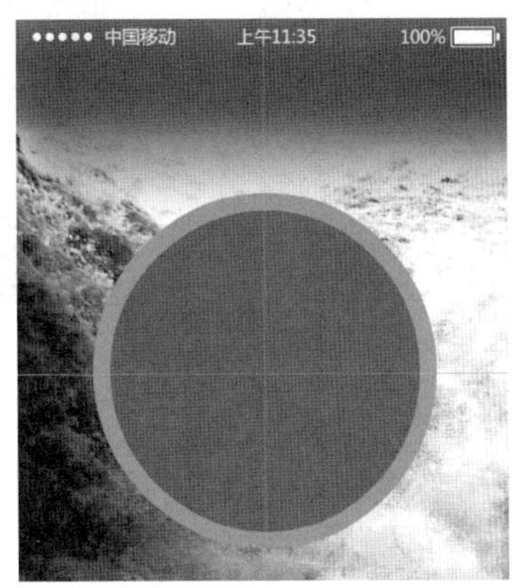

图 5-68 复制圆形并调整

（7）按住<Ctrl>键单击“CD1 拷贝”图层创建内部圆形选区，选择“CD1”图层，按<Delete>键删除选区，单击“图层”面板底部的“添加图层样式”按钮，选择“投影”选项，弹出“图层样式”对话框，设置“角度”为“120 度”“距离”为“2 像素”“大小”为“6 像素”，如图 5-69 所示，效果如图 5-70 所示。

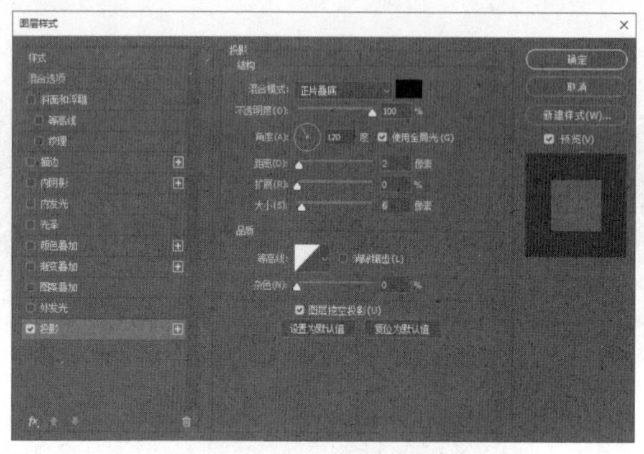

图 5-69 设置投影

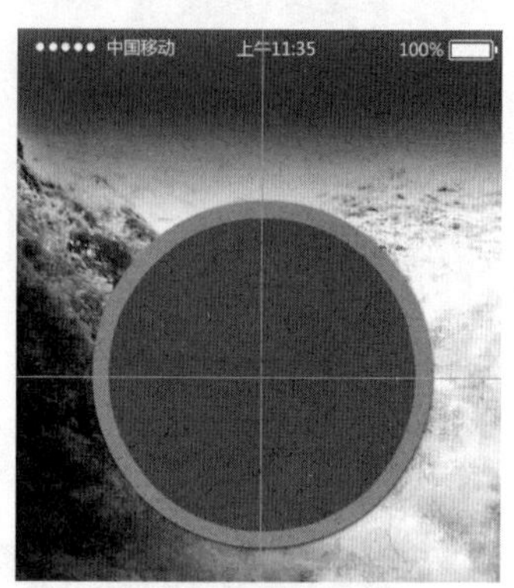

图 5-70 添加投影效果

（8）打开素材文件夹中的“黄河.png”图片，将其拖动到“手机音乐播放界面设计”文档中，修改图层名称为“CD 封面”，调整其位置及大小，效果如图 5-71 所示。

（9）单击“CD 封面”图层前面的“指示图层可见性”按钮，隐藏“CD 封面”图层。使用“椭圆工具”，以两条参考线交叉点为圆心绘制圆形，设置前景色为红色，按快捷键< Alt+Delete >填充前景色，效果如图 5-72 所示。

（10）单击“CD 封面”图层前面的“指示图层可见性”按钮，显示“CD 封面”图层，效果如图 5-73 所示。

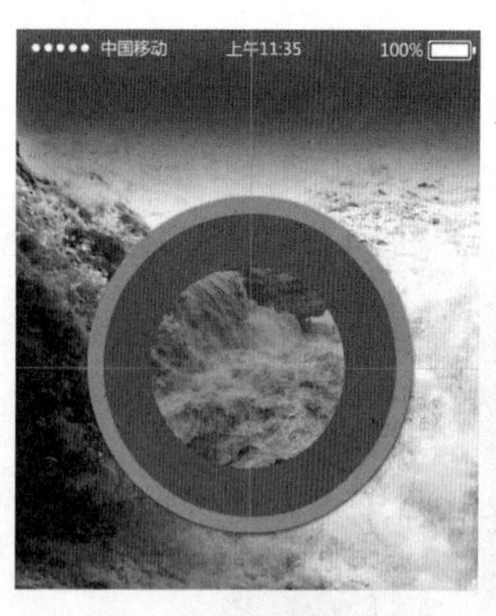

图 5-71 插入背景图片

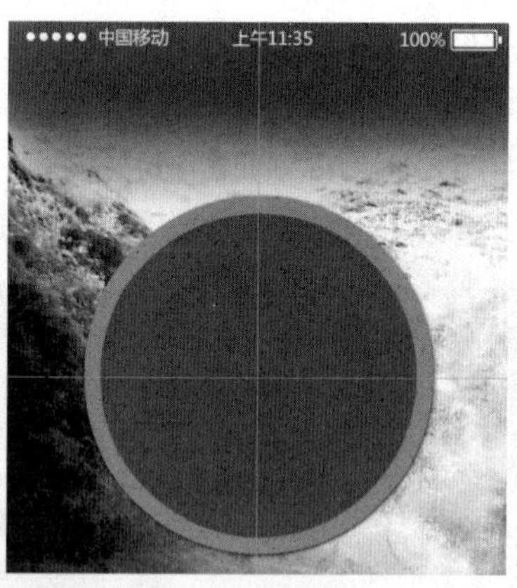

图 5-72 绘制红色圆形

图 5-73 显示图案后的效果

（11）使用“多边形套索工具”绘制一个不规则选区，如图 5-74 所示，按<Delete>键删除多余的进度条，效果如图 5-75 所示。

（12）使用“横排文字工具”输入文本“保卫黄河”，设置字体为“微软雅黑”、字体大小为“10 点”，效果如图 5-76 所示。

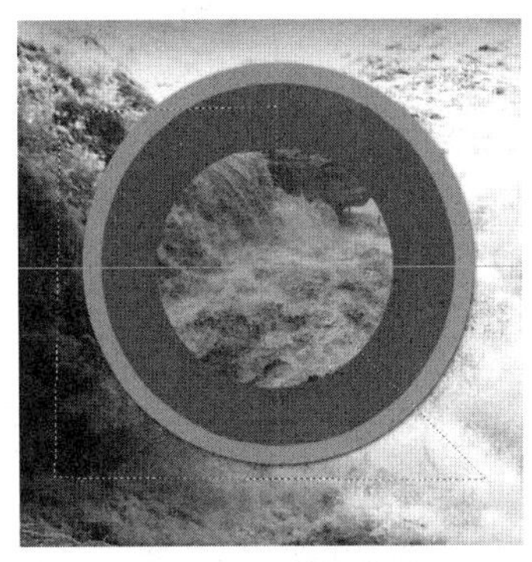

图 5-74 创建选区

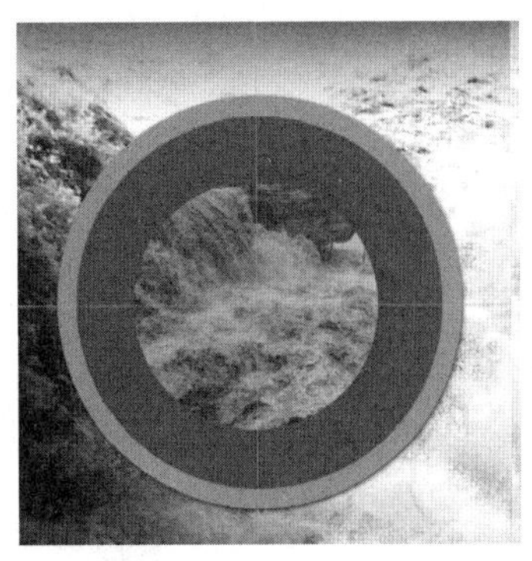
图 5-75 删除多余的进度条

图 5-76 添加文字

（13）在“图层”面板中单击“创建新组”按钮，新建一个名为“播放按钮”的图层组，前景色设置为白色，使用“直线工具”绘制高度为 6 像素的进度条，采用同样的方式，绘制高度为 6 像素的深红色进度条。选择椭圆工具，按住<Shift>键绘制直径为 20 像素的圆，效果如图 5-77 所示。

（14）使用“横排文字工具”输入播放时刻文字“00:47”，设置字体大小为“6 点”，将其置于进度条的左侧；使用“横排文字工具”输入播放时刻文字“03:01”，将其置于进度条的右侧；使用“横排文字工具”输入歌词“黄河在咆哮”，设置文字颜色为黄色、字体大小为“8 点”，调整位置，使用“横排文字工具”输入歌词“河西山冈万丈高”，设置文字颜色为土黄色（#e2a933）、字体大小为“8 点”，调整位置后的效果如图 5-78 所示。

图 5-77 绘制进度条

图 5-78 添加文字

素养小贴士

爱国歌曲《保卫黄河》

《保卫黄河》是《黄河大合唱》的第七乐章，由光未然、冼星海所创，写成于抗日战争时期。该曲采用齐唱、轮唱的演唱形式，具有广泛的群众性，是抗日军民广为传播的一首歌曲。

“风在吼，马在叫，黄河在咆哮……万山丛中，抗日英雄真不少！青纱帐里，游击健儿逞英豪！”，在民族存亡的危难时刻，一曲慷慨激昂的《保卫黄河》在延安奏响。无数志士仁人高唱着《保卫黄河》奔赴前线奋勇杀敌，奏响了中华民族救亡图存的时代强音。作为《黄河大合唱》中最鼓舞人心的第七乐章，《保卫黄河》以短促跃动的曲调、铿锵有力的节奏，展示出抗日军民英勇战斗的壮丽场景。

（15）新建图层并将其命名为“按钮”，执行“视图”→“新建参考线”命令，在弹出的“新建参考线”对话框中设置取向为水平，位置为 1050 像素，用同样的方式新建一条位置为 360 像素的垂直参考线。

（16）单击“自定形状工具”按钮，在工具属性栏“形状”下拉列表中选择“窄边圆形边框”选项，设置前景色为白色，按住<Alt+Shift>快捷键，以水平 1050 像素与垂直 360 像素的交叉点为圆心，绘制一个白色圆环，再使用“矩形工具”绘制两个矩形，从而构成暂停按钮，效果如图 5-79 所示。

（17）新建图层，并将其命名为“上一首”，在形状中选择“后退”选项，然后绘制一个白色的“上一首”按钮，效果如图 5-80 所示。

图 5-79　绘制暂停按钮

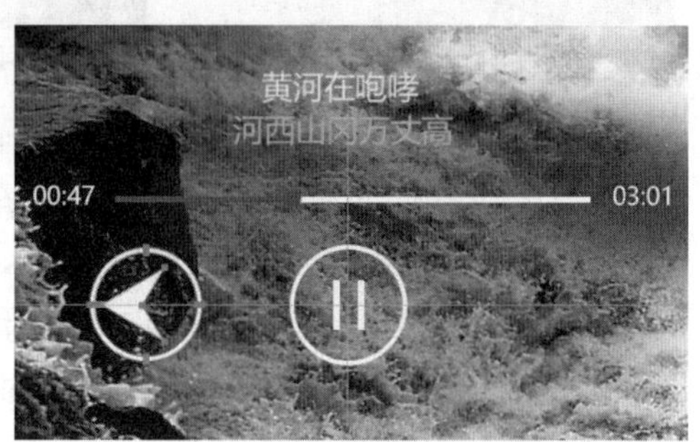

图 5-80　绘制“上一首”按钮

（18）复制“上一首”图层，按快捷键<Ctrl+T>，将鼠标指针放在“上一首 拷贝”图层上单击鼠标右键，执行“水平翻转”命令，调整形状的大小与位置，效果如图 5-1 所示。

任务拓展

1. 路径工具的使用技巧

路径工具在使用的过程中有以下技巧，合理应用这些技巧可以提高工作效率。

技巧 1：使用路径工具时按住<Ctrl>键可使鼠标指针暂时变成选择工具。

技巧 2：按住<Alt>键单击“路径”面板中的“删除”按钮可以直接删除路径。

技巧 3：单击“路径”面板中的空白区域可关闭所有路径的显示。

技巧 4：如果需要移动整条或多条路径，在选择所需移动的路径后按快捷键<Ctrl+T>，就可以拖动路径至任何位置。

2. 路径和选区的转换

将路径转换为选区：使用路径工具右击路径，可建立选区。

将选区转换为路径：使用选区工具右击选区，可建立工作路径。

任务小结

本任务主要介绍了 Photoshop 中矢量工具的使用方式与方法。通过对本任务的学习，读者可以学会使用路径创建图形和使用路径编辑工具对路径进行编辑的方法，还可以通过对路径的编辑制作出精细的选区。

拓展训练

1．理论练习

（1）什么是路径？请简述锚点、角点、平滑点、方向线和方向点的概念。

（2）将路径转换为选区应如何操作？将选区转换为路径应如何操作？

（3）如何给路径描边？如何填充路径？请举例说明。

（4）简述“路径”面板上7个按钮的名称及作用。

（5）举例说明锚点可用于哪些操作？

（6）形状工具组中包括哪些工具？

2．实践练习

（1）绘制移动UI小图标，效果如图5-81所示。

（2）中国青年志愿者标志整体构图为心形，同时也是英文“青年”的第一个字母“Y”；中心的图案既是手，也是鸽子的造型，寓意青年志愿者向需要帮助的人们奉献一份爱心，伸出友爱之手，立足新时代、展现新作为，弘扬奉献、友爱、互助、进步的志愿精神，以实际行动书写新时代的雷锋故事。制作说明：图案中的白色为纯白色，红色色值为（#m100y100）。效果如图5-82所示。

图5-81　移动UI小图标效果

图5-82　中国青年志愿者标志效果

06

任务 6 应用蒙版

本任务介绍

图层蒙版是制作图像混合效果时最常用的一种手段。图层蒙版是在当前图层上面覆盖一层“玻璃”，这种“玻璃”有透明的、磨砂的、完全不透明的。图层蒙版是 Photoshop 中一项十分重要的功能。

学习目标

知识目标	能力目标	素养目标
（1）了解蒙版的概念。 （2）了解蒙版的分类	（1）掌握快速蒙版、剪贴蒙版的使用方法。 （2）掌握图层蒙版、矢量蒙版的使用方法	（1）积极参与文化宣传与公益服务，增强文化自信。 （2）提升自主学习的能力

任务展示：茶文化宣传海报的设计

中国茶文化是中国制茶、饮茶的文化。本任务将通过制作以中国茶文化为主题的海报宣传茶文化，效果如图 6-1 所示。

图 6-1　茶文化宣传海报效果

知识准备

6.1 蒙版简介

认识蒙版

6.1.1 认识蒙版

蒙版是 Photoshop 中一个很重要的概念，在图像处理过程中应用非常广泛。蒙版就是选框的外部（选框的内部就是选区），也就是“蒙在上面的板子”的含义。图层蒙版是 Photoshop 中一项十分重要的功能。用各种绘图工具在蒙版上涂色（只能涂黑色、白色、灰色），涂黑色的地方蒙版变为完全透明的，看不见蒙版所在图层的图像。涂白色则使蒙版变为不透明的，可看到蒙版所在图层上的图像，涂灰色则使蒙版变为半透明的，透明的程度由涂色的灰度深浅决定。

下面，通过图 6-2 所示的图片来详细介绍蒙版，此图片的背景图层为“葡萄”图层，“小鸟”图层右侧的“黑白灰”渐变图层为“蒙版”层。

图 6-2 认识蒙版

从图 6-2 所示可以看出，改变蒙版图层中黑白程度的变化，可以控制图像对应区域的显示或隐藏状态，从而可以实现不同的特殊效果。例如图 6-2 中，蒙版图层右侧的纯黑色蒙版区域把“小鸟”图层的内容隐藏了，左侧的白色区域则完全显示了“小鸟”图层的图像内容，其他区域在蒙版中使用了自左向右从白色到黑色的渐变，从而使小鸟与背景图层中的葡萄融为了一体。可以得到以下 3 点结论。

第一：图层蒙版中黑色区域部分可以隐藏图像对应的区域，从而显示其下一图层的图像。

第二：图层蒙版中白色区域部分可以显示图像对应的区域。

第三：如果有灰色部分，则会半隐半显图像对应的区域。

蒙版共分为 4 种，它们分别为：快速蒙版、图层蒙版、剪贴蒙版以及矢量蒙版。虽然分类不同，但是这些蒙版的工作方式是相同的。

6.1.2 快速蒙版

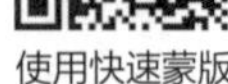
使用快速蒙版

快速蒙版是蒙版最基础的操作方式，使用快速蒙版可以快速创建出需要的选区，在快速蒙版模式下可以使用各种编辑工具或滤镜命令对蒙版进行编辑。

快速蒙版主要是以绘图的方式创建各种选区。与其说快速蒙版是蒙版的一种，不如说它是选区工具的一种。

下面通过一个案例来讲解快速蒙版。

（1）打开素材文件夹中“小猫.jpg”图片，如图 6-3 所示，在工具箱中选择“以快速蒙版模式编辑”工具或者按<Q>键，进入快速蒙版编辑状态，该工具图标变为状态，“图层”面板中的图层也变成半透明的红色。在这种模式下可以使用“画笔工具”“橡皮擦工具”“渐变工具”“油漆桶工具”等。快速蒙版模式只能使用黑色、白色、灰色 3 种颜色进行绘制，使用黑色绘制的部分在画面中呈现出被半透明的红色覆盖的效果，使用白色画笔可以擦掉“红色部分”，使用灰色绘制的部分为半透明区域，类似羽化效果。使用“画笔工具”绘制后的效果如图 6-4 所示。

（2）继续使用“画笔工具”，将前景色设置为白色，画笔设置为“旧版画笔”中“特殊效果画笔”中的“杜鹃花串”，在红色区域绘制图案，效果如图 6-5 所示。

（3）在工具箱中选择“以标准模式编辑”工具退出快速蒙版编辑状态，执行“选择”→“反选”命令（快捷键为<Ctrl+Shift+I>）反选选区，将选区填充为白色后的效果如图 6-6 所示。

图 6-3　小猫素材

图 6-4　快速蒙版绘制

图 6-5　在快速蒙版状态下绘制杜鹃花图案

图 6-6　将选区填充为白色后的效果

利用快速蒙版可以建立不规则选区，这种选区的随意性和自由性很强，是利用选框工具所得不到的特殊选区。

6.1.3　图层蒙版

使用图层蒙版

图层蒙版可以让图层中的部分图像显示或隐藏。用黑色绘制的区域是隐藏的，用白色绘制的区域是可见的，而用灰度绘制的区域则会出现在不同层次的透明区域中。

可以简单理解图层蒙版为：与图层捆绑在一起，用于控制图层中图像的显示与隐藏的蒙版，且此蒙版中装载的全部为灰度图像，并以蒙版中的黑、白图像来控制图层中图像的隐藏或显示。图层蒙版的最大优势是在显示或隐藏图像时，所有操作均在蒙版中进行，不会影响图层中的图像。

通过一个案例介绍图层蒙版的创建过程。

（1）打开两幅素材图像，“茶园风景.jpg”如图 6-7 所示，“照片墙.jpg”如图 6-8 所示。

图 6-7　茶园风景素材

图 6-8　照片墙素材

（2）使用“移动工具”将素材“照片墙.jpg”拖至素材“茶园风景.jpg”的上方，调整大小与位置后的效果如图 6-9 所示。

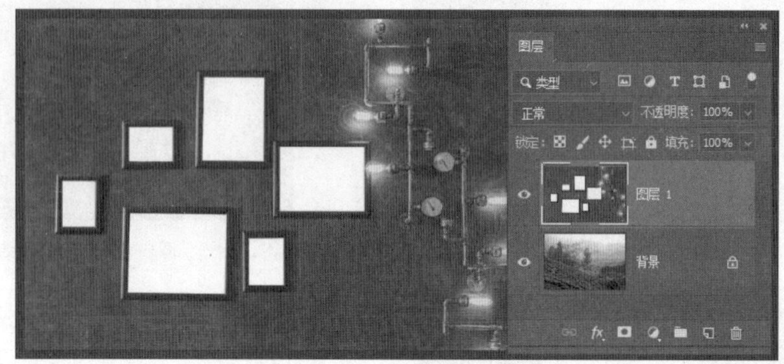

图 6-9　图像简单组合后的层次关系

（3）使用“魔棒工具”选择图 6-9 中的白色区域，执行“选择”→“反选”命令（快捷键为<Ctrl+Shift+I>），反选白色以外的区域。

（4）单击“图层”面板底部的“添加蒙版”按钮创建一个图层蒙版，效果如图 6-10 所示。

图 6-10　图层蒙版创建后的效果

在图层蒙版创建完成后，按住<Alt>键单击“图层”面板中的蒙版缩略图，就能显示蒙版中的具体内容，如图 6-11 所示。

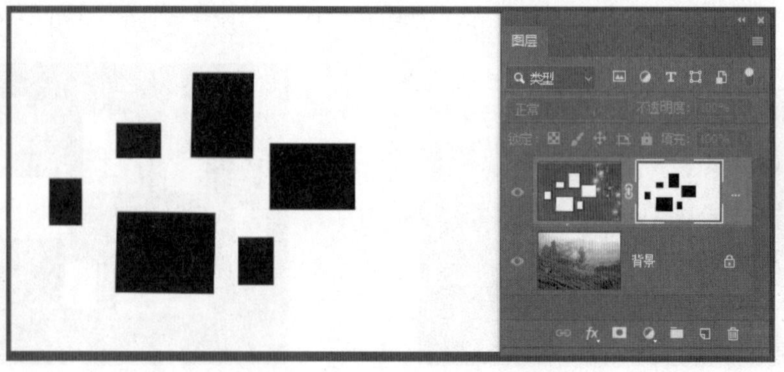

图 6-11　显示图层蒙版中的内容

如果按住<Ctrl>键单击“图层”面板中的蒙版缩略图，则可以将蒙版图层中的白色区域变成选区。

单击“图层”面板底部的“添加蒙版”按钮，可以创建一个白色图层蒙版，按住<Alt>键单击该按钮可以创建一个黑色图层蒙版。创建蒙版后既可以在图像中操作，也可以在蒙版中操作。以白色蒙版为例，创建后蒙版缩略图上显示一个矩形框，说明该蒙版处于编辑状态，这时在画布中绘制黑色图像后，绘制区域对应的图像将被隐藏。单击图像缩略图进入图像的编辑状态，在画布中绘制黑色图像，呈现黑色图像。

6.1.4 剪贴蒙版

使用剪贴蒙版

剪贴蒙版是一种常用于混合文字、形状与图像的技术。剪贴蒙版由两个以上图层构成，处于下方的图层为基层，用于控制其上方的图层的显示区域，而其上方的图层则为内容层。在每一个剪贴蒙版中，基层都只有一个，而内容图层则可以有若干个。

1. 创建剪贴蒙版

新建一个PSD文档，打开素材文件夹中的“美丽的海洋.jpg”图片，使用文字工具输入“海底世界”，将“美丽的海洋”图层拖至文字图层的上方，如图6-12所示。

图6-12 图层的层次关系

当“图层”面板中存在两个或者两个以上的图层时，就可以创建剪贴蒙版。方法是选择“图层”面板中的“美丽的海洋”图层，执行“图层”→“创建剪贴蒙版”命令，该图层会与其下方图层创建剪贴蒙版，效果如图6-13所示。

图6-13 创建剪贴蒙版后的效果

创建剪贴蒙版后，蒙版中的基层的名称带有下画线，内容层的缩略图是缩进的，并且显示了剪贴蒙版图标，画布中的图像随之发生变化。

创建剪贴蒙版后，蒙版图层中的图像均可以随意移动。如果移动下方图层中的图像，那么会在不同位置显示上方图层中的不同区域图像；如果移动上方图层中的图像，那么会在同一位置显示该图层的不同区域的图像，并且可能会显示出下方图层中的图像。

剪贴蒙版的优势就是形状图层可以应用于多个图层，只要将其他图层拖至蒙版中即可，但只有最上方的图层显示其图像。

在 Photoshop 中，文字图层、填充图层等均可以创建为剪贴蒙版。当需要将两幅图像合成为一幅图像时，可以使用填充图层剪贴蒙版，方法是在两幅图像所在的图层中间创建渐变填充图层，将渐变设定为“前景色到透明渐变”，然后为渐变填充图层与其上方的图层创建剪贴蒙版，如图 6-14 所示。

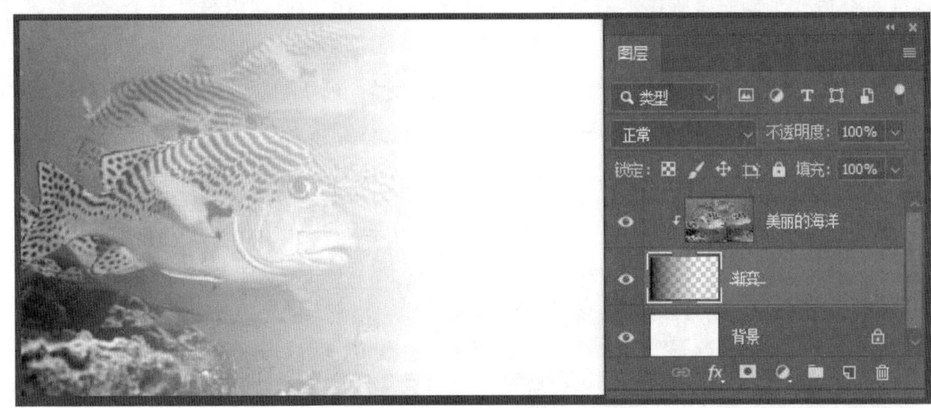

图 6-14 用渐变填充方式创建蒙版

2. 编辑剪贴蒙版

创建剪贴蒙版后，还可以对其中的图层进行编辑，例如图层的不透明度与图层混合模式等。在剪贴蒙版中调整基层的不透明度可以控制整个剪贴蒙版组的不透明度。而调整内容层则只是影响其自身的不透明度，不会对整个剪贴蒙版产生影响。

6.1.5 矢量蒙版

使用矢量蒙版

矢量蒙版依靠路径来限制图像的显示与隐藏，因此它创建的都是具有规则边缘的蒙版。矢量蒙版是通过钢笔工具或者形状工具创建的矢量图形，因此在输出时矢量蒙版的光滑度与分辨率无关，能够以任意一种分辨率进行输出。

矢量蒙版可在图层上创建锐边形状，因为矢量蒙版是依靠路径图形来定义图层中图像的显示区域的。与剪贴蒙版不同的是，矢量蒙版仅能作用于当前图层，另外它与剪贴蒙版控制图像显示区域的方法也不相同。

1. 创建矢量蒙版

下面通过一个案例来讲解矢量蒙版的创建过程。

（1）打开素材文件夹中的“彩虹背景.jpg”图片，使用“横排文字工具”输入“走进新时代”，并调整文字的大小，如图 6-15 所示。

图 6-15　输入文字

（2）选择文字图层，执行“文字”→“创建工作路径”命令，将文字转换为工作路径，如图 6-16 所示。

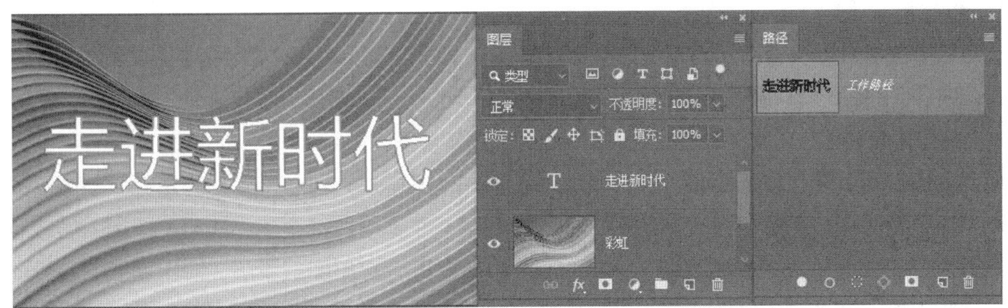

图 6-16　将文字转换为工作路径

（3）选择“路径”面板中走进新时代的 “工作路径”，在“图层”面板中隐藏“走进新时代”图层，选择“彩虹”图层，执行“图层”→“矢量蒙版”→“当前路径”命令，将文字路径转化为矢量蒙版，在“图层”面板底层添加一个白色的背景图层，效果如图 6-17 所示。

图 6-17　创建矢量蒙版的效果

通常，执行“图层”→“矢量蒙版”→“显示全部”命令，可以创建显示整个图层图像的矢量蒙版；执行“图层”→“矢量蒙版”→“隐藏全部”命令，可以创建隐藏整个图层图像的矢量蒙版。前者创建的矢量蒙版呈白色，后者创建的呈灰色。创建矢量蒙版后，还可以在蒙版中添加路径形状来设置蒙版的遮罩区域，选择“自定形状工具”后，启用工具属性栏中的“路径”选项与“计算路径”选项，在矢量蒙版中计算路径。在蒙版中的路径和在“路径”面板中的一样，可以进行编辑。

2. 将矢量蒙版转化为图层蒙版

矢量蒙版比较适合于为图像添加边缘界限明显的蒙版效果，但仅能用“钢笔工具”“矩形工具”等对其编辑，此时可以通过栅格化矢量蒙版将其转化为图层蒙版，再使用其他绘图工具继续编辑。方法是执行“图层”→“栅格化”→“矢量蒙版”命令，或者在要栅格化的蒙版缩略图上单击鼠标右键，在弹出的快捷菜单中执行“栅格化矢量蒙版”命令。

6.2 蒙版的编辑与应用

编辑与修改图层蒙版

6.2.1 图层蒙版的其他操作

图层蒙版创建完成后，可以对蒙版进行编辑、应用、删除、停用和取消链接等操作。

1. 编辑图层蒙版

要对图层蒙版进行编辑，只需要按住<Alt>键单击“图层”面板中的蒙版缩略图，就能显示蒙版图层的具体内容。然后，可以使用各种绘图工具对其进行操作，例如使用“画笔工具”和“渐变工具”等。

2. 应用图层蒙版

应用图层蒙版效果可以减小图像文件的大小。例如，图 6-18 中的（a）为应用图层蒙版前的图像效果及“图层”面板，用鼠标右键单击图层蒙版缩略图，在弹出快捷菜单中执行“应用图层蒙版”命令，或者执行“图层”→“图层蒙版”→“应用”命令，即可应用图层蒙版，应用图层蒙版后的效果及“图层”面板如图 6-18（b）所示。

（a）应用图层蒙版前

（b）应用图层蒙版后

图 6-18 应用图层蒙版

可见，应用图层蒙版后，蒙版中黑色所对应的区域被删除了，而白色所对应的区域被保留了下来，同时减少了图层蒙版的图层，减小了图像文件的大小。

3. 删除图层蒙版

若要删除图层蒙版，可先选择需要删除的图层蒙版的缩略图，然后单击“图层”面板下方的“删除图层”按钮，在弹出的对话框中单击“删除”按钮。

此外，还可以通过用鼠标右键单击图层蒙版缩略图，在弹出的快捷菜单中执行“删除图层蒙版”命令来删除图层蒙版。当然，还可以通过执行“图层”→“图层蒙版”→“删除”命令来实现。

4. 停用图层蒙版

若要停用图层蒙版，可先选择需要停用的图层蒙版的缩略图，单击鼠标右键，在弹出的快捷菜单中执行“停用图层蒙版”命令停用图层蒙版。当然，还可以通过执行“图层”→“图层蒙版”→“停用”命令来实现，停用图层蒙版后的图像效果与“图层”面板如图 6-19 所示。

如果需要重新启用图层蒙版，可选择图层蒙版的缩略图，单击鼠标右键，在弹出的快捷菜单中执行“启用图层蒙版”命令。

5. **取消图层蒙版的链接**

默认情况下，创建图层蒙版后，图层与蒙版是通过链接捆绑在一起的，会一起移动，如果要取消图层蒙版的链接，则可通过选择需要取消链接的图层蒙版的缩略图，执行“图层”→“图层蒙版”→“取消链接”命令来实现，取消图层蒙版的链接后的“图层”面板如图 6-20 所示，图层与蒙版层中间的链接图标就消失了。

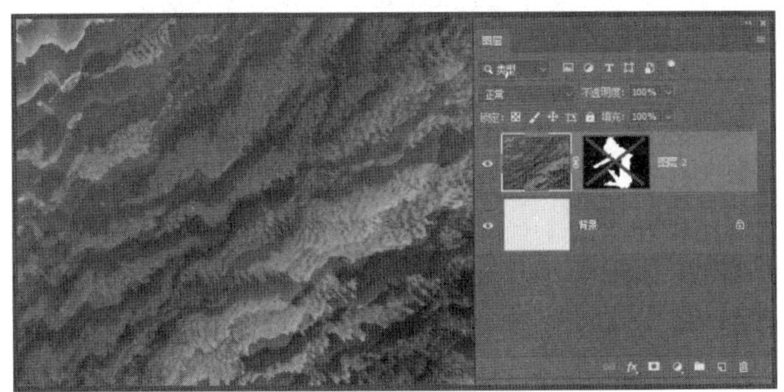

图 6-19　停用图层蒙版后的图像效果与“图层”面板

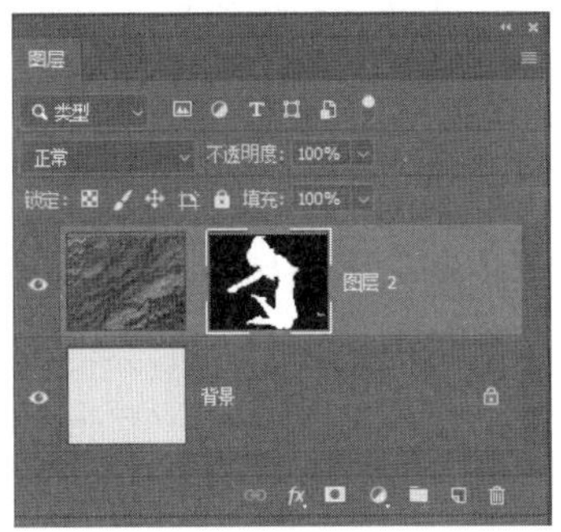

图 6-20　取消图层蒙版的链接后的“图层”面板

6.2.2　选区与蒙版的转换

转换选区与蒙版

将选区转换为图层蒙版的方法很简单，例如，打开素材文件夹中的“复兴号.jpg”图片，使用“椭圆工具”绘制一个圆形，单击鼠标右键，执行“羽化”命令，设置“羽化半径”为“30”，素材与“图层”面板如图 6-21（a）所示，选区创建后，单击“图层”面板底部的“添加蒙版”按钮，直接在选区中填充白色，在选区外填充黑色，隐藏选区外的图像，如图 6-21（b）所示。

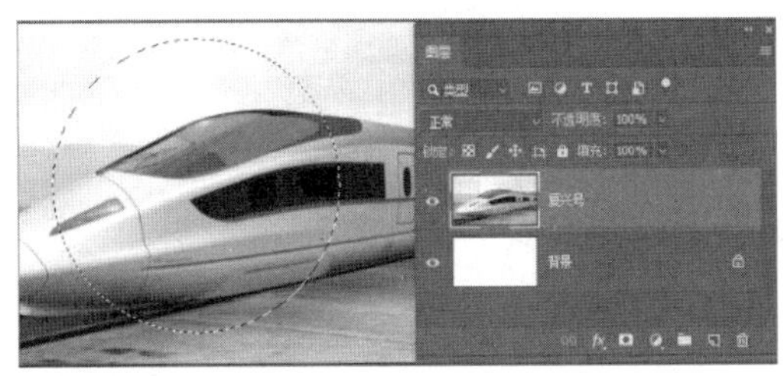

（a）创建选区的图层

（b）选区转换为蒙版后的图层

图 6-21　选区转化为蒙版

如果要将图层蒙版转换为选区，只需要按住<Ctrl>键单击“图层”面板中的蒙版缩略图，蒙版中的白色区域即可变成选区。

认识图层蒙版与通道的关系

6.2.3　图层蒙版与通道的关系

蒙版与通道都是 256 级色阶的灰度图像，它们有许多相同的特点，例如黑色代表隐藏区域，白色代表显示区域，灰色代表半透明区域，所以可以将通道转化为蒙版。

例如，图 6-21 中实现了选区向蒙版的转换，此时，打开“通道”面板，可以看到“通道”面板中多了一个 Alpha 通道，这其实就是一个选区，如图 6-22 所示。

图 6-22 图层蒙版与通道的关系

6.2.4 在图层蒙版中使用滤镜

在图层蒙版中使用滤镜

创建图层蒙版后，可以结合滤镜创建出特殊的合成效果。在图层蒙版中，大部分滤镜均可以使用。以“复兴号.jpg”图片为例，在创建了 30 像素的羽化蒙版后，单击图层蒙版缩略图，使之处于编辑状态（周围显示白色边框），执行“滤镜”→“滤镜库”命令，在弹出的“滤镜库”面板中，选择“纹理”下的“染色玻璃”选项，蒙版变成了图 6-23（a）所示效果，单击“确定”按钮后，图像效果如图 6-23（b）所示。

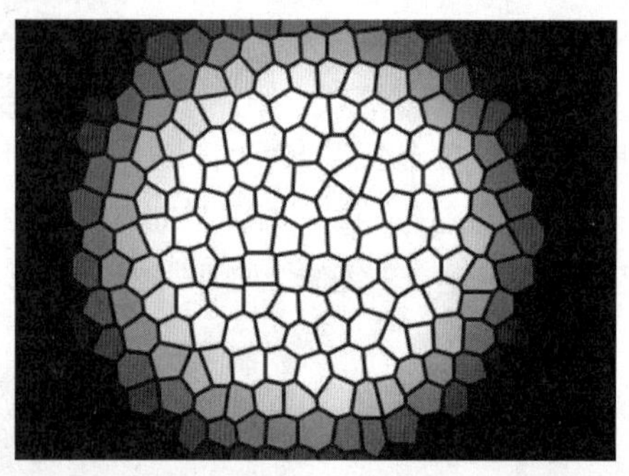

（a）蒙版的滤镜效果

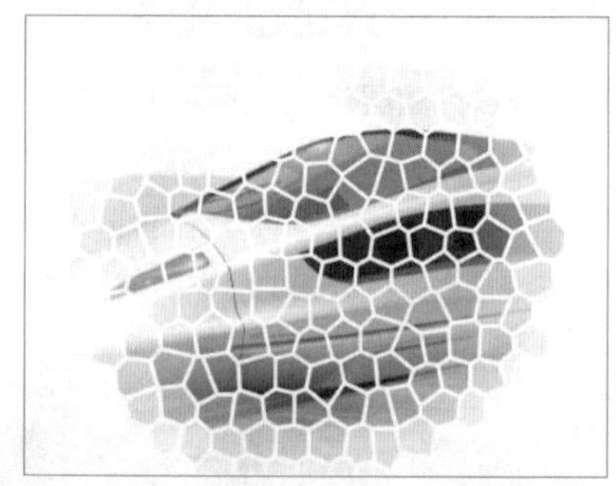

（b）应用蒙版后的图像效果

图 6-23 为蒙版应用滤镜

6.2.5 使用图像制作图层蒙版

使用图像制作图层蒙版

在 Photoshop 中，可以将通道转换为图层蒙版，也可以将外部图像复制到图层蒙版中，然后把外部颜色图像变成灰度图像，图层蒙版会根据不同程度的灰色隐藏图层内容。

下面举个例子来介绍使用图像制作图层蒙版的方法。

（1）在 Photoshop CC 中，新建一个文档，打开素材文件夹中的“竹海.jpg”图片，将“竹海”素材图像拖入新建文档中，单击“图层”面板底部的“添加蒙版”按钮，添加一个新的蒙版图层，如图 6-24 所示。

（2）打开素材文件夹中的“森林.jpg”图片，按快捷键<Ctrl+C>复制图像内容，在“图层”面板中按住<Alt>键单击蒙版缩略图，进入蒙版图层，按快捷键<Ctrl+V>将“森林”素材图像粘贴到蒙版图层中，此时，彩色图像转换为灰度图像，如图 6-25 所示。

图 6-24　添加蒙版图层

图 6-25　将森林图像复制到蒙版图层中

（3）单击“竹海”图层缩略图，效果如图 6-26 所示，在蒙版图层中，选择蒙版层，执行“图像”→“调整”→“反相”命令，将蒙版图层中的颜色反相，单击“竹海”图层，退出蒙版图层的编辑状态，效果如图 6-27 所示。

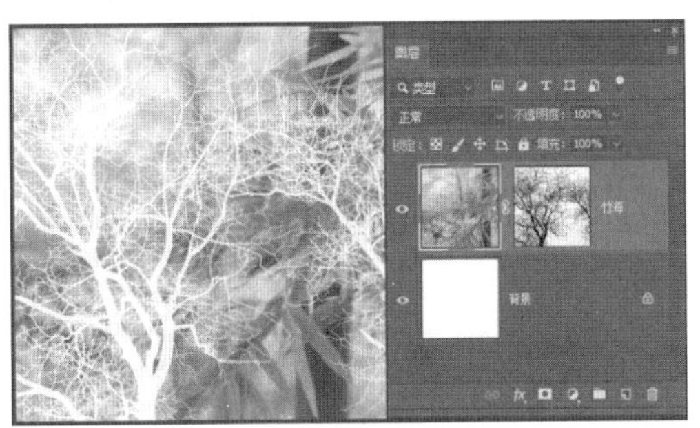

图 6-26　将蒙版应用到图层的效果

图 6-27　将蒙版中的颜色反相后的应用效果

6.3　综合案例：天空之城特效海报的制作

6.3.1　效果展示

本案例以蒙版的应用为基础设计天空之城特效海报，效果如图 6-28 所示。

天空之城特效海报的制作

6.3.2　实现过程

本案例操作步骤如下。

（1）打开 Photoshop CC，执行“文件”→“新建”命令，新建一个名称为“天空之城特效”、宽度为 15 厘米、高度为 20 厘米、分辨率为 300 像素/英寸、背景内容为白色、颜色模式为 RGB 的文档。

图 6-28　天空之城特效海报效果

（2）在“图层”面板中单击“创建新组”按钮，新建一个“天空”图层组，打开素材文件夹中的“蓝天白云.jpg”图片、“天空.jpg ”图片，并将其拖动到文档中，分别将两图层命名为“蓝天白云”和“天空”，同时调整图像的位置，效果如图 6-29 所示，选择“天空”图层，单击“图层”面板下方的“添加蒙版”按钮以添加图层蒙版，设置前景色为黑色，使用“画笔工具”在蒙版下部涂抹，以隐藏“天空”图层中的底部图形，效果如图 6-30 所示。

图 6-29 添加蓝天白云与天空素材

图 6-30 添加蒙版后的效果（1）

（3）打开素材文件夹中的“雪山山峰.jpg”图片，将其拖动到文档中，将图层命名为“雪山”，执行“编辑”→“自由变换”命令，调整图像的大小与位置，效果如图 6-31 所示，再执行“编辑”→“变换”→“旋转 180 度”命令翻转雪山，效果如图 6-32 所示。

图 6-31 调整图像的大小与位置

图 6-32 翻转雪山

（4）使用“多边形套索工具”选择雪山山峰，单击“图层”面板下方的“添加蒙版”按钮以添加图层蒙版，隐藏掉除雪山山峰以外的部分图像，效果如图 6-33 所示。

（5）打开素材文件夹中的“绿地.jpg”图片，将其拖动到文档中，将图层命名为“绿地”，执行“编辑”→“自由变换”命令，调整图像的大小与位置，单击“图层”面板下方的“添加蒙版”按钮以添加图层蒙版，设置前景色为黑色，使用“画笔工具”在蒙版中涂抹，以隐藏部分图像。效果如图 6-34 所示。

图 6-33　添加蒙版后的效果（2）

图 6-34　添加绿地效果

（6）打开素材文件夹中的“天梯.png”图片，将图层命名为“天梯”，调整图像的大小与位置，单击“图层”面板下方的“添加蒙版”按钮以添加图层蒙版，设置前景色为黑色，使用“画笔工具”在蒙版中涂抹，以隐藏部分图像，效果如图 6-35 所示。

（7）打开素材文件夹中的“楼房.jpg”图片，将图层命名为“楼房”，调整图像的大小与位置，将“楼房”图层移动到“绿地”图层的下方，单击“图层”面板下方的“添加蒙版”按钮以添加图层蒙版，设置前景色为黑色，使用“画笔工具”在蒙版中涂抹，以隐藏部分图像，效果如图 6-36 所示。

图 6-35　添加天梯效果

图 6-36　添加楼房效果

（8）打开素材文件夹中的“云彩.png”图片，将图层命名“云彩”，并将其放置在“天梯”图层与“绿地”图层之间，调整位置及大小，效果如图 6-37 所示。

（9）打开素材文件夹中的“光效.png”图像，将图层命名“光效”，并将其放置在“绿地”图层与“楼房”图层之间，调整位置及大小，效果如图 6-38 所示。

图 6-37 添加云彩效果

图 6-38 添加光效效果

（10）使用“横排文字工具”输入“天空之城”，字体大小设置为“60”，最终效果如图 6-28 所示。

任务实施：茶文化宣传海报的设计

茶文化宣传海报的设计

1. 任务分析

本任务以绿色调为主，充分利用图层蒙版、剪贴蒙版结合画笔工具烘托绿色茶文化。

素养小贴士

中华传统文化——茶文化

中国茶文化是中国制茶、饮茶的文化。中国是茶的故乡，中国人发现并利用茶，据说始于神农时代，少说也有 4700 多年了。直到现在，汉族还有民以茶代礼的风俗。潮州工夫茶作为中国茶文化的古典流派，集中了中国茶道文化的精粹，作为中国茶道的代表入选国家级非物质文化遗产。

2. 技能要点

核心技能要点：图层蒙版、文字工具、剪贴蒙版、画笔工具、图层混合模式等的应用。

3. 实现过程

本案例操作步骤如下。

（1）打开 Photoshop CC 创建一个宽度为 1000 像素、高度为 1400 像素的文档。在“图层”面板中创建一个新图层组，并将其命名为“整体背景”。

（2）将前景色设置为绿色（#479f2f），选择“画笔工具”，在“画笔预设”中选择“干介质画笔”中的“KYLE 额外厚实炭笔”，在“整体背景”图层组中新建一个图层并命名为“画笔绘制”，使用“画笔工具”绘制绿色背景，效果如图 6-39 所示。

（3）打开素材文件夹中的“朦胧茶山.jpg”图片，将其拖入文档中，并将其所在图层命名为“朦胧茶山”，调整其大小后将其放置在绘制的绿色背景上方，单击“图层”面板底部的“添加蒙版”按钮，创建一个图层蒙版，将前景色设置为黑色，使用“柔边缘”画笔，在蒙版中将其底部涂为黑色，效果如图 6-40 所示。

图 6-39　绘制的绿色背景效果

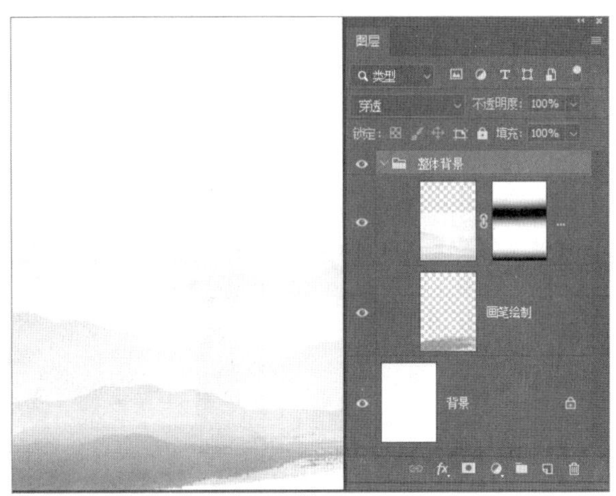

图 6-40　设置素材与蒙版

（4）在“图层”面板中创建一个新图层组，并将其命名为“茶田”。将前景色设置为绿色（#479f2f），选择“画笔工具”，在“画笔预设”中选择“干介质画笔”中的“KYLE 额外厚实炭笔”，在“整体背景”图层组中新建一个图层并命名为“画笔绘制”，使用“画笔工具”绘制绿色背景。

（5）打开素材文件夹中的“绿色水彩.png”图片，将其拖入文档中，并将其所在图层命名为“绿色水彩”，调整其大小后将其放置在绘制的绿色背景上方，效果如图 6-41 所示，也可以根据需要使用“画笔工具”自行绘制类似效果，但需要设置画笔为“湿介质画笔”中的“墨水盒画笔”，将画笔大小不断变换调整，同时设置不透明度为“50%”，流量为“60%”。

（6）打开素材文件夹中的“茶山.jpg”图片，将其拖入文档中，将其所在图层命名为“茶山”，调整其大小与位置，效果如图 6-42 所示。

图 6-41　绘制绿色水彩背景

图 6-42　导入茶山素材后的效果

（7）选择“茶山”图层，执行“图层”→“创建剪贴蒙版”命令（快捷键为<Ctrl+Alt+G>），该图层会与其下方的图层一起创建剪贴蒙版。也可把鼠标指针放到两层中间，按住<Alt>键，当鼠标指针形状变为时单击创建剪贴蒙版。效果如图 6-43 所示。

（8）为了减少茶山图像中的深色调部分，单击“图层”面板底部的“添加蒙版”按钮，创建一个图层蒙版，将前景色设置为黑色，使用“柔边缘”画笔，在蒙版中将茶山的暗色的部分涂为黑色，效果如图 6-44 所示。

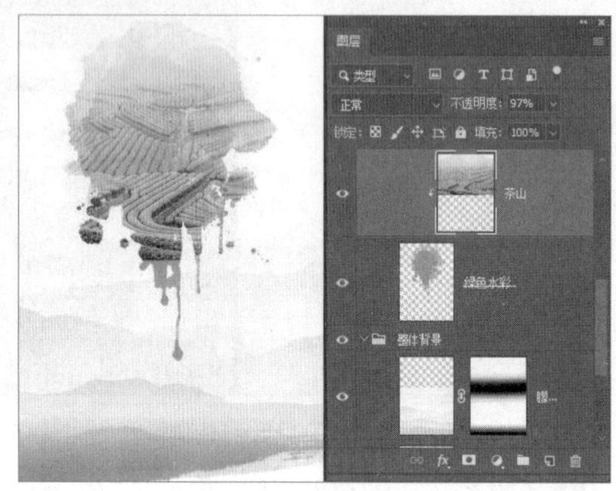

图 6-43　创建剪贴蒙版后的效果

图 6-44　减少茶山深色调后的效果

（9）打开素材文件夹中的“远山.jpg”图片，将其拖入文档中，将其所在图层命名为“远山”，调整其大小与位置，效果如图 6-45 所示。

（10）为了减少远山图像中的深色调部分，单击“图层”面板底部的“添加蒙版”按钮，创建一个图层蒙版，将前景色设置为黑色，使用“柔边缘”画笔，在蒙版中将远山的暗色区域涂为黑色。选择“远山”图层，执行“图层”→“创建剪贴蒙版”命令（快捷键为<Ctrl+Alt+G>），将该图层与其下方的图层一起创建剪贴蒙版，效果如图 6-46 所示。

图 6-45　插入远山素材后的效果

图 6-46　为远山添加图层蒙版与剪贴蒙版后的效果

（11）在“图层”面板中创建一个新图层组，并命名为“茶杯”。打开素材文件夹中的“绿茶茶杯.tif”图片，将茶杯抠出并粘贴到文档中，调整茶杯大小与位置，效果如图 6-47 所示。

（12）打开素材文件夹中的“墨韵.jpg”图片，将墨韵区域抠出并粘贴到文档中，如图 6-48 所示，执行“图像”→“调整”→“色彩平衡”命令（快捷键为<Ctrl+B>）打开“色彩平衡”对话框，设置色阶为“+100”“+100”“-50”，设置图层的混合模式为“颜色加深”，从而塑造茶杯的立体感，调整茶杯大小与位置，效果如图 6-49 所示。

图 6-47　插入茶杯素材后的效果

图 6-48　插入墨韵素材后的效果

图 6-49　调色和设置混合模式后的效果

（13）打开素材文件夹中的“茶树叶.jpg”图片，使用“多边形套索工具”将茶叶嫩芽选中并复制到文档中，将其所在图层命名为“嫩芽”，并调整大小与位置，单击“图层”面板底部的“添加蒙版”按钮，创建一个图层蒙版，将前景色设置为黑色，使用“柔边缘”画笔，将嫩芽底部涂为黑色，效果如图 6-50 所示。

（14）打开素材文件夹中的“茶树叶.jpg”图片，使用“多边形套索工具”选中并复制其他几个嫩芽到文档中，调整各个嫩芽的大小与位置，效果如图 6-51 所示。

图 6-50　插入嫩芽并设置蒙版

图 6-51　插入其他嫩芽的效果

（15）在“图层”面板中创建一个新图层组，并命名为“文字”。打开素材文件夹中的“茶字.tif”图片，将“茶”字复制到文档中，调整“茶”的大小与位置，效果如图 6-52 所示。

（16）将前景色设置为绿色（#71b35a），选择“自定形状工具”，选择“圆形边框”形状，在“像素”模式下绘制两个圆环，效果如图 6-53 所示。

（17）单击“图层”面板底部的“添加蒙版”按钮，创建一个图层蒙版，将前景色设置为黑色，使用“柔边缘”画笔，将两个圆环交接的部分涂为黑色，使其产生双环背景，使用文字工具输入“香叶”，效果如图 6-54 所示。

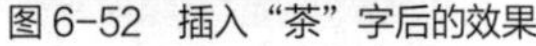

图 6-52　插入“茶”字后的效果

图 6-53　绘制两个圆环

图 6-54　添加蒙版并插入文字

（18）模仿制作香叶的方式，选择“双圆圈”图层，执行“图层”→“复制图层”命令（快捷键为<Ctrl+J>），制作“嫩芽”两个字的效果，效果如图 6-55 所示。

（19）使用“竖排文字工具”输入“茶　香叶　嫩芽 慕诗客 爱僧家 碾雕白玉……”，设置字体大小为“6 像素”、字体为“华文隶书”、颜色为绿色，效果如图 6-56 所示。

图 6-55　插入“嫩叶”文字的效果

图 6-56　插入文字的效果

（20）整体调整大小与位置，最终效果如图 6-1 所示。

任务拓展

1. 蒙版的应用技巧

在使用 Photoshop 蒙版功能时，有很多技巧，如果读者能熟练掌握，则能大大提高工作效率。

技巧 1：按住<Shift>键单击缩略图可将蒙版关闭。

技巧 2：按住快捷键<Alt+Shift>单击蒙版缩略图，可以在画布中显示彩色蒙版，类似快速蒙版的显示效果。

技巧 3：可以为矢量蒙版添加路径，也可以将现有的路径复制到矢量蒙版中。

技巧 4：若要编辑矢量蒙版中的路径，可以执行“编辑”→“自由变换路径”命令，对矢量蒙版中的路径进行缩放、旋转、透视等变形之后，图像会随之发生变化。

2. 结合蒙版与滤镜制作老照片效果

使用蒙版与滤镜制作老照片效果

在使用蒙版时，结合滤镜会出现意想不到的效果，本案例将介绍如何使用蒙版与滤镜进行特殊效果处理。

（1）在 Photoshop CC 中创建一个宽度为 600 像素、高度为 800 像素、背景内容为黑色的文档。在背景图层的上方新建一图层并命名为“照片背景”，将其填充为深黄色（# daad7c）。执行“滤镜”→“滤镜库”命令，选择“艺术效果”→“胶片颗粒”选项，将颗粒大小设置为 8，效果如图 6-57 所示。

（2）打开素材文件夹中的“照片.jpg”图片，将其拖动到文档中，调整大小与位置，效果如图 6-58 所示。

图 6-57　照片背景

图 6-58　拖入素材图像

（3）选择“照片背景”图层，使用“矩形选框工具”建立矩形选区，效果如图 6-59 所示，单击“图层”面板下方的“添加蒙版”按钮以添加图层蒙版，执行“滤镜”→“滤镜库”→“画笔描边”→“喷溅”命令，在打开的对话框中设置喷溅半径为“10”、平滑度为“5”，单击“确定”按钮后形成图 6-60 所示的老照片效果。

图 6-59　建立矩形选区

图 6-60　形成老照片效果

（4）选择照片所在图层，将图层混合模式设置为“颜色加深”，使照片很好地和背景融合在一起，效果如图 6-61 所示。

（5）使用“横排文字工具”输入“青春回忆”，放置在画框下方，最终效果如图 6-62 所示。

图 6-61　设置“颜色加深”混合模式的效果

图 6-62　最终效果

任务小结

蒙版用来保护被遮蔽的区域，具有高级选择功能，同时也能够对图像的局部进行色调调整，而使图像的其他部分不受影响。本任务主要介绍了蒙版的类型、不同蒙版的建立与编辑方式，以及蒙版的高级应用。在实际操作中，读者应注意蒙版与色调调整、滤镜、通道的综合应用，以实现高级效果。

拓展训练

1. 理论练习

（1）什么是蒙版？

（2）如何添加、删除图层蒙版？

（3）矢量蒙版与图层蒙版有何区别？

（4）文字蒙版和文字工具有何区别？

（5）什么是剪贴蒙版？如何创建和释放剪贴蒙版？

2. 实践练习

为了满足人们对海洋的好奇心，开阔视野，走进“海洋世界”，用图 6-63 所示的素材，结合使用图层蒙版、文字工具、画笔工具、图层的混合模式、“外发光”样式等制作一幅探秘海洋海报，效果如图 6-64 所示。

图 6-63　素材图像

图 6-64　探秘海洋海报设计效果

07

任务 7 应用通道

本任务介绍

图层、蒙版、通道是 Photoshop 中的三大核心，通道作为图像的组成部分，与图像的格式密不可分，图像的颜色与格式决定了通道的数量和模式，通道具有存储图像的色彩资料、存储和创建选区、抠图等功能。

学习目标

知识目标	能力目标	素养目标
（1）了解通道的概念与原理。 （2）了解通道的分类	（1）掌握 Alpha 通道的创建与修改。 （2）掌握通道的复制、删除。 （3）掌握通道的综合应用	（1）提高需求分析、方案设计与表达能力。 （2）具有勇于创新、敬业乐业的工作作风与质量意识

任务展示：婚纱照的设计与制作

婚纱照又名婚照、结婚照，是年轻人为纪念爱情，确立婚姻的标志性照片作品。本任务应用通道来完成龙凤呈祥主题的婚纱照的设计与制作，效果如图 7-1 所示。

图 7-1　龙凤呈祥婚纱照效果

知识准备

7.1 通道简介

认识通道

7.1.1　通道的概念

无论 Photoshop 的通道有多少功能，都能归纳为一句话：通道就是选区。通道具有存储图像的色彩资料、存储和创建选区、抠图等功能。

在 Photoshop 中，通道主要分为颜色通道、专色通道和 Alpha 通道 3 种，它们均以图标的形式出现在“通道”面板当中，如图 7-2 所示。其中，最顶层的是 RGB 复合通道，“红”通道、“绿”通道、“蓝”通道为 3 个颜色通道，“专色 1”通道为专色通道，“Alpha1”通道为 Alpha 通道。

图 7-2　认识通道

1．颜色通道

保存图像颜色信息的通道称为颜色通道。颜色通道把图像分解成一个或多个色彩成分，图像的模式决定了颜色通道的数量。RGB 模式有 3 个颜色通道； 执行“图像”→“模式”→“CMYK 颜色”命令，即可看到 CMYK 模式有 4 个颜色通道；灰度图只有一个颜色通道。这些颜色通道包含了所有用于打印或显示的颜色。

在图像中，像素点的颜色就是由这些颜色模式中的原色信息来进行描述的。所有像素点所包含的某一种原色信息，便构成了一个颜色通道。例如，一幅 RGB 图像中的红通道便是由图像中所有像素点的红色信息所组成的，同样，绿通道或蓝通道则是由所有像素点的绿色信息或蓝色信息所组成的。它们都是颜色通道，这些颜色通道的不同信息配比便构成了图像中的不同颜色。

颜色通道中的图像都呈现为黑色、白色、灰色，黑色区域是当前通道中颜色较多的区域，如红通道中，黑色区域就是红色，白色区域没有红色，灰色区域有少量红色。图 7-2 所示的红通道中的荷花明显比绿通道和蓝通道中的颜色浅一些，因为整个荷花主题呈现为红色。

2．专色通道

专色通道是一种特殊的颜色通道，用来存储专色。专色是特殊的预混油墨，用来替代或者补充标准印刷色油墨，它可以使用除了青色、洋红、黄色、黑色以外的颜色来绘制图像，专色通道一般人用得较少且多与打印相关，专色通道扩展了通道的含义，同时也实现了图像中专色版的制作。

每种专色在复印时都要使用专用的印版。也就是说，一个包含有专色通道的图像在打印输出时，这个专色通道会成为一张单独的页（即单独的胶片）被打印出来。

选择“通道”面板中的“新专色通道”选项，或按住<Ctrl>键单击“创建新通道”按钮，在打开的“新专色通道”对话框的“油墨特性”选项组中，单击“颜色”色块可以打开“拾色器”对话框，选择油墨的颜色。该颜色将在印刷图像时起作用，只不过这里的设置能够为用户提供一种专门的油墨颜色；在“密度”文本框中则可输入 0～100%的数值来确定油墨的密度。

3．Alpha 通道

Alpha 通道是计算机图形学中的术语，指的是特别的通道。Alpha 通道有两大用途：一是可以将创建的选区保护起来，以后需要时，可重新载入图像中使用；二是在保存选区时，它会将选区转化灰度图像并存储于通道中。

有时 Alpha 通道特指透明信息，但通常的意思是“非彩色”通道。可以说，在 Photoshop 中制作出的各种特殊效果都离不开 Alpha 通道，它最基本的用处在于保存选取范围，且不会影响图像的显示和印刷效果，如果制作了一个选区，然后执行“选择”→“存储选区”命令，便可以将这个选区存储为一个永久的 Alpha 通道。此时，“通道”面板中会出现一个新的图标，它通常会以 Alpha 1、Alpha 2 等方式命名，这就是所说的 Alpha 通道。Alpha 通道是存储选区的一种方法，需要时，再次执行“选择”→“载入选区”命令，即可调出通道表示的选区。

例如，在图 7-2 所示的“通道”面板中单击“Alpha 1”通道，则能看到通道的内容，由黑、白两种颜色组成，白色代表有选区，黑色代表没有选区。当然，在 Alpha 通道中还会看到灰色，灰色代表的是半透明选区，灰度值越大，通道越亮，选区越明显。例如，在图 7-2 所示的“通道”面板中，新建一个空白的 Alpha 通道“Alpha 2”，选择“Alpha 2”通道，选择“画笔工具”，画笔颜色设置为黑色，分别设置不透明度为“20%”“40%”“60%”“80%”“100%”，绘制 5 根色条，按住<Ctrl>键单击“Alpha 2”通道，创建选区，如图 7-3 所示。

创建完选区后，会发现，不透明度高于 50%的区域能显示，不透明度低于 50%的区域看不到，这并不是没有选区，而是因为灰色表示的是不透明度，此时，切换到 RGB 复合通道，利用刚刚创建的选区，复制荷花图案，再新建一个文档，将其粘贴后能看到选区的不透明度变换，如图 7-4 所示。

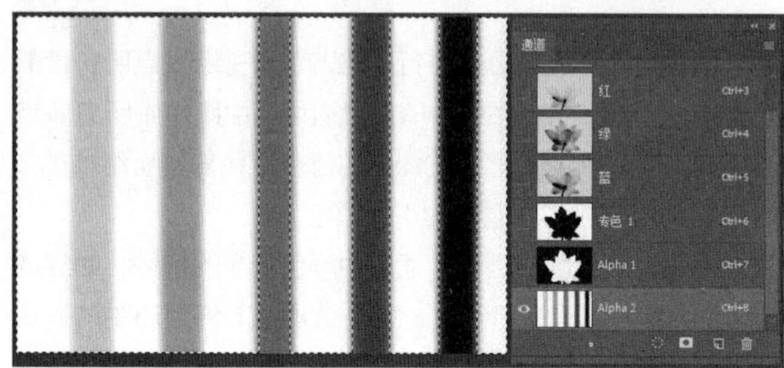

图 7-3 在 Alpha 通道中创建选区

图 7-4 利用灰色选区复制的荷花图案

7.1.2 认识通道面板

认识通道面板

“通道”面板用于创建和管理通道，可以通过执行“窗口”→“通道”命令显示“通道”面板，如图 7-5 所示，有关通道的操作均可在此面板中完成。

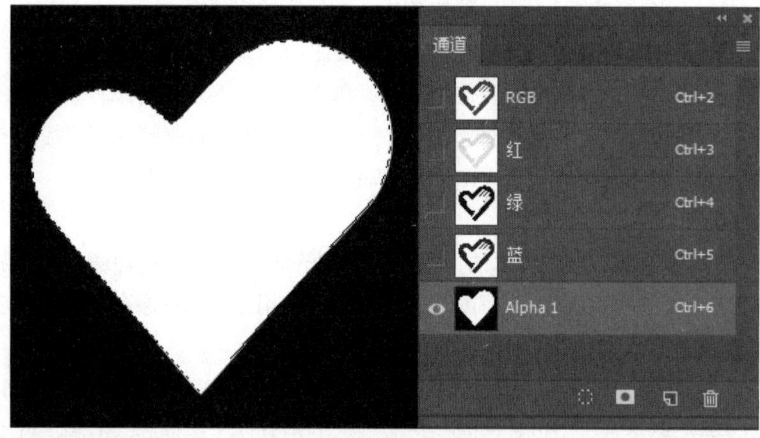

图 7-5 “通道”面板

面板中部分选项说明如下。

将通道作为选区载入：单击此按钮可以将当前通道中的内容转换为选区。

将选区存储为通道：单击此按钮可以将图像中的选区作为蒙版保存到一个新建的 Alpha 通道中。

创建新通道：创建 Alpha 通道，拖动某通道至该按钮可以复制这个通道。

删除当前通道：删除所选通道。

通道最主要的功能是保存图像的颜色数据。例如一张 RGB 模式的图像，其每一个像素的颜色数据都是用红、绿、蓝这 3 个通道来记录的，而这 3 个单色通道合成了一个 RGB 复合通道。颜色信息通道是在打开新图像时自动创建的，图像的颜色模式决定了所创建的颜色通道的数目。

“通道”面板中可以同时显示图像的颜色通道、专色通道及 Alpha 通道，每个通道都以小图标的形式出现。

单击图像中所有的颜色通道与任何一个 Alpha 通道前的眼睛图标，便会看到一种类似快速蒙版的效果：选区保持透明，而没有选中的区域则被一种具有透明度的蒙版色所遮盖，可以直接区分出 Alpha 通道所表示的选区的选取范围。

也可以改变 Alpha 通道使用的蒙版色，或将 Alpha 通道转化为专色通道，它们均会影响该通道的观察状态。直接在“通道”面板上双击任何一个 Alpha 通道的图标，或选中一个 Alpha 通道后使用面板中的“通道选项”选项，均可打开 Alpha 通道“通道选项”对话框，如图 7-6 所示，其中可以设置该 Alpha 通道使用的蒙版色、蒙版色所表示的位置或是否将 Alpha 通道转化为专色通道。

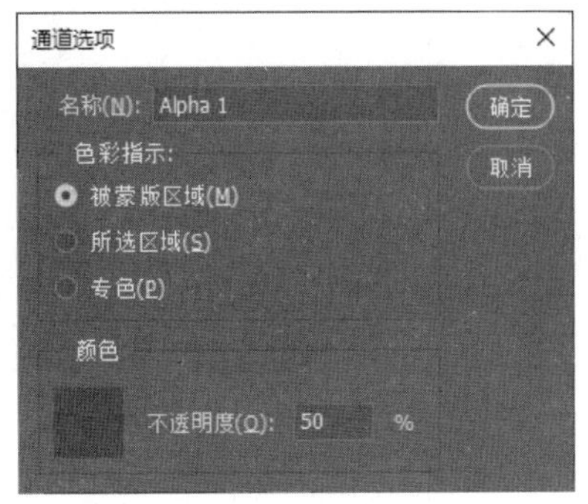

图 7-6 “通道选项”对话框

“通道选项”对话框中的选项及功能如表 7-1 所示。

表 7-1 “通道选项”对话框中的选项及功能

<table>
<tr><th colspan="2">选项</th><th>功能</th></tr>
<tr><td colspan="2">名称</td><td>可在该文本框中输入新通道的名称</td></tr>
<tr><td rowspan="3">设置选项</td><td>被蒙版区域</td><td>将被蒙版区域设置为黑色，并将所选区域设置为白色。用黑色绘画可扩大被蒙版区域，用白色绘画可扩大选中区域</td></tr>
<tr><td>所选区域</td><td>将被蒙版区域设置为白色（透明），并将所选区域设置为黑色（不透明），用白色绘画可扩大被蒙版区域，用黑色绘画则可扩大选中区域</td></tr>
<tr><td>专色</td><td>将 Alpha 通道转化为专色通道</td></tr>
<tr><td rowspan="2">外观选项</td><td>颜色</td><td>要选取的蒙版色，可以单击色块选取新颜色</td></tr>
<tr><td>不透明度</td><td>输入范围为 0～100%的值，更改不透明度</td></tr>
</table>

可见的通道并不一定都是可以操作的通道。如果需要对某一个通道进行操作，必须选中这一通道，即在“通道”板中单击某一通道，使该通道处于被选中的状态。

7.2 通道的基本操作

7.2.1 将选区存储为 Alpha 通道

打开素材文件夹中的“西瓜.png”图片，在图像中绘制一个选区后，直接单击“通道”面板下方的“将选区存储为通道”按钮，即可将选区存储为一个新的 Alpha 通道，该通道会被 Photoshop 自动命名为“Alpha 1”，如图 7-7 所示。

执行“选择”→“存储选区”命令，打开“存储选区”对话框，如图 7-8 所示，也可以将现有的选区存为 Alpha 通道。

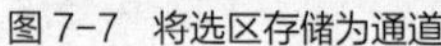
图 7-7 将选区存储为通道

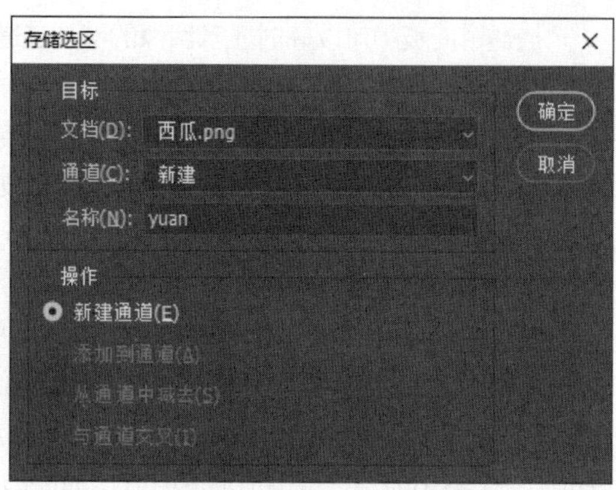

图 7-8 “存储选区”对话框

如果图像中已有 Alpha 通道或专色通道，可以在“存储选区”对话框的“通道”下拉列表中选择已有的通道，然后在“操作”选项组中设置新通道与已有通道的关系，主要有如下 4 种关系。

新建通道：可新建一个新的 Alpha 通道。

添加到通道：可将选区加入现有的 Alpha 通道中。

从通道中减去：可从 Alpha 通道中减去要存储的选区。

与通道交叉：将现有的 Alpha 通道和选区的公共部分存储为新的 Alpha 通道。

另外，在“存储选区”对话框中还可以设置以下选项。

文档：用来设定选区所要存储的目标文档。可以将选区所生成的 Alpha 通道存储到当前文档，也可以将其存储到与当前文档大小相同、分辨率相同的其他文档中，还可以将 Alpha 通道存储为一个新文档。

通道：用来设定选区所要存储的 Alpha 通道。在默认的情况下会存储为一个新的 Alpha 通道，也可以将选择范围存储到现有的任何 Alpha 通道或专色通道中。

7.2.2 载入 Alpha 通道

Alpha 通道中只能表现出黑色、白色、灰色的层次变化，且其中的黑色表示未选中的区域，白色表示选中的区域，而灰色则表示具有一定不透明度的选择区域。所以，可以通过 Alpha 通道内的颜色变化来修改 Alpha 通道的形状。

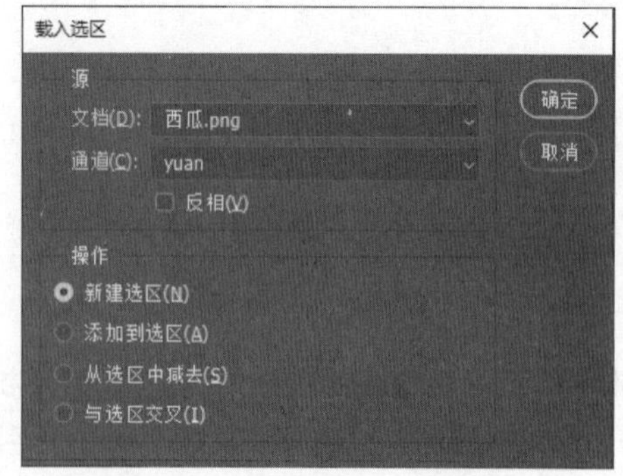

图 7-9 “载入选区”对话框

在需要的时候可以随时调用 Alpha 通道中存储的选区，操作方法是单击“通道”面板下方的“将通道作为选区载入”按钮。也可以执行“选择”→“载入选区”命令，打开“载入选区”对话框，如图 7-9 所示。执行“载入选区”命令时，可以选择载入当前 Photoshop 打开的另一幅同样尺寸（大小、分辨率必须完全相同）的图像中 Alpha 通道所表示的选区；或勾选“反相”复选框，使载入的选区与通道表示的选区相反。

如果图像中已经存在选区，执行“载入选区”命令后，“载入选区”对话框中“操作”选项组将会变为可选状态，即可设置新载入的选区与原先存在的选区之间的关系。此处的 4 种关系与存储选区时的 4 种关系一致。

按住<Ctrl>键单击任意通道前面的缩略图，也可以将通道转化为选区。

操作通道

7.2.3 新建、复制与删除通道

1. 新建通道

打开素材文件夹中的“香蕉.png”图片，在图像中绘制一个圆形选区，单击“通道”面板底部的“创建新通道”按钮即可新建一个 Alpha 通道，默认的 Alpha 通道是一个全黑色通道，如图 7-10 所示，如果要在通道内保存选区，需要使用选区工具绘制选区，然后将其填充为白色。如果已经绘制了选区，则可以单击“通道”面板底部的“将选区存储为通道”按钮，创建 Alpha 通道，如图 7-11 所示。

图 7-10 新建 Alpha 通道

图 7-11 将选区存储为通道

2. 复制与删除通道

通常情况下，编辑单色通道时不要在原通道中操作，以免编辑后不能还原，这时需要将相应通道复制一份再编辑。

如果想复制一个颜色通道，可直接将相应通道拖到“通道”面板下方的“新建通道”按钮上进行

复制，或者选中相应通道，选择面板右上角的弹出列表中的“复制通道”选项完成同样操作。将通道拖到“删除当前通道”按钮上删除相应通道；当然也可以使用鼠标右键单击当前通道，在弹出的快捷菜单中选择“复制通道”或“删除通道”命令。

选择“复制通道”命令时，会弹出“复制通道”对话框，如图 7-12 所示，在“目标”选项组的“文档”下拉列表中选择“新建”选项，可将选择的通道复制到新文档中，在“名称”文本框中可给新文档起一个名字；若在“目标”下拉列表中选择的是当前文档，则单击“确定”按钮后，“通道”面板中就会显示复制的通道，通常在名称后面会带有“拷贝”字样。如果勾选了对话框中的“反相”复选框，那么会得到与所选通道明暗关系相反的副本通道，如图 7-13 所示。

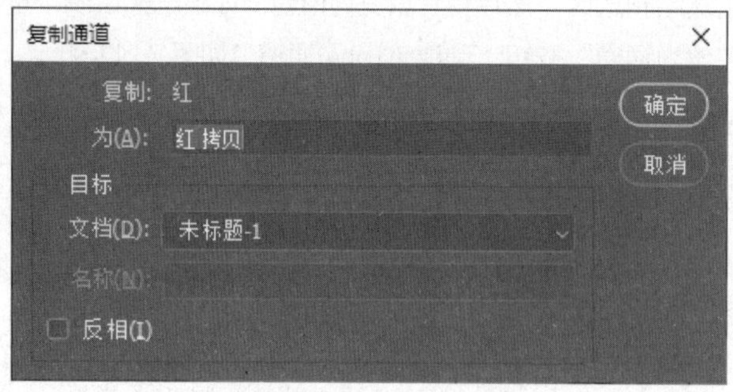

图 7-12 “复制通道”对话框

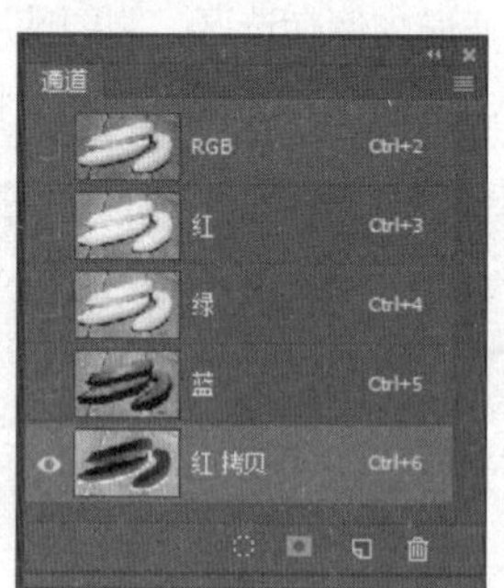

图 7-13 反相红通道副本

7.2.4 通道的分离与合并

如果编辑的是一幅 CMYK 模式的图像，则可以选择“通道”面板右上角弹出列表中的“分离通道”选项，将图像中的颜色通道分为 4 个单独的灰度文件。这 4 个灰度文件会以原文件名加上青色、洋红、黄色、黑色来命名，表明其代表的颜色通道。如果图像中有专色通道或 Alpha 通道，则生成的灰度文件会多于 4 个，多出的文件会以专色通道或 Alpha 通道的名称来命名。

这种做法通常用于双色或三色印刷中，可以将彩色图像按通道分离，然后单独取其中的一个或几个通道置于组版软件中，并设置相应的专色进行印刷，以得到一些特殊的效果。或者对于一些特别大的图像，整体操作时的速度太慢，将其分离为单个通道后，针对每个通道单独进行操作，最后再将通道合并，可以提高工作效率。

对于通道分离后的图像，可以选择“通道”面板右上角的弹出列表中的“合并通道”选项将通道合并。合并时，Photoshop 会提示选择哪一种颜色模式，如图 7-14 所示，以确定合并时使用的通道数目，并允许选择合并图像所使用的颜色通道，如图 7-15 所示。

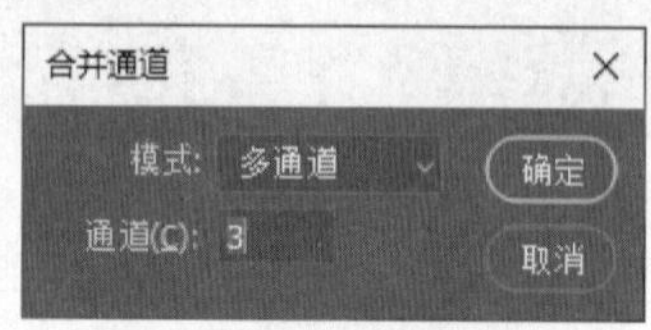

图 7-14 “合并通道”对话框

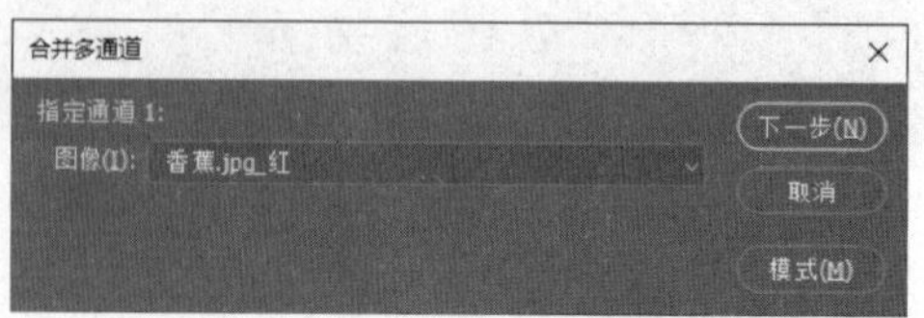

图 7-15 “合并多通道”对话框

只要图像的文件尺寸相同，分辨率相同，且都是灰度图像，便可选择它作为合并通道的一个文件，并不一定非要选择原先分离而成的 4 个灰度文件。

如果要合并的通道超过 4 个，那么合并只能使用多通道模式。可以在合并后将图像模式转为所需的色彩模式，只是应注意选择多通道模式合并时的文件顺序。例如，对于带有一个 Alpha 通道的CMYK 图像，将其分离为 5 个通道后，合并通道时就只能选择多通道模式，这时 Photoshop 会逐个询问合并时的通道顺序，只要设置的顺序正确，则通道合并后，再将其转为 CMYK 模式，仍可恢复为 4 个颜色通道加一个 Alpha 通道的原样。

7.2.5 Alpha 通道形状的修改

如果对建立的通道不是很满意，那么可以根据实际的需要进行手动修改。修改的原理就是利用黑白层次的变化，黑色表示未选中的区域，白色表示选中的区域。

如果要扩大选区，可以选择白色作为前景色，用笔刷将想要的部分刷出；如果要缩小选区，则可以选择黑色作为前景色，使用笔刷刷出想要的效果。在图 7-16 所示的图像中建立一个不透明度为 100%的红色通道（双击 Alpha 通道，在“通道选项”对话框中设置）。利用笔刷分别设置不同的前景色扩大和缩小一部分选区，如图 7-17 所示。

图 7-16 正常方式建立的通道

图 7-17 扩大和缩小选区

7.2.6 案例：利用通道合成书画作品

利用通道合成书画作品

本案例利用通道合成一幅“梅花香自苦寒来”的扇面书画作品，最终效果如图 7-18 所示。

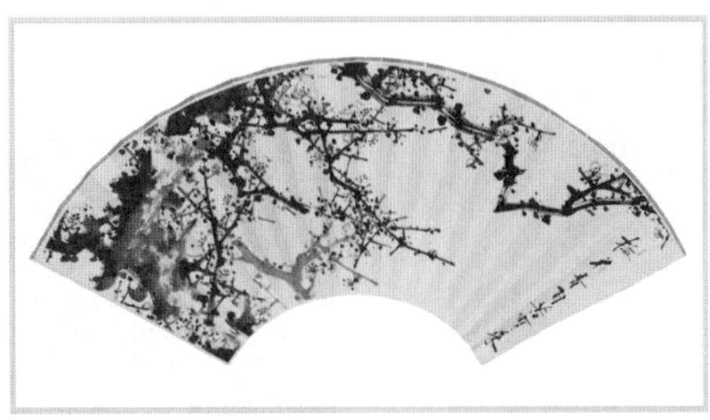

图 7-18 “梅花香自苦寒来”的扇面书画作品

本案例操作步骤如下。

（1）在 Photoshop CC 中打开素材文件夹中的“墨梅.jpg”图片，打开“通道”面板，会发现里面存在默认的“红”“绿”“蓝”3 个原色通道及一个复合通道。分别选择这 3 个原色通道，会发现其对比度基本相似，选择 “红”通道将其拖至“创建新通道”按钮上，复制一个红通道，得到“红 拷贝”通道。接下来选择“红 拷贝”通道，并让其他通道处于隐藏状态，如图 7-19 所示。

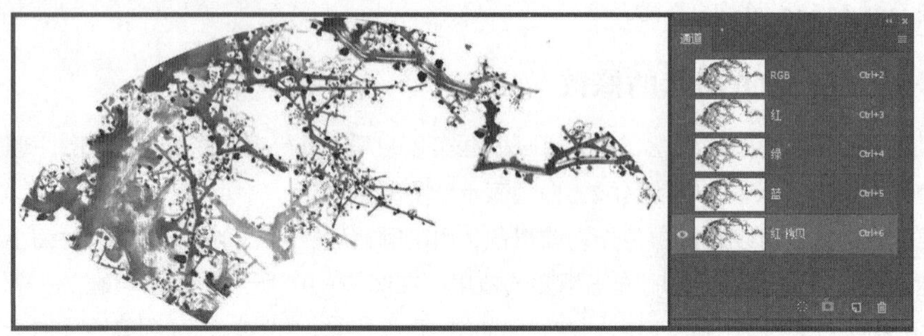

图 7-19 “红 拷贝”通道

（2）按快捷键<Ctrl+I>将“红 拷贝”通道进行反相处理，得到图 7-20 所示效果。

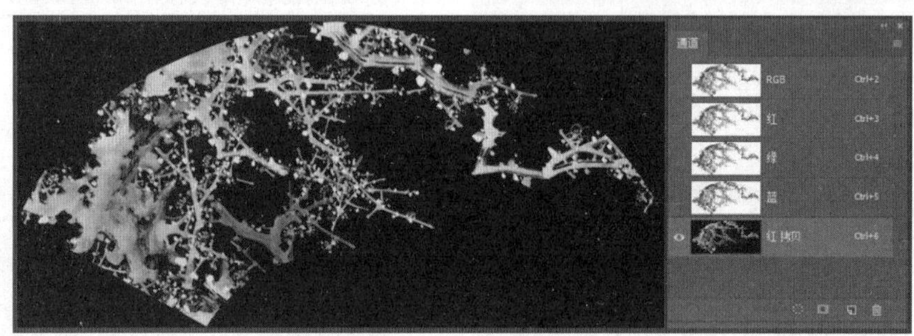

图 7-20 通道反相后的效果

（3）为进一步除去画面中存在的一些杂色，可按快捷键<Ctrl+L>打开“色阶”对话框，在对话框中选择设置黑场工具吸取图像中的书法部分，使用设置白场工具吸取画面中纸面的灰色部分，将杂色转化为白色，调整画面对比度，如图 7-21 所示。单击“确定”按钮后显示效果如图 7-22 所示。

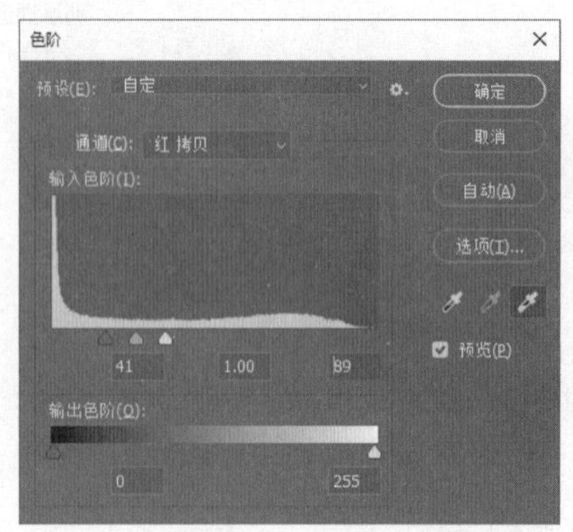

图 7-21 “色阶”对话框

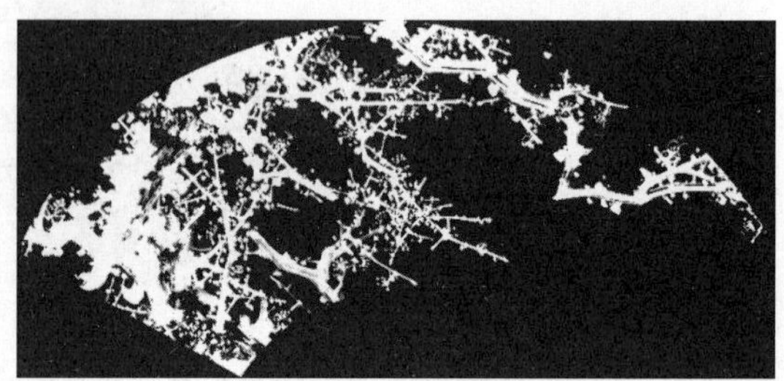

图 7-22 调整色阶后的效果

（4）按住<Ctrl>键单击“红 拷贝”通道（或者单击“通道”面板下的“将通道作为选区载入”按钮），将通道转换为选区，单击“RGB”复合通道，切换至“图层”面板中，单击背景图层。执行“编辑”→“拷贝”命令（快捷键为<Ctrl+C>）对选区内的墨梅进行复制，打开素材文件夹中的“扇面.jpg”，如图 7-23 所示，执行“编辑”→“粘贴”命令（快捷键为<Ctrl+V>）将墨梅图像粘贴到扇面中去，调整大小和位置后的效果如图 7-24 所示。

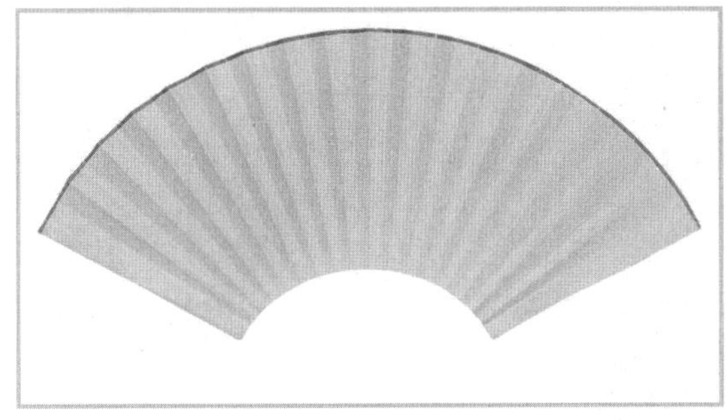

图 7-23　扇面素材

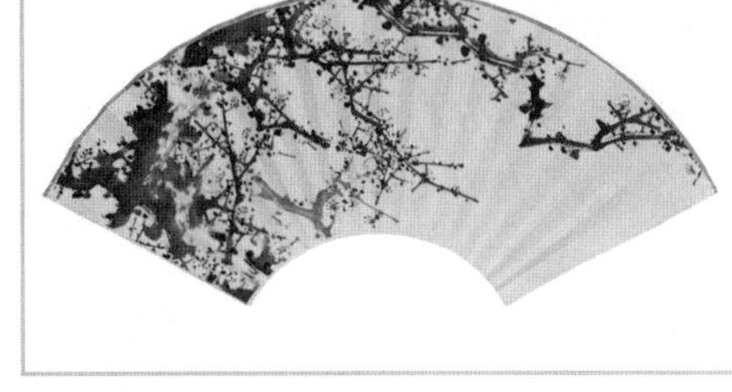

图 7-24　将墨梅插入扇面中的效果

（5）打开素材文件夹中的“梅花香自苦寒来.jpg”如图 7-25 所示，采用同样的办法将文字抠取出来，插入扇面中，效果如图 7-26 所示。

图 7-25　梅花香自苦寒来素材

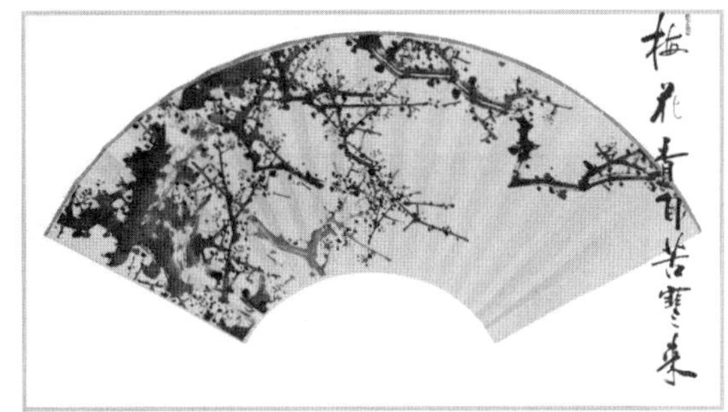

图 7-26　将文字插入扇面中

（6）按快捷键<Ctrl+T>调整其大小，然后单击鼠标右键，在弹出的快捷菜单中执行“旋转”命令，最终效果如图 7-18 所示。

7.3 通道混合

使用通道混合器

Photoshop 中有 3 种工具能进行通道混合：通道混合器、应用图像命令、计算命令。

7.3.1 通道混合器

通道混合器是一个通过调整颜色通道来改变色彩的图像调整工具。它通过借用其他通道的亮度来改变当前通道的颜色，所以其他通道的颜色是不会被影响的。该工具提供了两种混合模式：相加和相减。相加模式可以增加两个通道中的像素值，使通道图像变亮；相减模式则会从目标通道中减去源通道中的像素值，使通道图像变暗。

在 Photoshop CC 中打开素材文件夹中的“戏剧脸谱.jpg”，执行“图像”→“调整”→“通道混合器”命令，打开“通道混合器”对话框。需要调整哪个通道，就在“输出通道”下拉列表中选择哪个通道。例如，选择“红”通道，如图 7-27 所示。

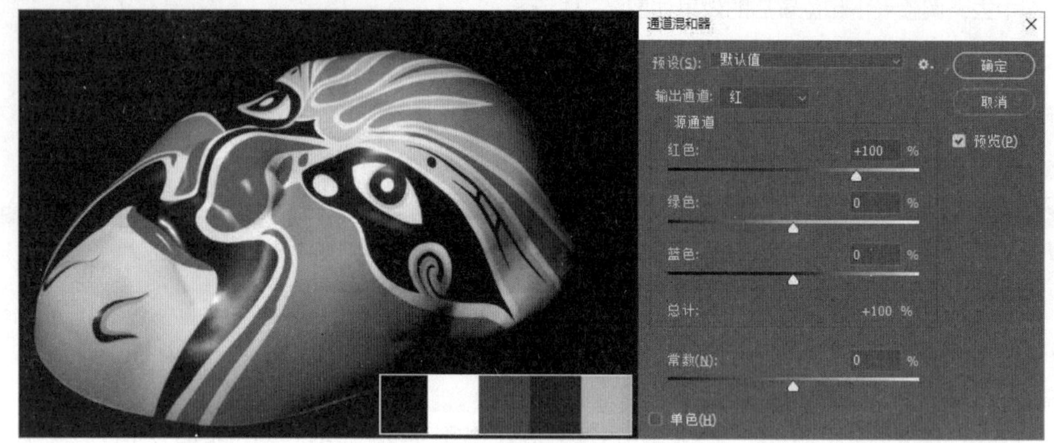

图 7-27 选择“红”通道

以图 7-27 所示为例，选择了“红”通道，如果改变蓝色，就是把蓝色的光“借”给红色。如果选择了蓝色，那图中有蓝色光的是白色（255，255，255），蓝色（0，0，255），然后把这个蓝光借给红色，就是把白色和蓝色中的蓝光减少。例如，将蓝色增加到+100%，结果如图 7-28 所示。

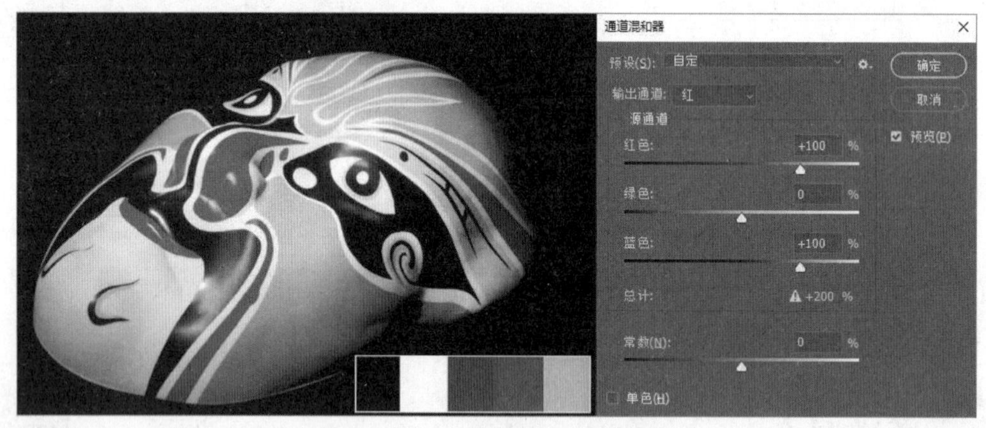

图 7-28 蓝通道以“相加”模式与红通道混合

能看到红色、白色、绿色和黑色都没有变化，只有蓝色变成了洋红色。因为蓝色之前的亮度为 255，所以加一倍就是增加了 255，然后把这个 255 给红色，也就是在白色和之前的蓝色中加入红色，255 等级光，因为白色的红、绿、蓝亮度等级都是 255，所以再增加也不会有什么变化，只能减少其亮度等级才有变化。同理，在蓝色中加入 255 的红色就是洋红色（255，0，255），这也证明了通道混合器是通过改变通道的亮度来改变色彩，而不是通过改变颜色来改变色彩。向左侧拖动滑块，“蓝”通道会采用“相减”模式与“红”通道混合，这样“蓝”通道变暗，画面中的蓝色减少，如果白色中减少了蓝色则白色变成青色。

所以，如果想要把图中的绿色减少，增加红色，就可以选择“红”通道，然后把绿色的亮度“借”给红色；相反，如果想要将红色减小，增加绿色，那就要选择“绿”通道，然后把红色借给绿色；如果想要将红色减少，增加蓝色，那就要选择“蓝”通道，然后把红色“借”给蓝色。

7.3.2 应用图像命令

“应用图像”命令是一个功能强大、效果多变的命令，可以将一个图像的图层及通道与另一幅具有相同尺寸的图像中的图层及通道合在一起。“应用图像”命令提供了 20 多种混合模式，其与图层混合模式相似。

使用“应用图像”命令前需要先选择一个通道作为被混合的目标对象。为了避免颜色通道混合后改变图像的色彩，通常可以将需要混合的图像通道复制一份，用副本来操作。

执行“图像”→“应用图像”命令，打开“应用图像”对话框。在“通道”下拉列表中选择“绿”通道，在“混合”下拉列表中选择“滤色”选项，“绿”通道将与“蓝 拷贝”通道混合，如图 7-29 所示。

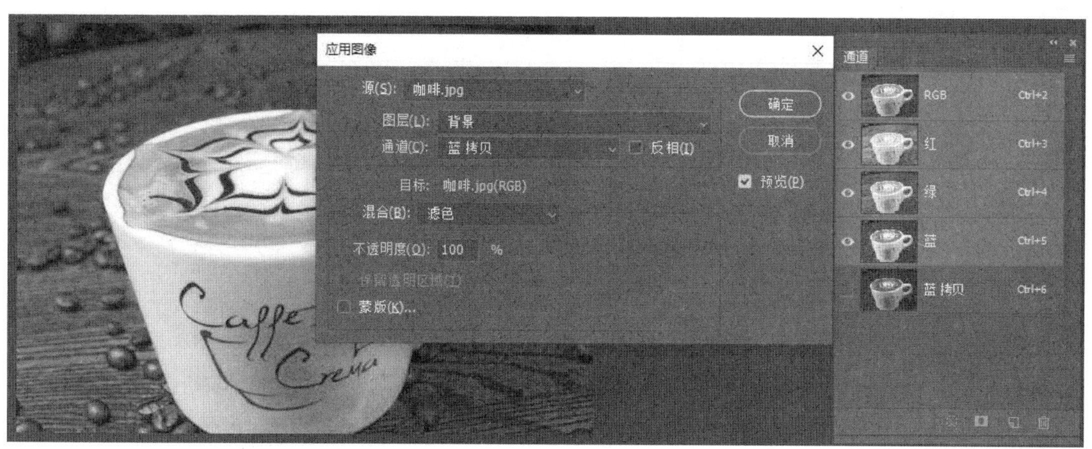

图 7-29 “蓝 拷贝”通道以“滤色”模式与“绿”通道混合

如果将“混合”模式设置为“相加”或“减去”，则混合效果与使用“通道混合器”处理的效果完全相同。不过“应用图像”命令包含更多的混合模式。

“应用图像”对话框中各选项的含义如表 7-2 所示。

表 7-2 “应用图像”对话框中各选项的含义

选项	含义	选项	含义
源	选择一个当前单开的图像与当前操作图像进行混合	混合	选择用于制作混合模式效果的混合模式
图层	选择用于混合的图层	不透明度	设置源图像在混合时的不透明度
通道	选择用于混合的通道	保留透明区域	当目标图像存在透明像素时，该复选框被激活，勾选后，目标图像透明区域不与源图像混合
反相	勾选该复选框可以让所选的用于混合的通道反相后再进行混合	蒙版	勾选此复选框后，打开“扩展”对话框，“扩展”对话框中会显示有关蒙版的参数

使用“应用图像”命令合成图像需要注意的是，进行混合的两幅图像必须具有相同的尺寸（宽度、高度、分辨率），且其颜色模式为 RGB、CMYK、Lab 或灰度模式中的一种。

7.3.3 计算命令

使用计算命令

在通道混合中，“计算”命令的使用最灵活。从效果方面看，它包含“应用图像”命令拥有的 20 多种混合模式，因此，二者的混合效果是相同的。但使用“计算”命令生成的混合结果不像使用“应用图像”命令那样会修改通道，它会将混合结果保存到新的通道中，也可以将其创建为选区，或者生成一个黑白图像文件。

在 Photoshop CC 中打开“婚纱照.tif”图片，绘制两个选区，第一个选区包含了人物的身体（即完全不透明的区域），第二个选区包含了半透明的婚纱，如图 7-30 所示。

如果使用选区的“计算”命令，将合成一个完整的人物婚纱选区。执行“图像”→“计算”命令，打开“计算”对话框，让“婚纱”通道与“人物”通道采用“相加”模式混合，如图 7-31 所示。

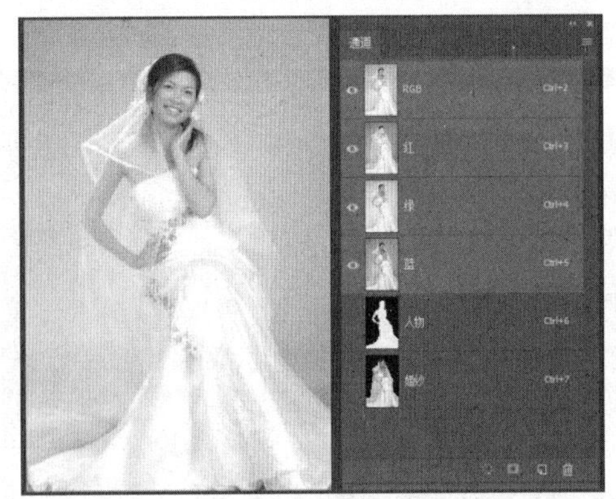

图 7-30　图像与两个 Alpha 通道

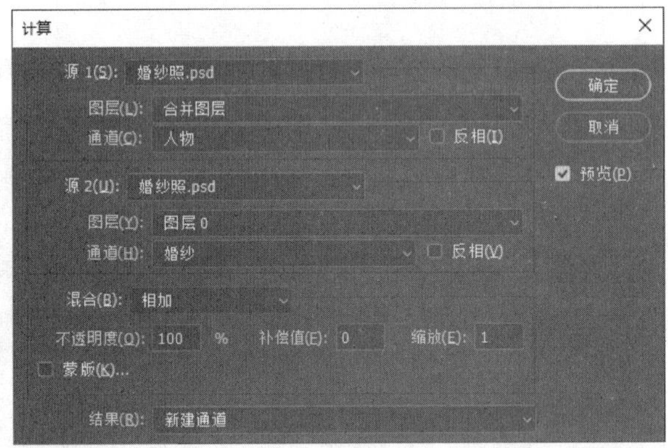

图 7-31　用“相加”模式混合“人物”通道与“婚纱”通道

“婚纱”通道与“人物”通道采用“相加”模式混合后形成一个新的 Alpha 通道，如图 7-32 所示。按住<Alt>键单击混合形成的 Alpha 通道即可获取人物与婚纱选区，复制粘贴到新的背景中的效果如图 7-33 所示。

图 7-32　混合形成的 Alpha 通道

图 7-33　复制粘贴到新背景的效果

7.3.4 案例：利用通道抠取头发

利用通道
抠取头发

本例将结合通道与色阶等命令实现头发的抠取。

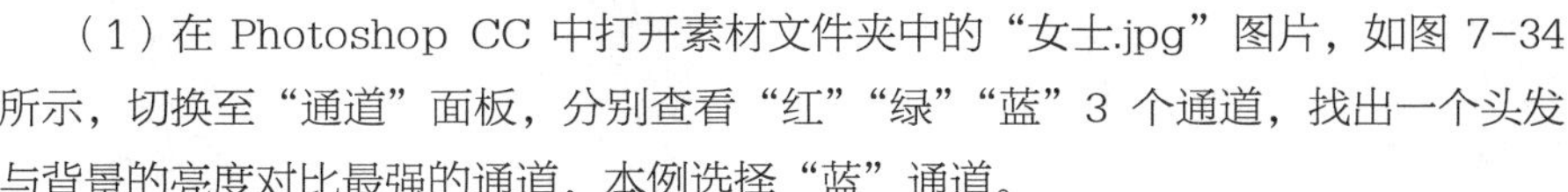

（1）在 Photoshop CC 中打开素材文件夹中的“女士.jpg”图片，如图 7–34 所示，切换至“通道”面板，分别查看“红”“绿”“蓝”3 个通道，找出一个头发与背景的亮度对比最强的通道，本例选择“蓝”通道。

（2）用鼠标右键单击“蓝”通道，在弹出的快捷菜单中执行“复制通道”命令，得到“蓝 拷贝”通道，如图 7–35 所示，按快捷键<Ctrl+I>为该副本通道执行反相操作。

图 7–34 素材图像

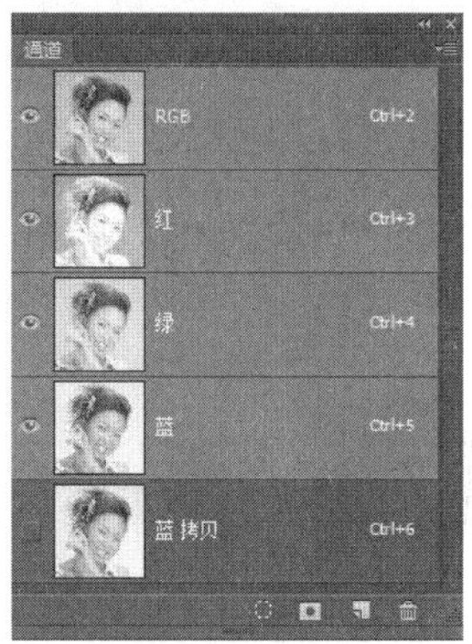

图 7–35 “蓝 拷贝”通道

（3）按快捷键<Ctrl+L>执行“色阶”命令，利用设置黑场工具吸取图像中的头发部分，使用设置白场工具吸取素材画面中的背景颜色，以此调节画面中人物头发与背景的对比度，以便将头发选取出来，效果如图 7–36 所示。

（4）在实际应用中选取头发只是工作的一个重要部分，更重要的是要将整个人物选取出来。而在通过“色阶”命令调整后的图像中，人物的一部分图像未被选取出来，执行“图像”→“调整”→“反相”命令，将前景色设置为白色，使用“画笔工具”将画面中需要选取的黑色区域涂抹成白色，如图 7–37 所示。

图 7–36 执行“色阶”命令的效果

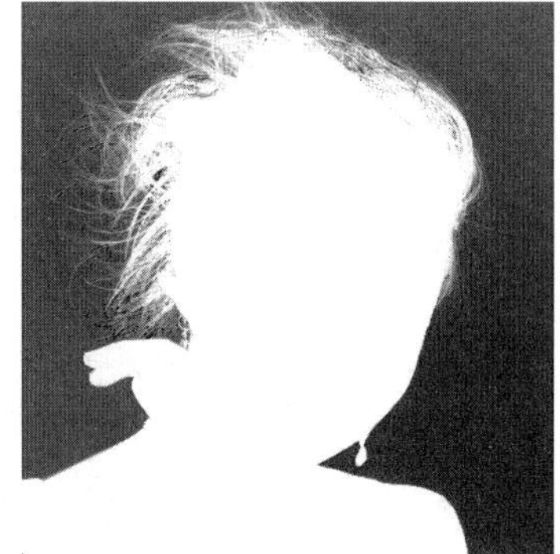
图 7–37 涂抹后的效果

（5）通过调整，可以看出女士头发的边缘仍然存在灰色区域，这会影响人物选区的建立，继续执行“色阶”命令，“色阶”对话框中的设置如图 7–38 所示，将头发的边缘与背景明显地分离出来，效果如图 7–39 所示。

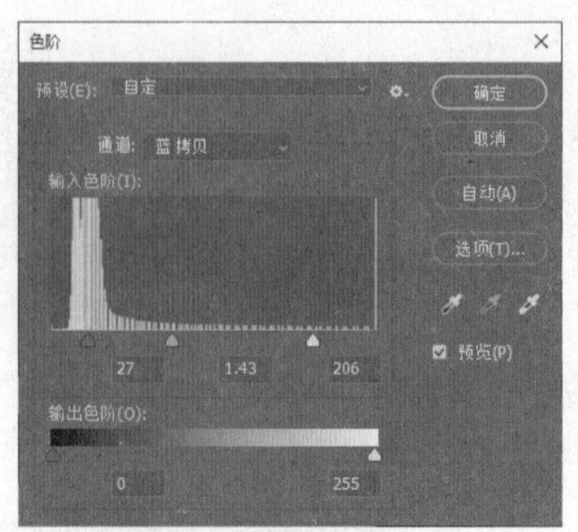

图 7-38 “色阶”对话框

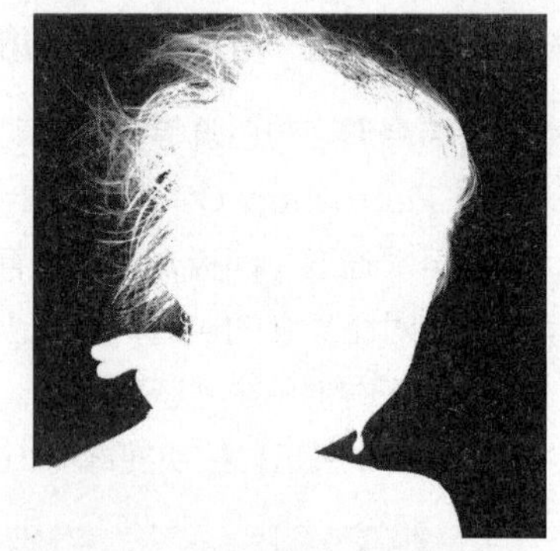

图 7-39 应用“色阶”后的效果

（6）这时可以看出人物的轮廓更加清晰，按住<Ctrl>键单击“蓝 拷贝”通道的缩略图，将通道转化为选区，单击“RGB”通道，切换至“图层”面板，单击人物所在的图层将其激活。

（7）按快捷键<Ctrl+J>复制图层，从而将选区中的图像复制至新图层中。将其他图层隐藏，效果如图 7-40 所示。

（8）如果在抠出的图像中，头发的边缘存在杂色，可在将通道转化为选区前，执行“滤镜”→“杂色”→“减少杂色”命令将杂色去掉，“减少杂色”对话框中的设置如图 7-41 所示。

图 7-40 抠出的人物效果

图 7-41 “减少杂色”对话框

（9）打开素材文件夹中的“花草.jpg”图片，将人物拖入，效果如图 7-42 所示，打开素材文件夹中的“绿草.jpg”图片，将人物拖入，效果如图 7-43 所示。

图 7-42 合成后的效果（1）

图 7-43 合成后的效果（2）

7.4 综合案例：活力青春海报的制作

活力青春海报的制作

7.4.1 效果展示

本案例通过通道特殊的应用方式，将各颜色通道中的图像依次抠出，并用合并的方式进行重新组合，实现活力青春海报的制作，效果如图 7-44 所示。

图 7-44　活力青春海报效果

7.4.2 实现过程

火焰效果的边缘有烟雾，边缘比较淡，并非实体，且层次不明显，因此使用常用的调整色阶、曲线等手段很难较好地抠出火焰图像，在本案例中主要用先分层抠图再合并的方式实现火焰的抠图。

具体操作步骤如下。

（1）在 Photoshop CC 中打开素材文件夹中的“燃烧的足球”图片，如图 7-45 所示。双击“图层”面板中素材所在的背景图层，在打开的对话框中单击“确定”按钮，将素材的背景图层转化为普通图层。

（2）首先需要将足球从图像中抠出来，如果使用普通的方式建立选区然后创建通道，很难将球从图像中抠出。在此依次利用“红”“绿”“蓝”通道分层抠图方式实现。单击“通道”面板，依次复制“红”通道为“红 拷贝”，复制“绿”通道为“绿 拷贝”，复制“蓝”通道“蓝 拷贝”，如图 7-46 所示。

图 7-45　燃烧的足球

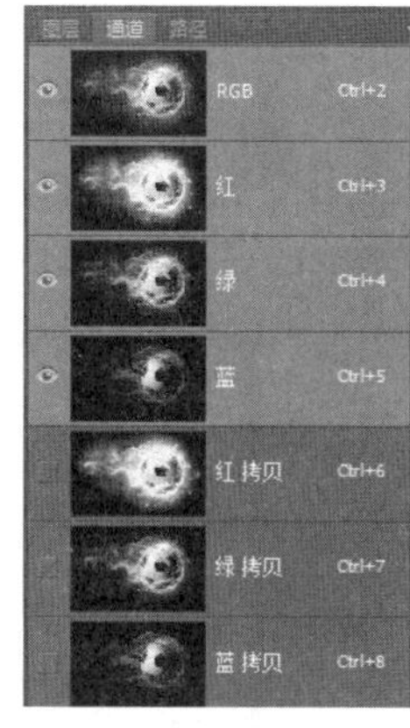

图 7-46　复制通道后的“通道”面板

（3）按住<Ctrl>键单击“红 拷贝”通道的缩略图，将该通道转化为选区。进入“图层”面板，创建一个新图层，并命名为“红色”，设置前景色为红色（#ff 0000），在“红色”图层中填充选区。隐藏素材图层，效果如图 7-47 所示。

（4）回到“通道”面板中，按住<Ctrl>键单击“绿 拷贝”通道的缩略图，将该通道转化为选区，进入“图层”面板，创建一个新图层，命名为“绿色”，将前景色设置为绿色（#00ff00），利用“油漆桶工具”填充“绿色”图层，隐藏其他图层后效果如图 7-48 所示。

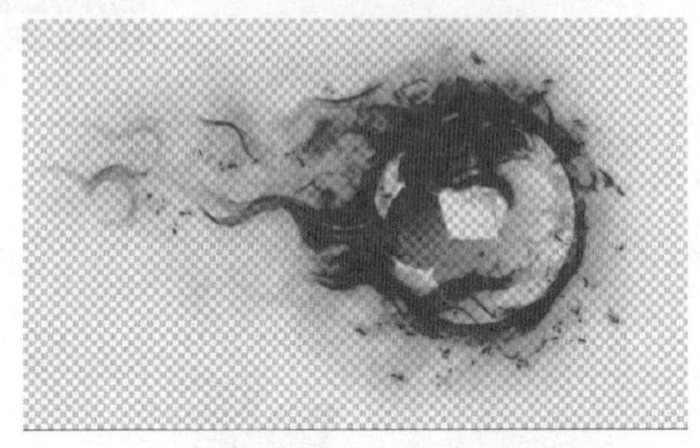
图 7-47 填充红色的效果

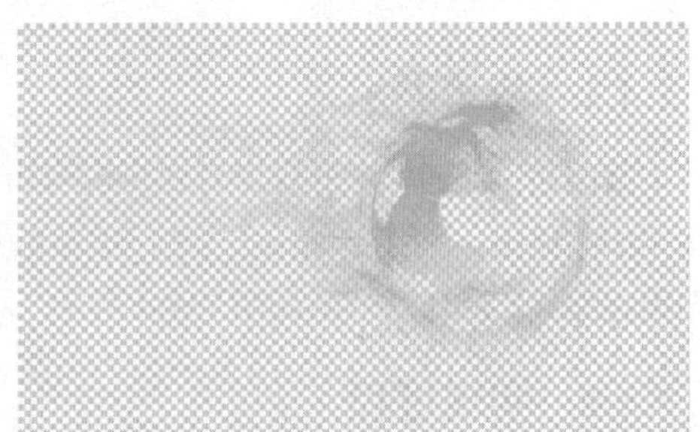
图 7-48 填充绿色的效果

（5）回到“通道”面板，采用与前两步骤相同的方式，将“蓝 拷贝”通道转化为选区，并在“图层”面板中创建一个“蓝色”图层，将前景色设置为蓝色（#0000ff），利用“油漆桶工具”填充“蓝色”图层的选区，隐藏其他图层形成图 7-49 所示效果。

（6）要想真正得到燃烧足球的素材图像，需要将各图层合并在一起。在“图层”面板中将“绿色”“蓝色”图层的图层混合模式都设置为“滤色”，显示“红色”“绿色”图层，如图 7-50 所示。

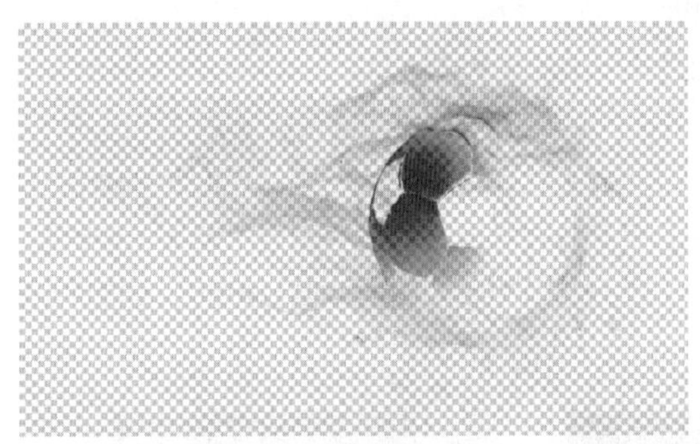
图 7-49 填充蓝色的效果

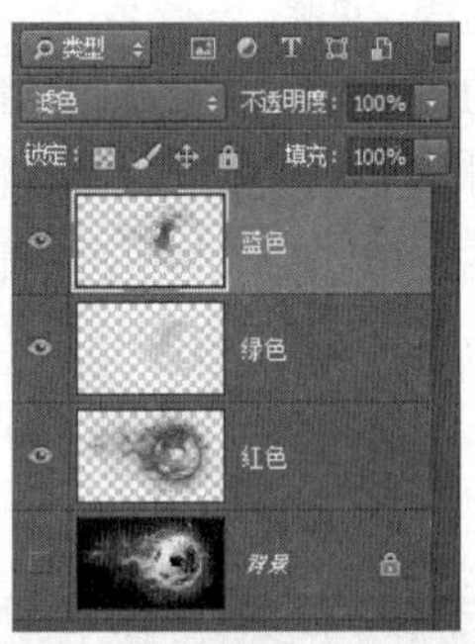

图 7-50 设置“滤色”的“图层”面板

（7）单击“图层”面板右上角的![]图标，在弹出的列表中选择“合并可见图层”选项，将 3 个图层合并，形成一幅完整的图像，如图 7-51 所示。至此，燃烧足球的图像完全被抠出。

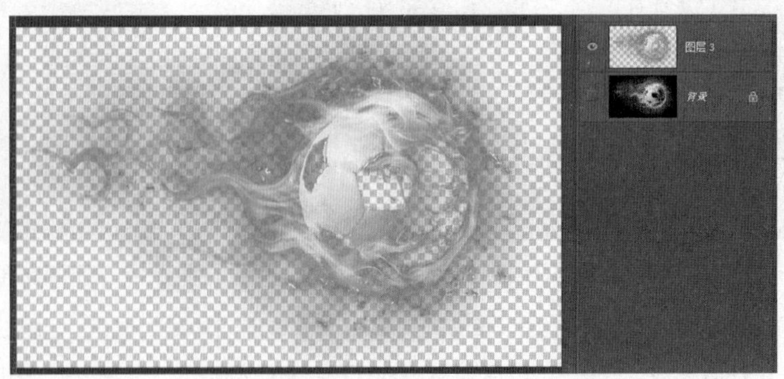

图 7-51 合并图层后的效果

（8）在 Photoshop CC 中创建一个宽度和高度都为 500 像素的文档，打开“背景.jpg”素材，将其复制到文档中，调整素材的大小及位置，将文档保存为“活力青春.psd”，效果如图 7-52 所示。

（9）切换到刚抠取的燃烧的足球中，将合并的足球拖到“活力青春.psd”文档中，调整其大小及位置，在足球图层下方新建一个图层，使用“椭圆工具”绘制一个圆形，并填充为黑色，效果如图 7-53 所示。

图 7-52　导入背景后的效果

图 7-53　添加足球后的效果

（10）执行“图像”→“调整”→“色阶”命令（快捷键为<Ctrl+L>），调亮整个画面，“色阶”对话框中的设置如图 7-54 所示，完成后效果如图 7-55 所示。

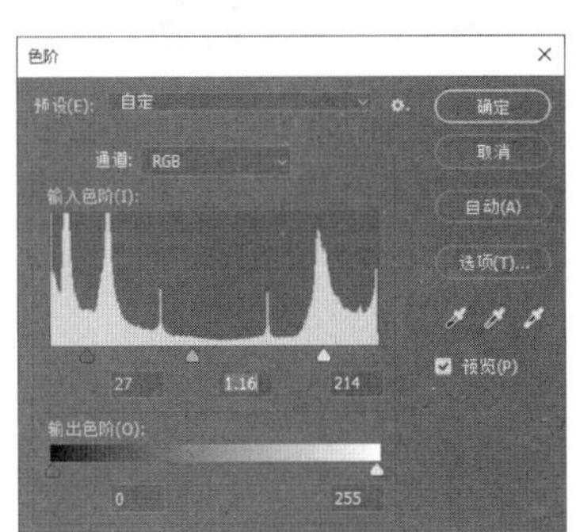

图 7-54　“色阶”对话框中的设置

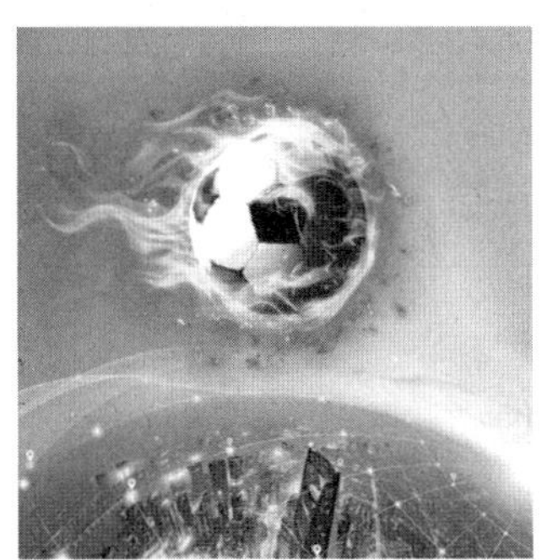
图 7-55　足球调亮后的效果

（11）打开素材文件夹中的“光晕.jpg”图片，如图 7-56 所示，选择“蓝”通道，按住<Ctrl>键单击“蓝”通道，切换到“RGB”通道，按快捷键<Ctrl+C>复制其光线部分，并将光线粘贴到“活力青春.psd”文档，同样使用“色阶”命令将光线调亮，效果如图 7-57 所示。

图 7-56　光晕素材

图 7-57　导入并调亮光线后的效果

（12）打开素材文件夹中的“文字.jpg”图片，如图 7-58 所示，使用“魔棒工具”单击金色部分文字，执行“选择”→“选取相似”命令，按快捷键<Ctrl+C>将其复制，切换到“活力青春.psd”文档，按快捷键<Ctrl+V>粘贴，效果如图 7-59 所示。

图 7-58　文字素材

图 7-59　添加文字后的效果

（13）单击“图层”面板下方的“添加图层样式”按钮，选择“外发光”样式，设置混合模式为变亮、不透明度为“100%”、颜色为白色渐变、扩展为“10%”、大小为“15 像素”，给文字设置外发光样式后的效果如图 7-44 所示。

任务实施：婚纱照的设计与制作

龙凤呈祥婚纱照设计制作

1. **任务分析**

本任务需要充分发挥通道的优势，抠取透明婚纱，并充分利用传统元素实现婚纱照效果。

2. **技能要点**

核心技能要点：选区的应用、通道的使用、计算命令与蒙版的使用等。

3. **实现过程**

本任务主要使用通道进行元素的抠取，并将其应用到场景中实现照片的制作。首先，选择两张图片作为背景，使用蒙版烘托整体的氛围。其次，要完成透明婚纱的抠取，需要抠取整个人物，需要分析哪些是需要在通道中设置为白色的部分，哪些是需要设置为黑色的部分，哪些区域是透明婚纱部分要保留原有的灰度细节。最后添加装饰效果。

具体操作步骤如下。

（1）打开 Photoshop CC，执行“文件”→“新建”命令，新建一个高度为 1280 像素、宽度为 720 像素、分辨率为 72 像素/英寸的文档。执行“文件”→“存储”命令，将文档保存为“龙凤呈祥婚纱照设计.psd”。

（2）在“图层”面板中单击“创建新组”按钮，新建一个“背景”图层组，打开素材文件夹中的“仿古背景.jpg”图片，将其拖到文档中，同时调整图像的位置，并将图层命名为“仿古背景”，效果如图 7-60 所示。

（3）打开素材文件夹中的“粉色玫瑰.jpg”图片，将其拖到文档中，同时调整图像的位置，单击“图层”面板下方的“添加蒙版”按钮添加图层蒙版，设置前景色为黑色，使用“画笔工具”在蒙版中涂抹，以隐藏部分图像，效果如图 7-61 所示。

图 7-60　仿古背景效果

图 7-61　粉色玫瑰背景的蒙版效果

（4）在“图层”面板中单击“创建新组”按钮，新建一个“主题人物”图层组，打开素材文件夹中的“婚纱照.jpg”图片，如图 7-62 所示。

（5）打开“通道”面板，会发现“蓝”通道中婚纱的细节最多，将“蓝”通道拖到“创建新通道”按钮上复制一个“蓝 拷贝”通道，如图 7-63 所示，使用 “蓝 拷贝”通道来制作半透明婚纱选区。

图 7-62　婚纱照素材图像

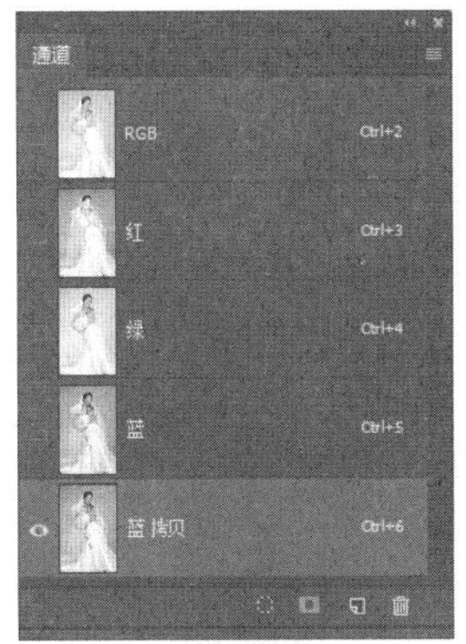

图 7-63　复制“蓝 拷贝”通道

（6）单击“RGB”复合通道，选择“魔棒工具”，设置“容差”为“10”，按住<Shift>键在人物的背景上单击以选择背景，效果如图 7-64 所示。

（7）设置前景色设置为黑色，在“通道”面板中选择“蓝 拷贝”通道，按快捷键<Alt+Delete>在选区内填充黑色，如图 7-65 所示。

图 7-64　选取背景

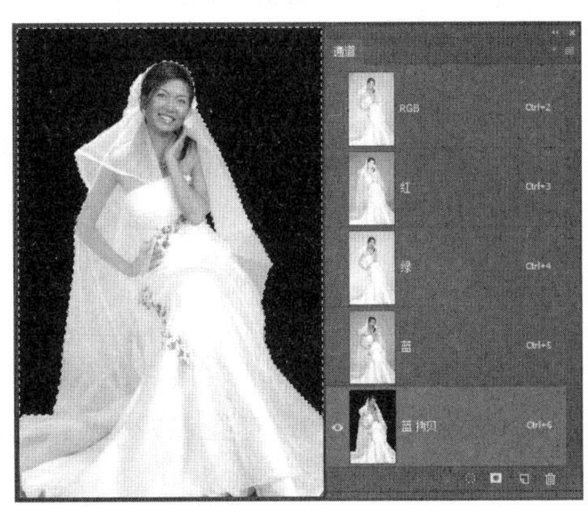

图 7-65　在“蓝 拷贝”通道选区内填充黑色

（8）选择“钢笔工具”，在“路径”模式下沿着人物轮廓绘制路径，效果如图 7-66 所示。绘制路径时避开半透明区域，使用“减去顶层形状”模式减去人物右臂下侧的半透明区域，效果如图 7-67 所示。

图 7-66　绘制人物轮廓

图 7-67　减去半透明区域

（9）按快捷键<Ctrl+Enter>将路径转换为选区，将前景色设置为白色，在“通道”面板中，选择“蓝 拷贝”通道，按快捷键<Alt+Delete>在选区内填充白色，效果如图 7-68 所示。

（10）按住<Ctrl>键单击“蓝 拷贝”通道，即可载入人物与婚纱选区，单击“RGB”复合通道，进入“图层”面板，显示彩色图像，按快捷键<Ctrl+C>复制人物与婚纱，进入“龙凤呈祥婚纱照设计.psd”文档，按快捷键<Ctrl+V>粘贴人物与婚纱，调整大小与位置，效果如图 7-69 所示。

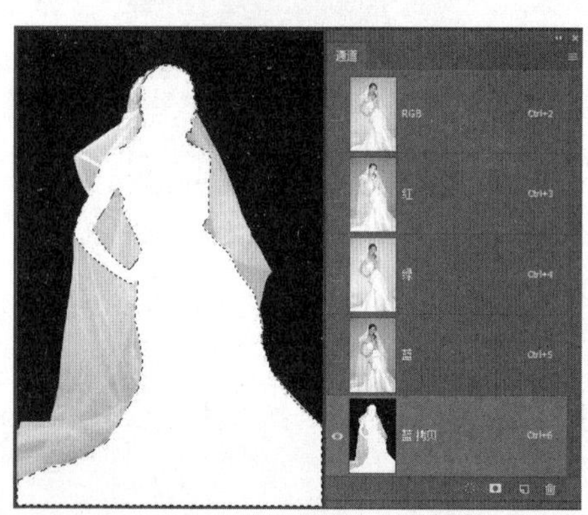

图 7-68　将人物选区填充为白色

图 7-69　插入人物与婚纱的效果

（11）打开素材文件夹中的“古装照.jpg”图片，使用路径工具或“魔棒工具”，也可以使用“多边形套索工具”选取人物，如图 7-70 所示，按快捷键<Ctrl+C>复制人物，进入“龙凤呈祥婚纱照设计.psd”文档，按快捷键<Ctrl+V>粘贴人物，调整大小与位置，效果如图 7-71 所示。

（12）在“图层”面板中单击“创建新组”按钮，新建一个“修饰”图层组，打开素材文件夹中的“龙凤呈祥图案.jpg”图片，如图 7-72 所示，进入“通道”面板，按住<Ctrl>键单击“蓝”通道或者“绿”通道，直接选择白色区域，然后按快捷键<Ctrl+Shift+I>反选所需区域。

（13）按快捷键<Ctrl+C>复制龙凤呈祥图案，进入“龙凤呈祥婚纱照设计.psd”文档，按快捷键<Ctrl+V>粘贴龙凤呈祥图案，调整其大小与位置，按住<Ctrl>键直接单击龙凤呈祥图案，设置前景色为金黄色，按快捷键<Alt+Delete>填充前景色，效果如图 7-73 所示。

图 7-70 选取人物

图 7-71 插入古装照效果

图 7-72 图案素材

图 7-73 插入图案后的效果

（14）打开素材文件夹中的“龙凤呈祥书法.psd”图片，如图 7-74 所示，选择“魔棒工具”，设置容差为 30，单击红色区域，执行“选择”→“选取相似”命令选择红色部分。按快捷键<Ctrl+C>复制书法文字，进入“龙凤呈祥婚纱照设计.psd”文档，按快捷键<Ctrl+V>粘贴书法文字，并调整其大小与位置，并为文字设置白色描边样式和投影样式，效果如图 7-75 所示。

图 7-74 书法素材

图 7-75 插入书法文字后的效果

（15）打开素材文件夹中的“装饰文字.psd”图片，将其复制到文档中，整体效果如图 7-1 所示。

任务拓展

1. **通道的应用技巧**

在使用 Photoshop 的通道时，有很多技巧，如果读者能熟练掌握，则能大大提高工作效率。

技巧 1：按住<Ctrl>键单击图层的缩略图可载入它的透明通道，再按快捷键<Ctrl+Alt+Shift>单击另一图层缩略图选取两个图层的透明通道的相交区域。

技巧 2：若要将彩色图片转为黑白图片，可先将颜色模式转化为 Lab 模式，然后选择“通道”面板中的明度通道，再执行“图像”→“模式”→“灰度”命令，由于 Lab 模式的色域更广，这样转化后的图像层次更丰富。

技巧 3：如果是在含有两个或者两个以上的图层文档中删除原色通道，那儿 Photoshop 会提示要先将图层合并，否则将无法删除。

技巧 4：因为 Alpha 通道中只有黑色、白色、灰色 3 种颜色，如果双击工具箱中的“前景色”或者“背景色”色块选择其他颜色，那么得到的是不同程度的灰色。

技巧 5：使用专色通道时，如果选择的专色是颜色库中的颜色，则印刷服务供应商可以更容易地提供合适的油墨以重现图像，所以最好在颜色库中选择颜色。

技巧 6：要将图像转为双色调模式，必须先将图像转为灰度模式，图像只有在灰度模式下才能转换为双色调模式。

技巧 7：因为在新建通道时可以任意选择原色通道，所以合并 RGB 通道图像时可以合并 6 幅不同颜色的图像。

2. **结合通道抠取透明玻璃**

根据学习的通道的知识，结合钢笔工具与通道蒙版，使用“红酒杯子.jpg”素材，如图 7-76 所示，对比“红”“绿”“蓝”通道，复制对比度大的通道，经过色阶调整后，将图像中的透明酒杯与红酒高光透明区域抠取出来，最终效果如图 7-77 所示。

图 7-76 红酒杯子素材

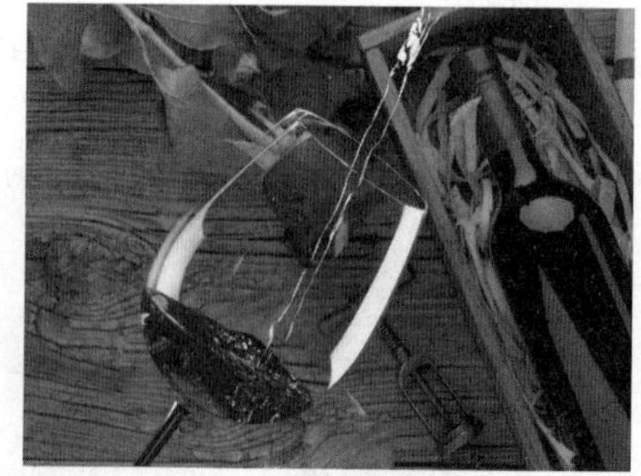

图 7-77 抠取合成后的效果

任务小结

通过对本任务的学习可以发现，通道并不像想象中的那样难以掌握。本任务不仅展示了若干个通道的原理，而且深入讲解了 Alpha 通道与选区之间的关系及其与滤镜的综合应用。在实际应用中读者需要灵活把握，多多思考，才能设计出好的作品。

拓展训练

1. **理论练习**

（1）简述通道的含义。

（2）怎样显示、关闭、命名、新建、复制、删除、合并、分离通道?

（3）通道有哪些分类?

（4）如何将通道转换为选区?

2. **实践练习**

（1）企鹅有“海洋之舟”美称，也是一种古老的游禽，它们很可能在地球穿上“冰甲”之前，就已经在南极安家落户了。全世界的企鹅大多数都分布在南半球。由于全球变暖，企鹅栖息地的范围逐渐在缩小。请设计一幅呼吁大家保护企鹅的宣传页，请使用图 7-78 所示的两幅素材，制作图 7-79 所示的企鹅保护宣传页。

（a）冰雕素材

（b）企鹅素材

图 7-78 素材

图 7-79 企鹅保护宣传页效果

（2）利用通道和所学的蒙版将图 7-80 中的云雾抠取出来并将其放到背景中，最终效果如图 7-81 所示。

图 7-80 云雾素材

图 7-81 将云雾图像插入背景

08

任务 8 应用滤镜

本任务介绍

滤镜主要用来实现图像的各种特殊效果。滤镜源于摄影，通过它可以模拟一些特殊的光照效果，或是带有装饰性的纹理效果。Photoshop 提供了多种滤镜效果，被广泛应用于各种领域，合理地应用滤镜能轻而易举地制作出绚丽的图像效果。

学习目标

知识目标	能力目标	素养目标
（1）了解滤镜的分类与用途。 （2）了解滤镜的使用	（1）掌握常用滤镜的使用。 （2）掌握特殊滤镜的使用	（1）提高艺术素养与审美能力。 （2）具有勇于创新、敬业、乐业的工作作风与质量意识

任务展示：使用滤镜制作水墨画效果

本任务主要借助滤镜制作水墨画效果，如图 8-1 所示。

（a）荷花素材

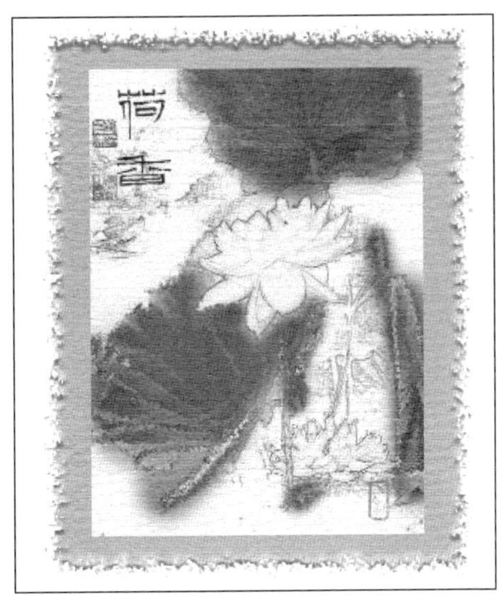

（b）添加滤镜后的水墨画效果

图 8-1 水墨画效果

知识准备

8.1 滤镜简介

8.1.1 认识滤镜

滤镜主要用来实现图像的各种特殊效果。滤镜的操作是非常简单的，但是真正用起来却很难呈现出恰到好处的效果。滤镜通常需要同通道、图层等联合使用，才能取得不错的艺术效果。现在有许多滤镜软件可以在智能手机上使用，这些软件使应用滤镜变得更简单，只需一键就能达到美化照片的效果，例如美颜相机、MIX 滤镜大师、Faceu 激萌、美图秀秀等。

8.1.2 滤镜的分类与用途

滤镜分为内置滤镜和外挂滤镜两大类。内置滤镜就是 Photoshop 提供的各种滤镜，外挂滤镜则是由其他厂商开发的滤镜，它们需要安装在 Photoshop 中才能使用。

所有的 Photoshop 内置滤镜都按分类放置在“滤镜”菜单中，如图 8-2 所示，使用时只需要从该菜单中执行相应命令即可。除了“扭曲”及其他少数滤镜外，大部分滤镜都是通过“滤镜库”来管理和应用的。

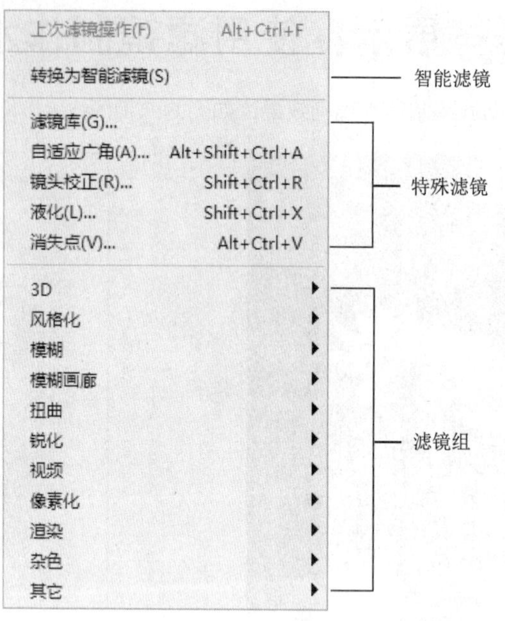

图 8-2 “滤镜”菜单

Photoshop 的内置滤镜主要有两类。

第一类是用于创建具体的图像特效的滤镜，如可以生成粉笔画、图章、纹理、波浪等各种特殊效果。此类滤镜的数量最多，且绝大多数都在“风格化”“模糊”“扭曲”“锐化”“像素化”“渲染”“艺术效果”等滤镜组中。

第二类主要用于编辑图像，如减少杂色、提高清晰度等，这些滤镜在“模糊”“锐化”“杂色”等滤镜组中。此外，“液化”“消失点”“镜头矫正”也属于此类滤镜。这 3 种滤镜比较特殊，它们功能强大，并且有自己的工具和独特的操作方法，更像是独立软件。

8.1.3 滤镜的基本操作

初步体验滤镜

Photoshop 本身带有许多滤镜，其功能各不相同，但是所有滤镜都有相同的特点，只有遵循一定的规则，才能准确、有效地使用滤镜功能。

Photoshop 会针对选区范围进行滤镜处理。打开素材文件夹中的“树蛙.jpg”，当图像中有选区时，执行“滤镜”→“扭曲”→“水波”命令，设置“数量”为“30”、起伏为“5”、“样式”为“水池波纹”，效果如图 8-3 所示；如果图像中没有选区，则对整个图像进行处理，效果如图 8-4 所示。

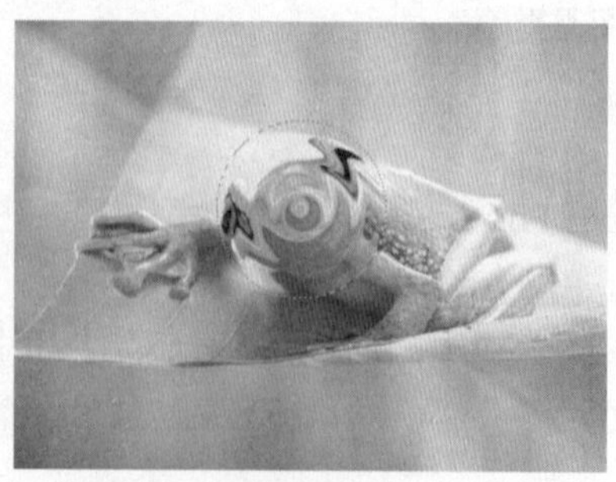

图 8-3 滤镜应用到选区内的图像效果

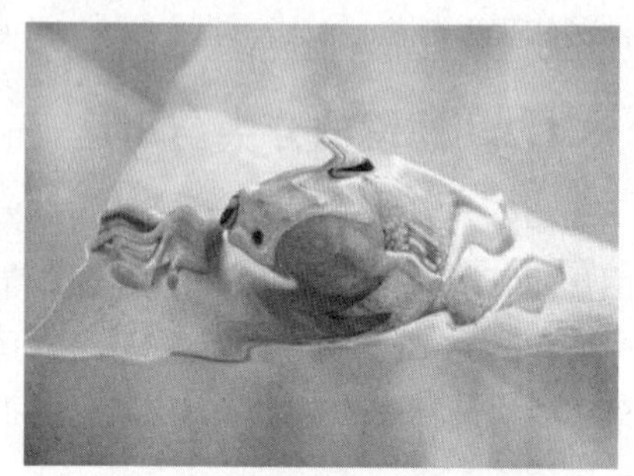

图 8-4 滤镜应用到整个图像的效果

在只对局部图像进行滤镜处理时，可以将选区范围羽化，使处理的区域与原图像自然地过渡，减少突兀的感觉。

在 Photoshop 的绝大多数滤镜对话框中，都有预览功能，例如执行“滤镜”→“扭曲”→“水波”命令，打开的“水波”对话框如图 8-5 所示，有时应用滤镜需要花费一些时间，使用预览功能可以在设置滤镜参数的同时预览效果。

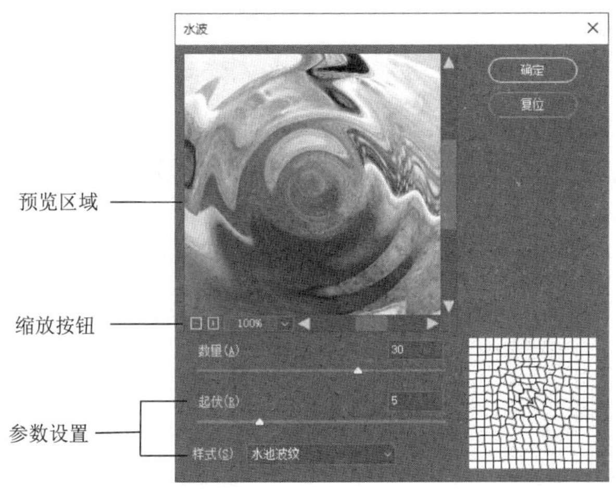

图 8-5 “水波”对话框

将鼠标指针移至预览区域中，鼠标指针变成手形，这时按住鼠标左键并拖动鼠标即可在预览区域中移动图像。如果图像尺寸过大，还可以将鼠标指针移至图像上，当鼠标指针移至变成方框后单击，预览区域立刻显示该图像。如果对文字图层或者形状图层应用滤镜，Photoshop 会提示应先将对应图层转换为普通图层（或者对其进行栅格化）后再执行滤镜命令。

8.1.4 滤镜的使用原则

所有的滤镜效果都有相同之处，用户只有遵守这些基本的使用原则，才能准确有效地使用各种滤镜功能。滤镜的使用原则具体如下。

（1）使用滤镜处理图像时，可应用于当前选区、当前图层、图层蒙版或通道，若需要将滤镜应用于整个图层，则不要选择任何图像区域。值得注意的是，如果创建了选区，则滤镜只处理选区内的图像，例如图 8-3 所示就是只作用于选区内的效果。只有“云彩”滤镜可以应用在没有像素的区域，其他滤镜都必须应用在包含像素的区域，否则滤镜将不能使用。但外挂滤镜除外。

（2）使用滤镜可以处理图层蒙版、快速蒙版和通道。

（3）滤镜的处理效果是以像素为单位来进行计算的，因此，相同的参数处理不同分辨率的图像，其效果也会不同。

（4）有些滤镜只对 RGB 模式的图像起作用，而不能应用于位图模式或索引模式的图像，也有些滤镜不能应用于 CMYK 模式的图像。

（5）有些滤镜完全是在内存中进行处理的，因此在处理高分辨率图像时非常消耗内存。

（6）上次使用的滤镜显示在“滤镜”菜单顶部，按快捷键<Ctrl + F>，可再次以相同参数应用上一次使用的滤镜，按快捷键<Ctrl + Alt + F>，可再次打开相应的滤镜对话框。

8.1.5 混合滤镜的使用

混合滤镜的使用

执行“编辑”→“渐隐”命令，即可将应用滤镜后的图像与原图像混合。

混合滤镜效果的具体操作如下。

（1）打开素材文件夹中的“红色荷包牡丹.jpg”图片，如图 8-6 所示，按快捷键 <Ctrl+J>复制图层。

（2）执行“滤镜”→“模糊”→“径向模糊”命令，在打开的“径向模糊”对话框设置“数量”为“40”、“模糊方法”为“缩放”、“品质”为“好”，如图 8-7 所示。

图 8-6 素材图像

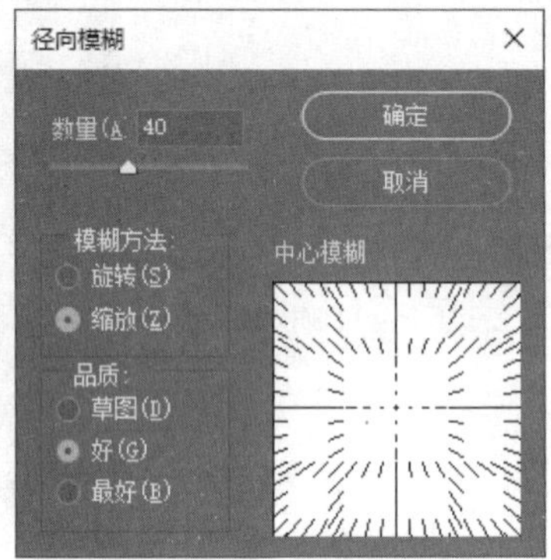

图 8-7 “径向模糊”对话框

（3）单击“确定”按钮，即可应用径向模糊滤镜效果。

（4）执行“编辑”→“渐隐径向模糊”命令，打开“渐隐”对话框，设置“不透明度”为“80%”，“模式”设置为“变暗”，如图 8-8 所示，单击“确定”按钮，即可实现混合滤镜效果，如图 8-9 所示。

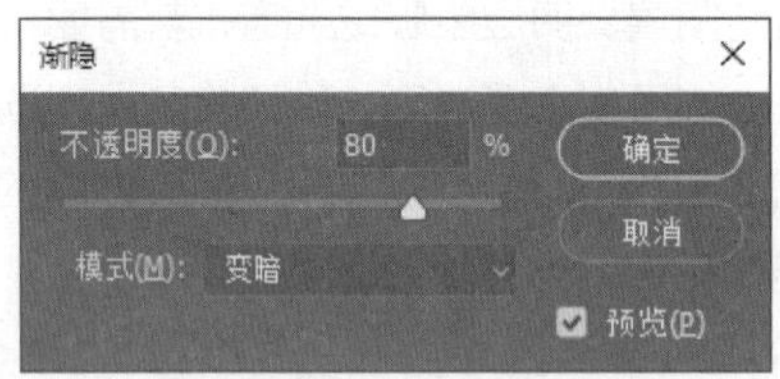

图 8-8 应用玻璃滤镜后的效果

图 8-9 混合滤镜效果

8.2 使用智能滤镜的方法

智能滤镜指的是应用于智能对象的滤镜，可以将滤镜的参数和设置进行保存，但图像所应用的滤镜效果不会被保存。

智能滤镜可以无损编辑图片，是很受欢迎的方式，还可以不断调整滤镜效果。

8.2.1 创建智能滤镜

使用智能滤镜

应将所选择的图层转换为智能对象，才能应用智能滤镜，“图层”面板中的智能对象可以直接将滤镜添加到图像中，且不破坏图像本身的像素。

创建智能滤镜的具体步骤如下。

（1）打开素材文件夹中的“蜂鸟.jpg”图片，如图 8-10 所示。

（2）执行“滤镜”→“转换为智能滤镜”命令，弹出提示框，单击“确定”按钮，即可将背景图层转换为智能对象，且图层缩略图的右下角将显示一个智能对象图标，如图 8-11 所示。

图 8-10　蜂鸟素材图像

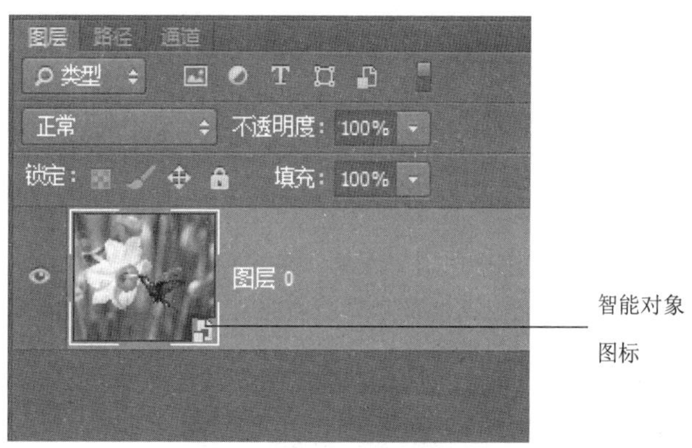

图 8-11　背景图层转换为智能对象

（3）使用“椭圆选框工具”创建中间蜂鸟的选区，执行“选择”→“反选”命令，使选区反向，执行“选择”→“修改”→“羽化”命令，在打开的对话框中设置“羽化半径”为“30”，如图 8-12 所示。

（4）单击“确定”按钮，即可将选区羽化，如图 8-13 所示。

图 8-12　“羽化选区”对话框

图 8-13　羽化选区

（5）执行“滤镜”→“模糊”→“径向模糊”命令，在打开的“径向模糊”对话框中设置“数量”为“20”，选中“旋转”和“好”单选项，如图 8-14 所示。

（6）单击“确定”按钮，即可对选区中的图像应用径向模糊滤镜，效果如图 8-15 所示，所应用的滤镜效果图层也以“智能滤镜”的名称显示。

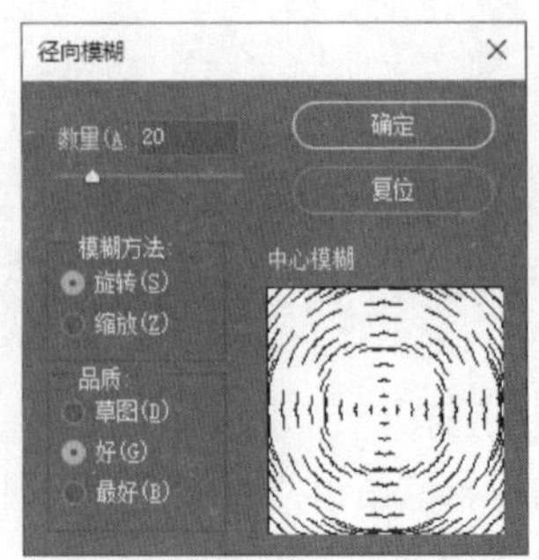

图 8-14 “径向模糊”对话框

图 8-15 应用智能滤镜的效果

8.2.2 编辑智能滤镜

创建智能滤镜后，若对滤镜的效果不满意，则可以根据需要对智能滤镜进行编辑。编辑智能滤镜的具体步骤如下。

（1）在图 8-15 所示的基础上，在“径向模糊”图层上单击鼠标右键，在弹出的快捷菜单中执行“编辑智能滤镜混合选项”命令，如图 8-16 所示。

（2）打开“混合选项（径向模糊）”对话框，设置“模式”为“正常”、“不透明度”为“75%”，如图 8-17 所示。

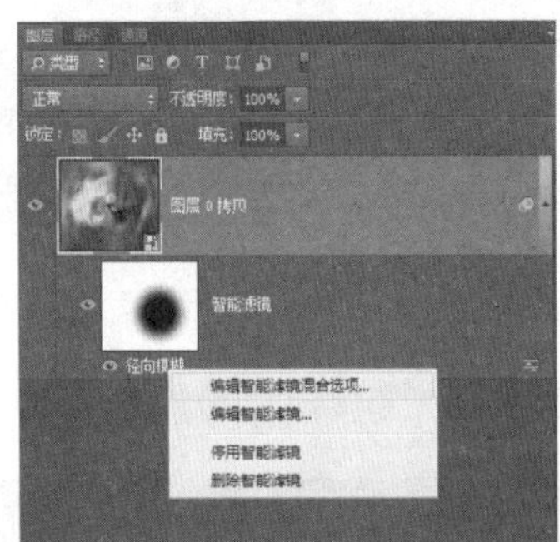

图 8-16 执行“编辑智能滤镜混合选项”命令

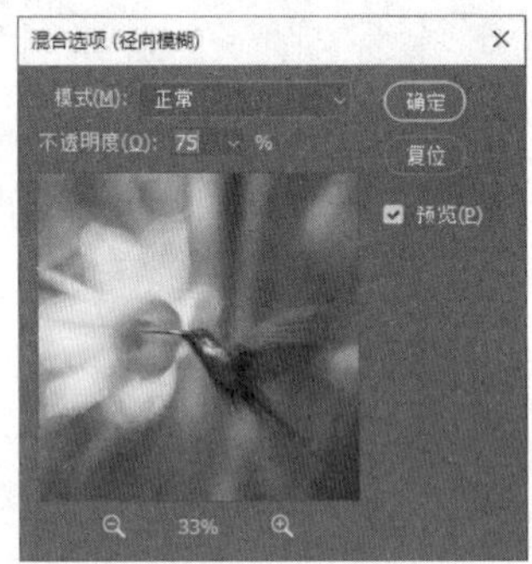

图 8-17 “混合选项（径向模糊）”对话框

（3）单击“确定”按钮，即可更改图像的智能滤镜效果，如图 8-18 所示。

（4）参照步骤 1 的操作方法，在“径向模糊”图层上单击鼠标右键，在弹出的快捷菜单中执行“编辑智能滤镜”命令，打开“径向模糊”对话框，设置“数量”为“85”，设置“模糊方法”为“缩放”，单击“确定”按钮，即可更改图像的智能滤镜效果，如图 8-19 所示。

图 8-18 设置混合选项后的效果

图 8-19 修改“径向模糊”参数后的效果

8.3 常用滤镜的使用

Photoshop 中有很多常用的滤镜，如“彩块化”滤镜、“水波”滤镜、“添加杂色”滤镜等，下面介绍常用滤镜的使用。

8.3.1 像素化滤镜

像素化滤镜主要是按照指定大小的点或块，对图像进行平均分块或平面化处理，从而产生特殊的图像效果。像素化滤镜主要包括“彩块化”“彩色半调”“点状化”“晶格化”“马赛克”“碎片”“铜板雕刻”等。现以“彩色半调”与“点状化”为例讲解一下像素化滤镜的使用方法。

（1）打开素材文件夹中的“桃花.jpg”图片，执行“滤镜”→“像素化”→“彩色半调”命令，打开“彩色半调”对话框，参数设置如图 8-20 所示，单击“确定”按钮，将“彩色半调”滤镜应用于图像中，效果如图 8-21 所示。

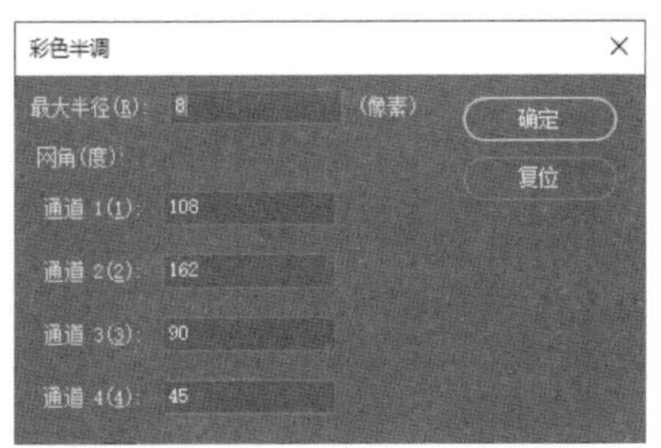

图 8-20 “彩色半调”滤镜参数设置

图 8-21 应用“彩色半调”滤镜后的图像效果

（2）执行“滤镜”→“像素化”→“点状化”命令，打开“点状化”对话框，设置“单元格”大小为“3”，如图 8-22 所示。

（3）单击“确定”按钮，将“点状化”滤镜应用于图像中，效果如图 8-23 所示。

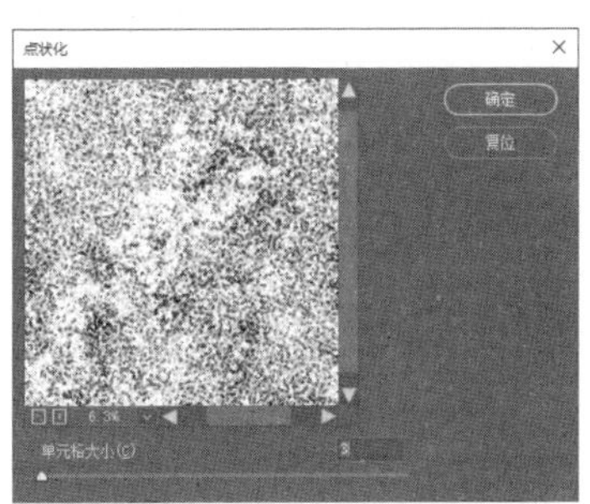

图 8-22 “点状化”对话框

图 8-23 应用“点状化”滤镜后的图像效果

8.3.2 扭曲滤镜

扭曲滤镜的主要作用是将图像按照一定的方式在几何意义上进行扭曲，可以模拟水波、镜面、球面等效果。扭曲滤镜有“波浪”“波纹”“极坐标”“球面化”等，应用扭曲滤镜的操作如下。

（1）打开素材文件夹中的“天池.jpg”图片，如图 8-24 所示。

（2）选择“椭圆选框工具”，绘制一个大小合适的椭圆选区，执行“选择”→“修改”→“羽化”命令，在打开的对话框中设置“羽化半径”为“20”，单击“确定”按钮，羽化选区，效果如图 8-25 所示。

图 8-24 天池素材图像

图 8-25 羽化选区

（3）执行“滤镜”→“扭曲”→“水波”命令，打开“水波”对话框，设置“数量”为“80”、“起伏”为“8”、“样式”为“水池波纹”，如图 8-26 所示。

（4）单击“确定”按钮，将“水波”滤镜应用于选区中，效果如图 8-27 所示。

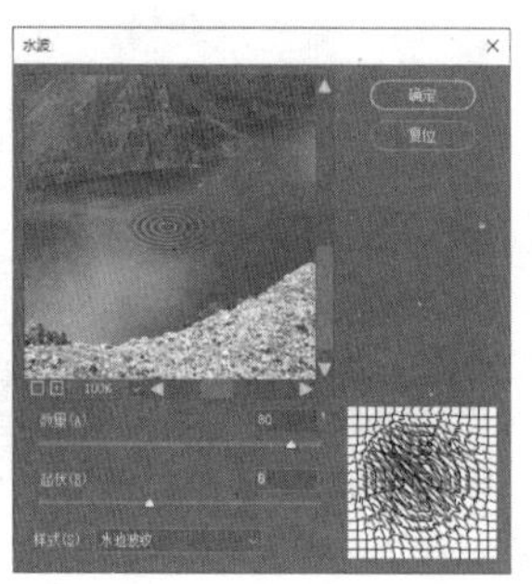

图 8-26 “水波”对话框

图 8-27 添加“水波”滤镜后的图像效果

8.3.3 杂色滤镜

应用杂色滤镜可以减少或增加图像中的杂点，从而使图像混合时产生漫散的效果。应用杂色滤镜具体的操作如下。

（1）打开素材文件夹中的“瓷器.jpg”图片，如图 8-28 所示。

（2）执行“滤镜”→“杂色”→“添加杂色”命令，打开“添加杂色”对话框，设置“数量”为“10%”、“分布”为“高斯分布”，勾选“单色”复选框，单击“确定”按钮，将滤镜应用于图像中，效果如图 8-29 所示。

图 8-28 瓷器素材图像

图 8-29 添加杂色滤镜后的图像效果

8.3.4 模糊滤镜

使用模糊滤镜

应用模糊滤镜可以使图像中清晰或对比较强烈的区域产生模糊的效果。模糊滤镜组中具体包括“表面模糊”“动感模糊”“方框模糊”“高斯模糊”“进一步模糊”“径向模糊”“镜头模糊”“模糊”“平均”“特殊模糊”“形状模糊”等。模糊滤镜的具体操作如下。

（1）打开素材文件夹中的“红旗轿车.jpg”图片，如图 8-30 所示。

（2）使用“多边形套索工具”将汽车选取，执行“选择”→“反选”命令，使选区反向，执行“选择”→“修改”→“羽化”命令，在打开的对话框中设置“羽化半径”为“10”，单击“确定”按钮，羽化选区，效果如图 8-31 所示。

图 8-30　红旗轿车素材图像

图 8-31　羽化选区

（3）执行“滤镜”→“模糊”→“径向模糊”命令，打开“径向模糊”对话框，设置“数量”为“25”，选中“缩放”和“最好”单选项，如图 8-32 所示。

（4）单击“确定”按钮，将“径向模糊”滤镜应用于图像中，效果如图 8-33 所示。

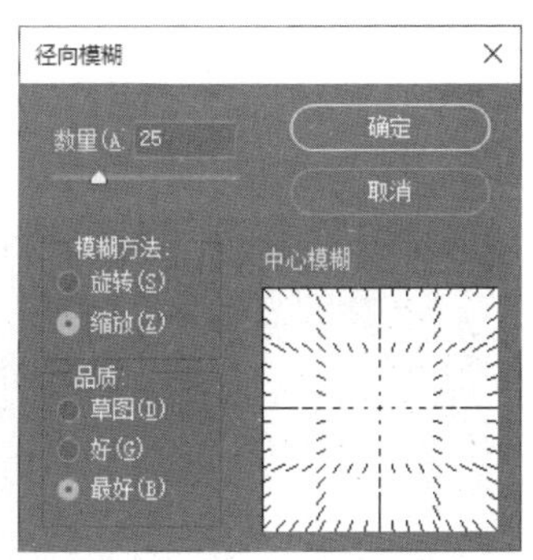

图 8-32　“径向模糊”对话框

图 8-33　应用“径向模糊”滤镜后的图像效果

8.3.5 渲染滤镜

使用渲染滤镜

应用渲染滤镜可以制作出照明、云彩图案、折射图案和模拟光的效果，其中，分层云彩和云彩效果的图案是根据前景色和背景色进行变换的。应用渲染滤镜的具体操作如下。

（1）打开素材文件夹中的“海洋.jpg” 图片，如图 8-34 所示。

（2）执行“滤镜”→“渲染”→“镜头光晕”命令，打开“镜头光晕”对话框，设置“亮度”为

“160%”，选中“50-300 毫米变焦”单选项，如图 8-35 所示。

图 8-34　海洋素材图像

图 8-35　“镜头光晕”对话框

（3）单击“确定”按钮，将“镜头光晕”滤镜应用于图像中，效果如图 8-36 所示。

图 8-36　应用“镜头光晕”滤镜后的图像效果

8.3.6　锐化滤镜

使用锐化滤镜可以通过增加图像相邻像素之间的对比度使图像变得清晰，该滤镜可以处理因摄影及扫描等原因造成模糊的图像。应用锐化滤镜的具体操作如下。

（1）打开素材文件夹中的“烟雾.jpg”图片，如图 8-37 所示。

（2）执行“滤镜”→“锐化”→“USM 锐化”命令，打开“USM 锐化”对话框，设置“数量”为“200%”、“半径”为“5”、“阈值”为“3”。单击“确定”按钮，将“USM 锐化”滤镜应用于图像中，效果如图 8-38 所示。

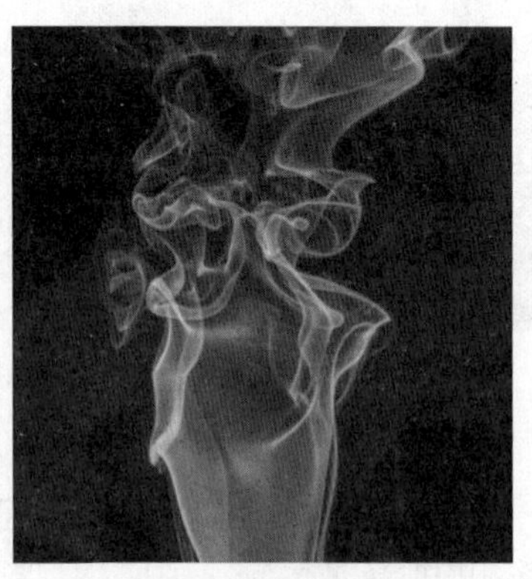

图 8-37　烟雾素材

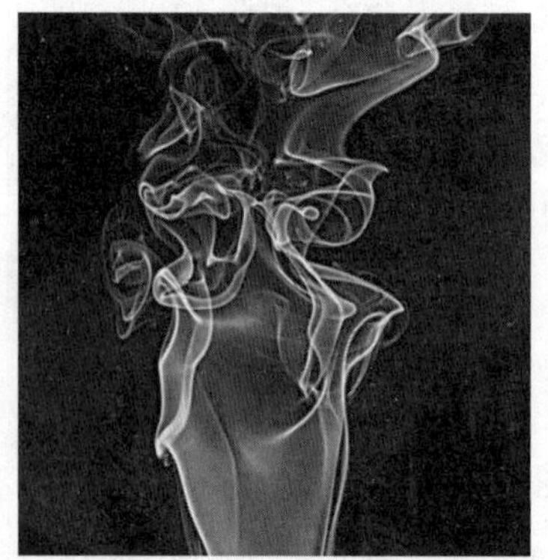

图 8-38　应用“USM 锐化”滤镜后的图像效果

8.3.7　风格化滤镜

使用风格化滤镜可以将选区中的图像像素进行移动，并提高像素的对比度，从而产生印象派等特殊风格的图像效果。应用“风格化”滤镜的具体操作如下。

（1）打开素材文件夹中的“鸟.jpg”图片，如图 8-39 所示。

（2）执行“滤镜”→“风格化”→“查找边缘”命令，将“查找边缘”滤镜应用于图像中，效果如图 8-40 所示。

图 8-39　鸟素材

图 8-40　应用“查找边缘”滤镜后的图像效果

8.4　特殊滤镜的使用

特殊滤镜相对众多滤镜组中的滤镜而言，功能相对强大且独立，使用频率较高。Photoshop 中的特殊滤镜主要有“滤镜库”“自适应广角”“镜头校正”“液化”“消失点”。

8.4.1　使用滤镜库滤镜

使用滤镜库

滤镜库包含了 6 类共 47 种滤镜，使用滤镜库滤镜的具体操作如下。

（1）打开素材文件夹中的“梅花.jpg”图片，如图 8-41 所示，按快捷键<Ctrl + J>复制图层。

（2）执行“滤镜”→“滤镜库”命令，在打开的对话框中选择“纹理”下的“染色玻璃”选项，设置“单元格大小”为“4”、“边框粗细”为“2”、“光照强度”为“6”，如图 8-42 所示。

图 8-41　梅花素材

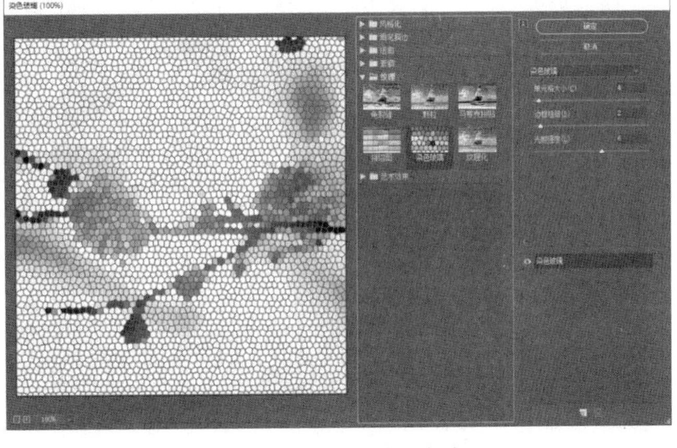

图 8-42　“染色玻璃”对话框

（3）单击“确定”按钮，为图像应用“染色玻璃”滤镜效果，如图 8-43 所示。如果选择“扭曲”

下的“玻璃”选项，设置“扭曲度”为“5”、“平滑度”为“3”、“纹理”为“磨砂”、“缩放”为“80%”，则效果如图 8-44 所示。

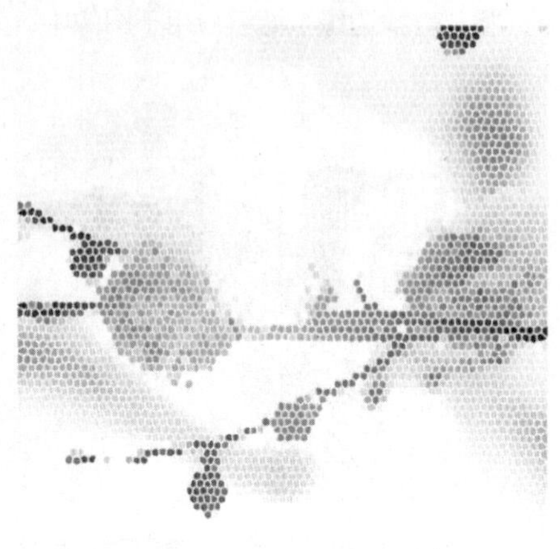

图 8-43　应用“染色玻璃”滤镜后的图像效果

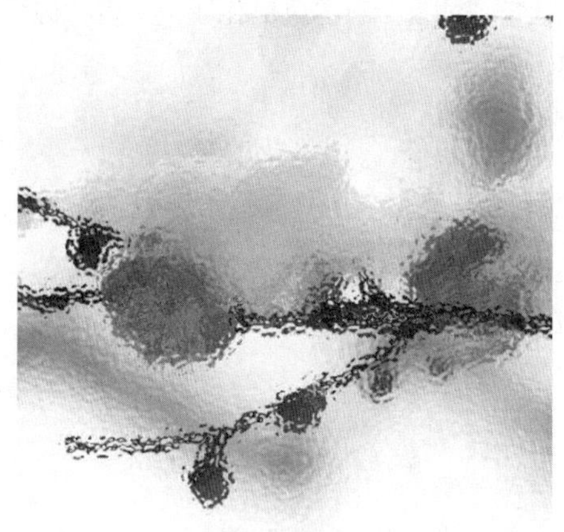

图 8-44　应用“玻璃”滤镜后的图像效果

8.4.2　使用自适应广角滤镜

使用自适应广角滤镜

“自适应广角”滤镜可以拉直在使用广角镜头或鱼眼镜头时产生的弯曲，也可以拉直一张全景图。应用“自适应广角”滤镜的具体操作如下。

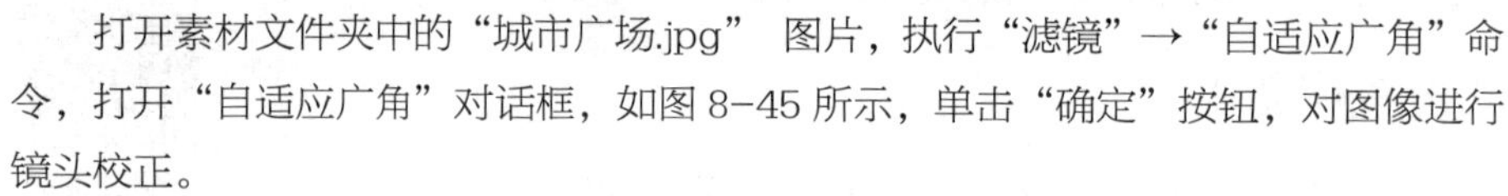

打开素材文件夹中的“城市广场.jpg” 图片，执行“滤镜”→“自适应广角”命令，打开“自适应广角”对话框，如图 8-45 所示，单击“确定”按钮，对图像进行镜头校正。

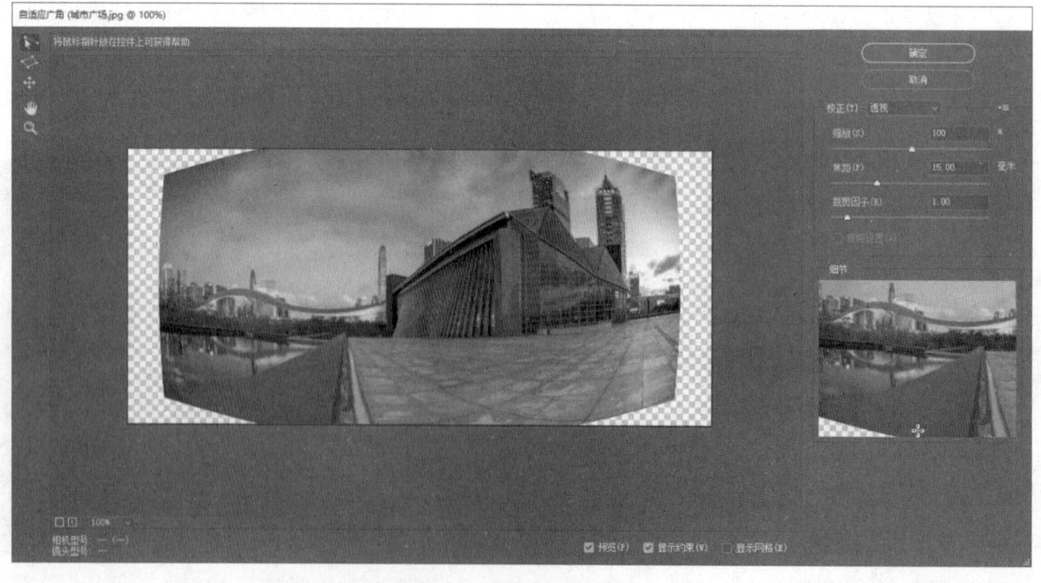

图 8-45　“自适应广角”对话框

“自适应广角”对话框中的主要选项说明如下。

约束工具：选择该工具可以沿着弯曲对象的边缘绘制约束线，并对约束的对象进行自动校正。

多边形约束工具：选择该工具可以创建多边形约束线。

移动工具：选择该工具后，可以在画布中拖动图像。

抓手工具：选择该工具，可以实现图像画面的移动和选择区域的查看。

缩放工具：选择该工具，单击或拖动可以放大图像；在按住<Alt>键的同时单击或拖动，可以缩小图像。

校正：单击下拉按钮，在下拉列表中可以对校正的投影方式进行设置，下拉列表中包含“鱼眼”“透视”“自动”“完整球面”选项。

缩放：通过拖曳滑块或在文本框中输数值对图像进行缩放调整。

焦距：用于设置镜头焦距。

裁剪因子：该选项与“缩放”选项配合使用，以补全应用滤镜时引入的空白区域。

细节：在进行校正时，可以在这里看到鼠标指针下的校正细节。

在默认状态下，可以直接在照片上按鼠标左键拖动鼠标拉出一条直线段。在画线过程中，拉出的线条会自动贴合画面中的线条，即表现为曲线，松开鼠标左键后就会变成直线段。

8.4.3 使用镜头校正滤镜

“镜头校正”滤镜可以用于对失真或倾斜的图像进行校正，还可以为图像设置扭曲、色差、晕影和变换效果，使图像恢复至正常状态。应用该滤镜的具体操作如下。

（1）打开素材文件夹中的“白色汽车.jpg”图片，执行“滤镜”→“镜头校正”命令，打开“镜头校正”对话框，选择对话框左侧的“移去扭曲工具”，将鼠标指针移至预览区域中的图像中央，按住鼠标左键并拖动鼠标，效果如图 8-46 所示。

（2）单击“确定”按钮，即可对图像进行镜头校正，效果如图 8-47 所示。

图 8-46　按住鼠标左键并拖动鼠标

图 8-47　镜头校正后的效果

8.4.4 使用液化滤镜

使用液化滤镜

“液化”滤镜可以逼真地模拟液体流动的效果，通过它用户可以为图像设置弯曲、旋转、扩展和收缩等效果，但是该滤镜不能在索引模式、位图模式和多通道颜色模式的图像中使用。应用该滤镜的具体操作如下。

（1）打开素材文件夹中的“猫咪.jpg”图片，执行“滤镜”→“液化”命令，打开“液化”对话框，选取“向前变形工具”，将鼠标指针移至图像预览区域的合适位置，按住鼠标左键并拖动鼠标，即可使图像变形，如图 8-48 所示。

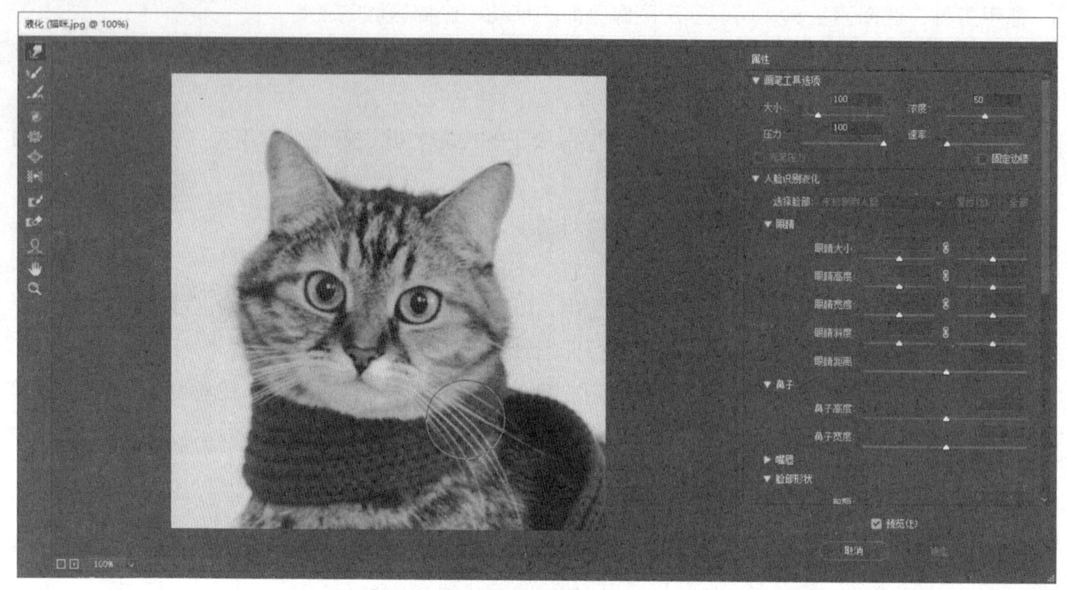

图 8-48　“液化”对话框

（2）用同样的方法，在预览区域中对猫咪的眼睛部分进行液化变形，例如使用“膨胀工具”将两只眼睛变大，效果如图 8-49 所示。

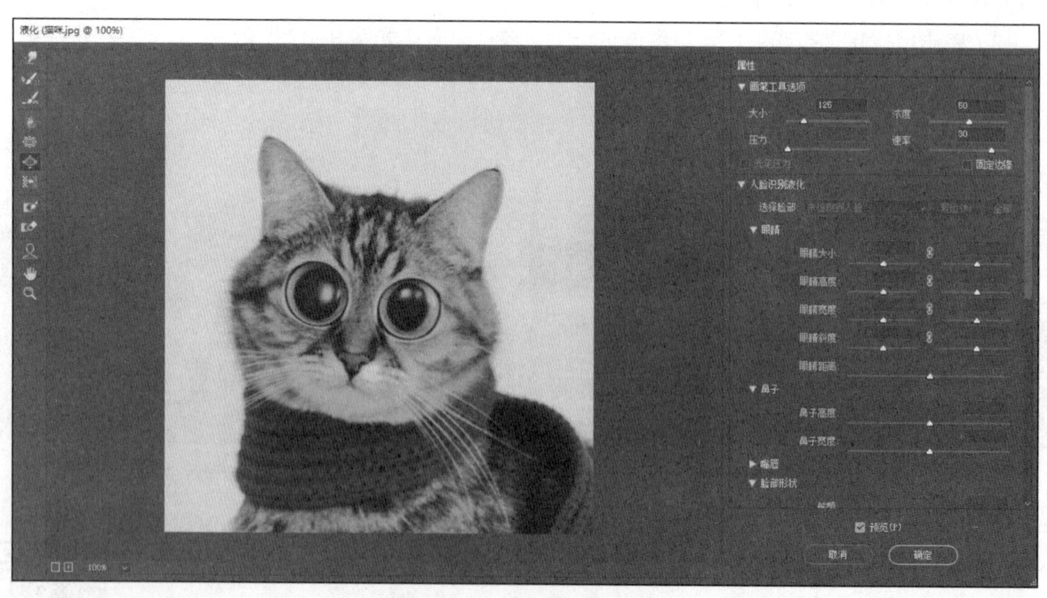

图 8-49　液化变形放大猫咪的双眼

（3）单击“确定”按钮，将预览区域中的液化变形应用到图像文档窗口的图像上，猫咪的双眼放大显示。

8.4.5 使用消失点滤镜

使用消失点滤镜

应用“消失点”滤镜时，用户可以自定义透视参考线，从而将图像复制、转换或移动到透视结构上。对图像进行透视校正后，可通过消失点在图像中指定平面，并应用绘画、仿制、粘贴及变换等操作，对图像进行编辑。具体操作如下。

（1）打开素材文件夹中的“马路.jpg”图片，新建一个图层，输入“复兴大道”，效果如图 8-50 所示。

（2）按住<Ctrl>键单击文字得到文字选区，按快捷键<Ctrl+C>复制选区内容，按快捷键<Ctrl+D>取消选区，隐藏该图层。

（3）新建一个空白图层，并且将其选中，执行“滤镜”→“消失点”命令，打开“消失点”对话框，选择“创建平面工具”并依次单击画布中公路的上、下、左、右 4 个点，绘制透视矩形框，并适当地调整透视矩形框，效果如图 8-51 所示。

图 8-50 输入文字“复兴大道”

图 8-51 创建透视矩形框

（4）按快捷键<Ctrl+V>粘贴文字，把鼠标指针移动到文字位置，将其拖曳到下方的消失平面上，这时文字会自动吸附到平面里面，效果如图 8-52 所示。

（5）单击“确定”按钮，为图像应用“消失点”滤镜，效果如图 8-53 所示。

图 8-52 吸附文字到透视区域

图 8-53 应用“消失点”滤镜后的图像效果

8.5 综合案例：液体巧克力效果的制作

液体巧克力效果的制作

8.5.1 效果展示

本案例将通过应用Photoshop滤镜制作液体巧克力效果，如图 8-54 所示。

图 8-54 液体巧克力效果

8.5.2 实现过程

具体实现步骤如下。

（1）执行“文件”→“新建”命令（快捷键为<Ctrl+N>），新建 “液体巧克力.psd” 文档，宽度为 600 像素、高度为 600 像素，背景色设为黑色。

（2）执行“滤镜”→“渲染”→“镜头光晕”命令，所有设置保持默认，效果如图 8-55 所示。

（3）执行“滤镜”→ “滤镜库”命令，选择“画笔描边”下的“喷色描边”选项，设置“描边长度”为“20”、“喷色半径”为“20”，单击“确定”按钮，效果如图 8-56 所示。

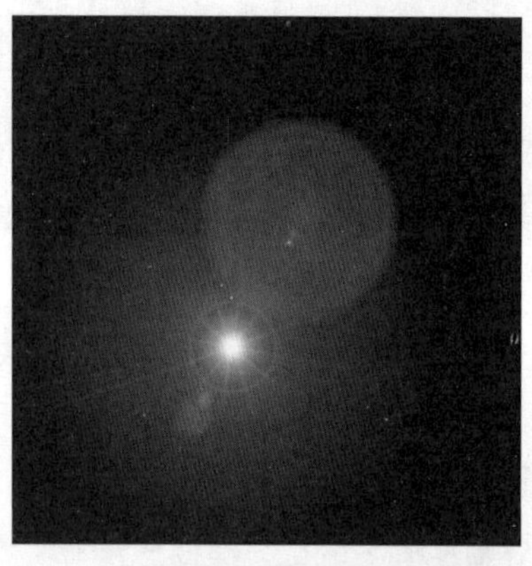
图 8-55 应用“镜头光晕”滤镜后的图像效果

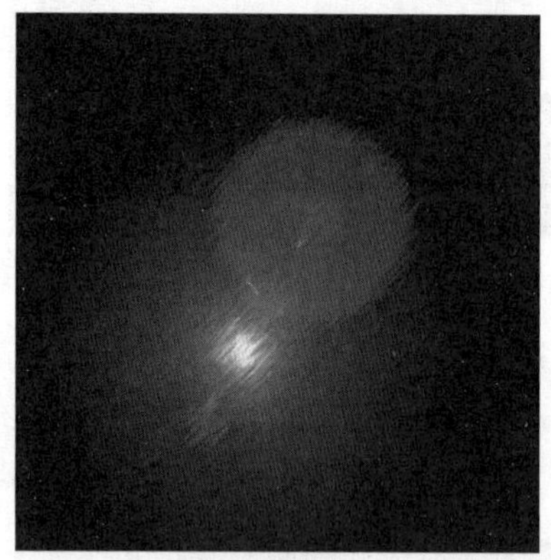
图 8-56 应用“喷色描边”滤镜后的图像效果

（4）执行“滤镜”→“扭曲”→“波浪”命令，设置“生成器数”为“20”、波长最小为“20”、波长最大为“120”、波幅最小为“5”、波幅最大为“35”、比例水平为“100%”、比例垂直为“100%”，具体设置如图 8-57 所示，单击“确定”按钮，效果如图 8-58 所示。

（5）执行“滤镜”→“滤镜库”命令，选择“素描”下的“铬黄渐变”选项，设置“细节”为“4”、“平滑度”为“7”，单击“确定”按钮，效果如图 8-59 所示。

（6）通过上面的步骤可以看到颜色为黑色，尚不能出现金黄色的效果，因此要给图像上色。执行“图像”→“调整”→“色彩平衡”命令，打开“色彩平衡”对话框，调整 3 种颜色的具体参数，如图 8-60 所示。

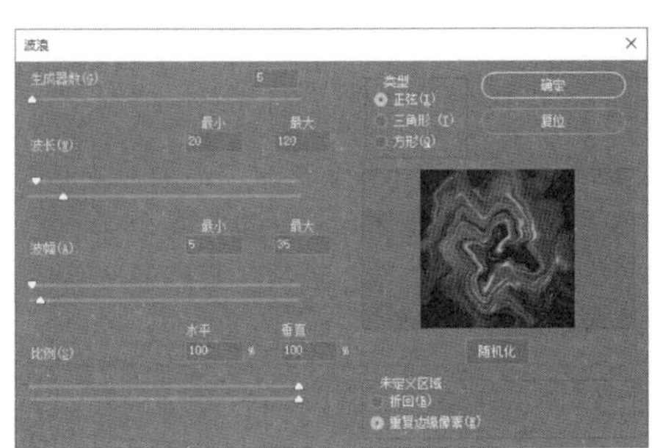

图 8-57 “波浪”滤镜参数设置

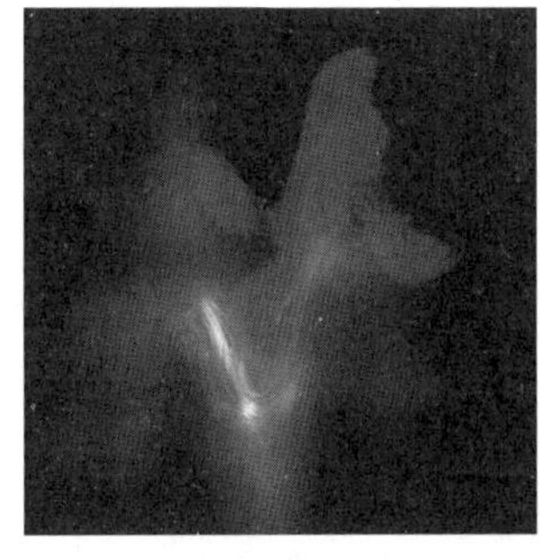

图 8-58 应用“波浪”滤镜后的图像效果

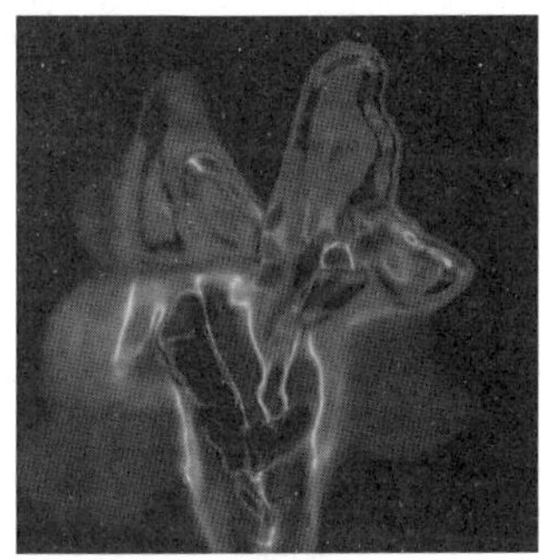

图 8-59 应用“铬黄渐变”滤镜后的图像效果

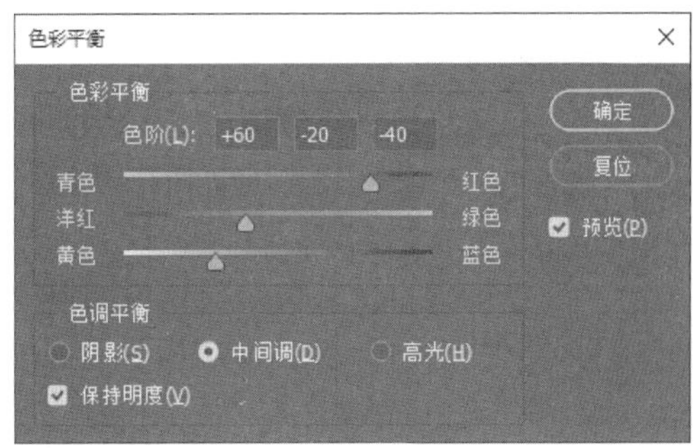

图 8-60 “色彩平衡”对话框参数设置

（7）单击“确定”按钮，调整色调后的图像效果如图 8-61 所示。

（8）为了实现巧克力的搅拌效果，执行“滤镜”→“扭曲”→“旋转扭曲”命令，在打开的对话框中设置“角度”为“350 度”，如图 8-62 所示，单击“确定”按钮，图像的效果如图 8-58 所示。

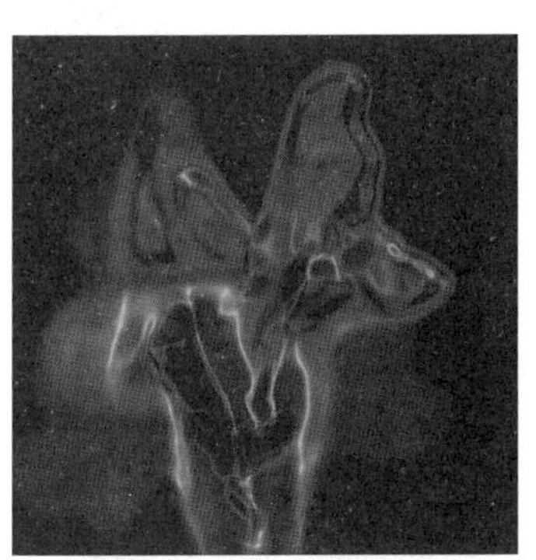

图 8-61 色调调整后的效果

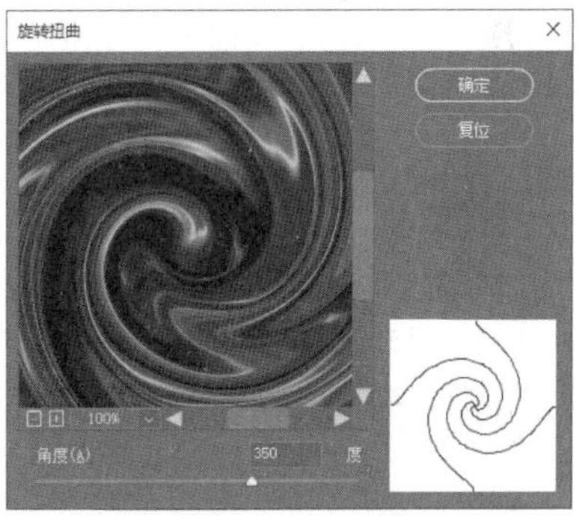

图 8-62 “旋转扭曲”滤镜的设置

任务实施：使用滤镜制作水墨画效果

1. 任务分析

水墨画效果的制作思路主要是把彩色图片转为黑白图片，用滤镜等增加水墨纹理。在处理的过程中需要注意图片的背景、水墨纹理的控制范围等；为烘托效果通过滤镜库与蒙版结合制作出画框的效果。

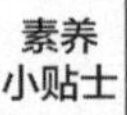

中华传统文化——中国画

中国画简称“国画”。国画是我国的传统绘画形式，用毛笔蘸水、墨、彩作画于绢或纸上。 工具和材料有毛笔、墨、国画颜料、宣纸、绢等，题材可分人物、山水、花鸟。国画在古代无确定名称，一般称为丹青，在世界美术领域中自成体系。国画在内容和艺术创作上，体现了人们对自然、社会及与之相关联的政治、哲学、道德、文艺等方面的认识。

2. 技能要点

水墨荷花效果

核心技能要点：滤镜库、色彩调整、图层混合模式、照片滤镜等的使用。

3. 实现过程

本案例操作如下。

（1）执行“文件”→“新建”命令（快捷键为<Ctrl+N>），新建一个宽度为 440 像素、高度为 600 像素的文档，背景色设为白色，执行“文件”→“另存为”命令将文档存储为“墨荷.psd”。打开素材文件夹中的图片“荷花”，将其复制粘贴到文档中。

（2）执行“图像”→“调整”→“阴影/高光”命令，在打开的对话框中将阴影数量设置为“90%”，高光数量设置为“30%”，如图 8-63 所示，单击“确定”按钮，效果如图 8-64 所示。

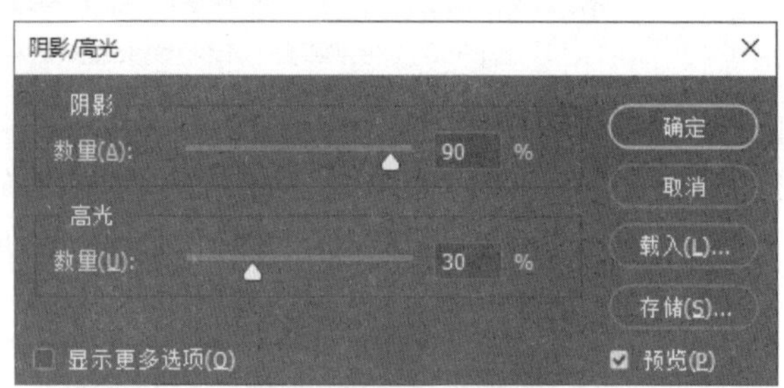

图 8-63 “阴影/高光”对话框

图 8-64 调整阴影与高光后的效果

（3）执行“图像”→“调整”→“黑白”命令，保持默认设置即可（可以根据需要自行调整相关参数），“黑白”对话框如图 8-65 所示，单击“确定”按钮后图像效果如图 8-66 所示。

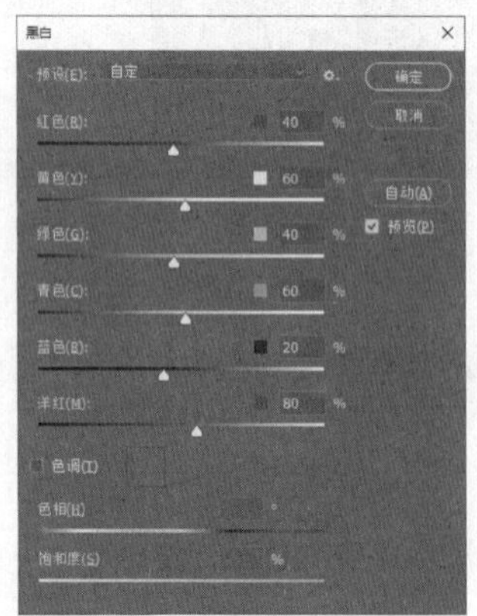

图 8-65 “黑白”对话框

图 8-66 调整“黑白”后的效果

（4）执行“选择”→“色彩范围”命令，将颜色容差设置为“70”，用吸管工具吸取图像中的黑色区域，“色彩范围”对话框如图 8-67 所示，单击“确定”按钮后图像效果如图 8-68 所示。

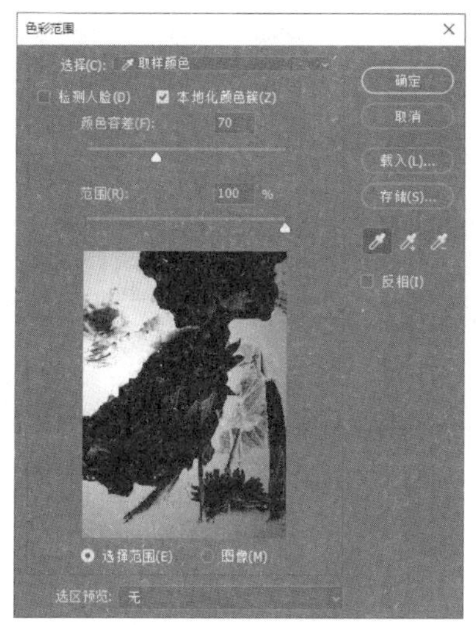

图 8-67 “色彩范围”对话框

图 8-68 设置“色彩范围”后的效果

（5）执行“图像”→“调整”→“反相”命令（快捷键为<Ctrl+I>），把黑色背景转为白色，效果如图 8-69 所示

（6）把当前图层复制两层，将最上面图层的混合模式设置为“颜色减淡”，效果如图 8-70 所示

图 8-69 背景变为白色后的效果

图 8-70 复制图层并设置“颜色减淡”混合模式后的效果

（7）执行“图像”→“调整”→“反相”命令（快捷键为<Ctrl+I>），执行“滤镜”→“其他”→“最小值”命令，效果如图 8-71 所示。

（8）执行“图层”→“向下合并”命令（快捷键为<Ctrl+E>），选择下面的荷花图层，执行“滤镜”→“滤镜库”命令，在“滤镜库”对话框中选择“画笔描边”下的“喷溅”选项，喷色半径设置为“6 像素”，平滑度设置为“4 像素”，单击“确定”按钮后效果如图 8-72 所示。

图 8-71 图层设置反相并应用“最小值”滤镜后的效果

图 8-72 底层荷花图层设置“喷溅”滤镜后的效果

（9）选择上层的“荷花 拷贝”图层，使用“橡皮擦工具”把荷叶部分擦出来，效果如图 8-73 所示。按快捷键<Ctrl+E>合并图层，执行 “滤镜”→“滤镜库”命令，在“滤镜库”对话框中选择“纹理”下的“纹理化”选项，设置纹理类型为“画布”，纹理缩放设置为“60%”，纹理凸现设置为“5 像素”，单击“确定”按钮后效果如图 8-74 所示。

（10）执行“图像”→“调整”→“照片滤镜”命令，保持默认设置（增加仿古色），整体效果如图 8-75 所示。

图 8-73 使用“橡皮擦工具”擦出上层荷叶后的效果

图 8-74 设置“纹理化”滤镜后的效果

图 8-75 设置“照片滤镜”后的效果

（11）打开素材文件夹中的“荷香题款.tif”图片，将其复制粘贴到“墨荷.psd”文档中，调整其大小与位置，打开素材文件夹中的“日利.tif”图片，将其复制粘贴到“墨荷.psd”文档中，调整其大小与位置，效果如图 8-76 所示。

（12）打开素材文件夹中的“落款.tif”图片，将其复制粘贴到“墨荷.psd”文档中，调整其大小与位置，效果如图 8-77 所示。

图 8-76　插入题款与印章

图 8-77　插入落款后的效果

（13）执行“图像”→ “画布大小”命令，修改“墨荷.psd”文档的画布宽度为 640 像素、高度为 800 像素。

（14）在背景图层的上方新建一个图层并命名为“照片背景”，并将其填充为浅灰色（# adabad）。执行“滤镜”→ “滤镜库”命令，在打开的“滤镜库”对话框中选择“艺术效果”下的“胶片颗粒”选项，将颗粒大小设置为“5”，单击“确定”按钮后效果如图 8-78 所示。

（15）在“照片背景”图层中建立矩形选区，依据刚建立的选区建立图层蒙版。单击“照片背景”图层中的蒙版，使之四周出现边框，即处于选中状态。执行“滤镜”→“滤镜库”命令，在打开的“滤镜库”对话框中选择“画笔描边”下的“喷溅”选项，在打开的对话框中设置喷溅半径为“20”、平滑度为“4”，单击“确定”按钮后，效果如图 8-79 所示。

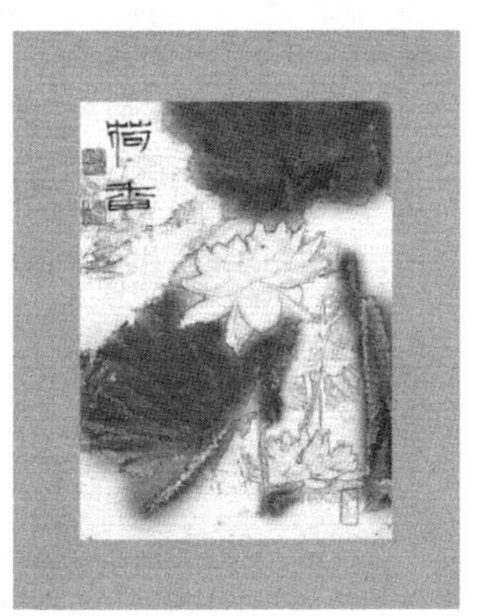

图 8-78　背景的胶片颗粒效果

图 8-79　图片背景的蒙版的喷溅效果

（16）给“背景图层”添加“斜面和浮雕”样式，最终效果如图 8-1（b）所示。

任务拓展

1. 滤镜的应用技巧

在使用 Photoshop 滤镜时，有很多技巧，如果读者能熟练掌握，则能大大提高工作效率。

技巧 1：使用滤镜处理图像时，可应用于当前选区、当前图层、图层蒙版、快速蒙版或通道，如果创建了选区，则滤镜只处理选区内的图像。

技巧 2：滤镜的处理效果是以像素为单位来进行计算的，因此，相同的参数处理不同分辨率的图像，其效果也会不同。

技巧 3：在滤镜对话框中，按住<Alt>键，“取消”按钮会变成“复位”按钮，可还原初始状态。若想要放大滤镜对话框中预览图像的大小，可按住<Ctrl>键单击预览区域；反之按住<Alt>键单击可使预览区内的图像迅速变小。

技巧 4：在应用 “滤镜”→“渲染”→“光照效果”滤镜时，若要在对话框内复制光源，按住<Alt>键拖动光源即可。

2. 制作火焰字

制作火焰字

本例使用滤镜实现火焰字的制作，具体步骤如下。

（1）执行“文件”→“新建”命令（快捷键为<Ctrl+N>），新建一个宽度与高度都为 500 像素的文档，背景色设为黑色，保存文档。

（2）使用文字工具输入“强国有我”，设置字体大小为“72 像素”、文字颜色为白色，效果如图 8-80 所示。

（3）在“图层”面板的“强国有我”文字图层上单击鼠标右键，在弹出的快捷菜单中执行“创建工作路径”命令，效果如图 8-81 所示。

图 8-80　输入“强国有我”文字

图 8-81　将文字创建为工作路径

（4）新建一个图层，执行“滤镜”→“渲染”→“火焰”命令，在打开的对话框中将“火焰类型”设为“一个方向多个火焰”，“长度”设置为“60”，“宽度”设置为“15”，“时间间隔”为“10”，如图 8-82 所示。

（5）单击“确定”按钮，隐藏“强国有我”特效图层，显示上层的“强国有我”图层，并为“强国有我”文字图层设置描边、外发光和内发光样式，最终效果如图 8-83 所示。

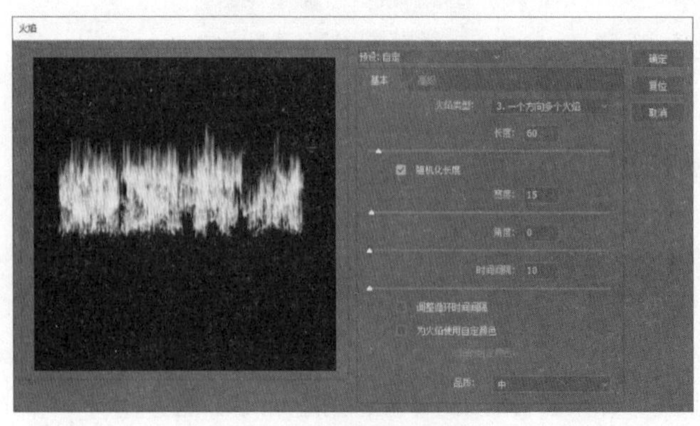

图 8-82　“火焰”对话框

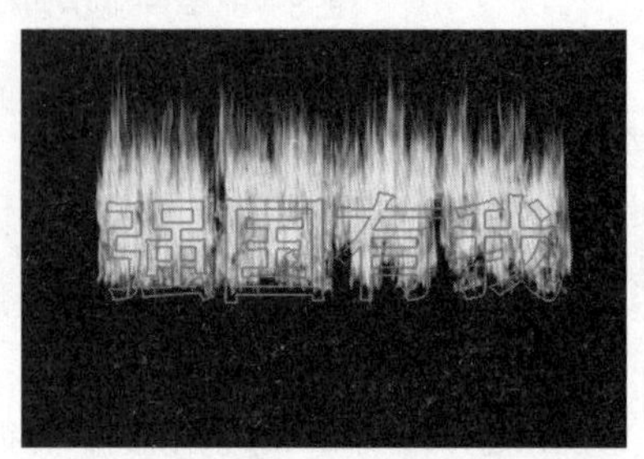

图 8-83　生成火焰字效果

素养小贴士

强国有我

“强国有我”源自庆祝中国共产党成立一百周年天安门广场庆典上青年学子的庄严宣誓。“请党放心，强国有我”是青年一代对党和人民许下的庄重誓言，彰显着新时代中国青年的志气、骨气、底气。

任务小结

本任务主要介绍了 Photoshop 中滤镜的相关知识，通过对本任务的学习，读者可以了解滤镜的使用方法、滤镜的作用范围、各组滤镜产生的效果等。在这个基础上通过一些案例，帮助读者全面了解各种滤镜的使用方法。读者只要不断地摸索与实践，便可以熟练掌握滤镜的使用。

拓展训练

1. **理论练习**

（1）举例说明滤镜的含义。

（2）系统内置滤镜包括哪些类别？怎样来理解每一个类别？

（3）扭曲滤镜有何特点？

（4）模糊滤镜和“碎片”滤镜有区别？

2. **实践练习**

（1）利用素材图片“风景.jpg”，如图 8-84 所示，制作出镜头光影的效果，如图 8-85 所示。

图 8-84　风景素材

图 8-85　镜头光影的效果

（2）日常生活中，人们会见到很多具有天然大理石纹理的室内装饰，试使用滤镜模拟大理石纹理，如图 8-86 所示。

运用滤镜制作大理石纹理

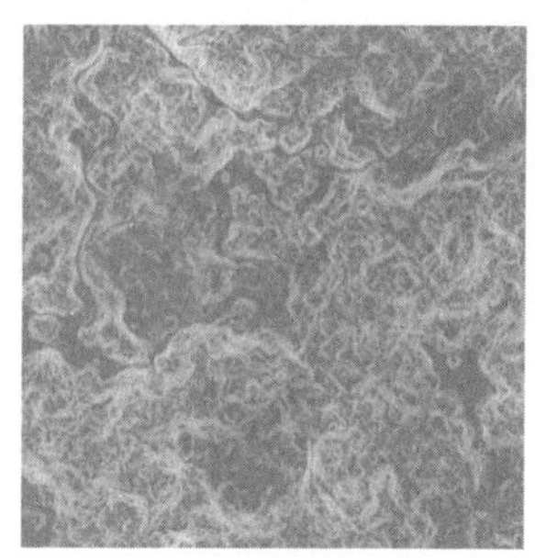
图 8-86　大理石纹理

09

任务 9 制作动画与应用动作

本任务介绍

Photoshop 中的动作为用户提供了一条大幅度提高工作效率的捷径，通过应用动作，能够让 Photoshop 按预定的顺序执行已经设计的数个甚至数十个操作步骤，从而提高工作效率。通过制作动画，可以增添图像的动感和趣味。

学习目标

知识目标	能力目标	素养目标
（1）了解动画的概念与原理。 （2）了解动作的概念与原理	（1）掌握动画的制作方法。 （2）掌握动作创建与录制的方法。 （3）掌握批处理的操作过程	（1）坚定理想信念，主动践行中华民族伟大复兴的中国梦。 （2）具备分析问题、解决问题的能力

任务展示：钟表表面的制作

利用动作功能制作钟表表面，效果如图 9-1 所示。

图 9-1　钟表表面效果

知识准备

9.1　动画简介

9.1.1　动画的原理

动画是利用人的“视觉暂留”特性，连续播放一系列画面，形成连续变化的动画，如图 9-2 所示。它的基本原理与视频一样，都利用了视觉原理。

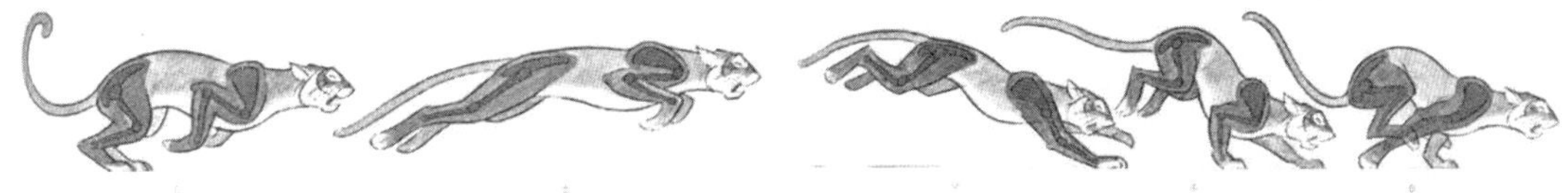

图 9-2　连续画面

“视觉暂留”特性是人的眼睛看到一幅画面或一个物体后，视神经对相应画面或物体的印象不会立即消失。利用这一原理，在一幅画面还没有消失前播放出下一幅画面，就会给人造成一种流畅的视觉变化效果。

9.1.2　时间轴面板

认识时间轴面板

打开素材文件夹中的“动画 1.png”图片，执行“窗口”→“时间轴”命令，打开“时间轴”面板，如图 9-3 所示。

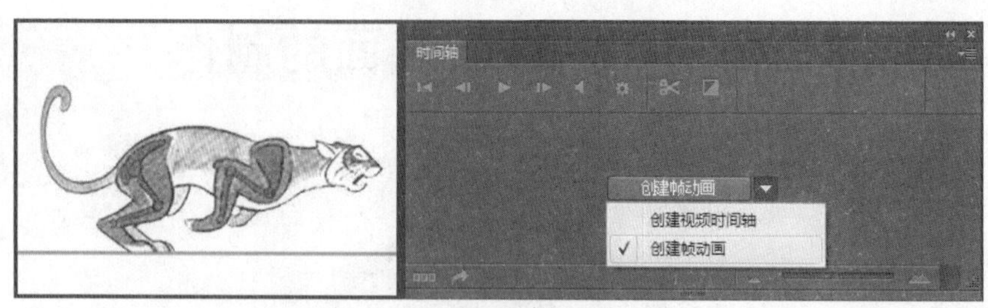

图 9-3 “时间轴”面板

单击“创建帧动画”按钮，即可进入创建“帧动画”模式，如图 9-4 所示。

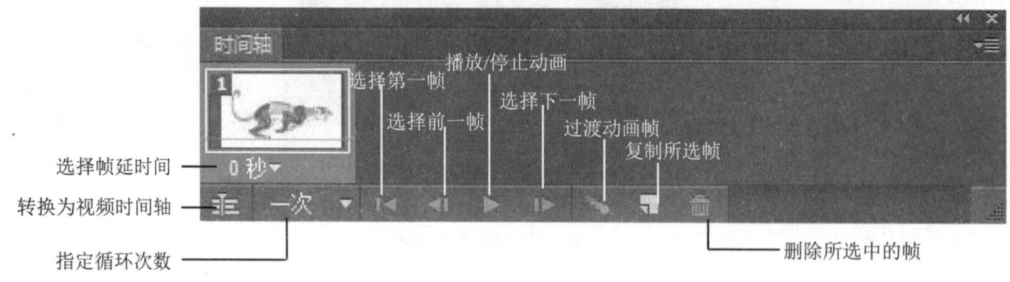

图 9-4 “帧动画”模式

选择帧延时间：设置每一帧的播放时间。

转换为视频轴动画：单击由“帧”切换到“视频时间轴”状态。

指定循环次数：动画执行的循环次数，默认为一次，单击该按钮将弹出一个下拉列表，其中包括“一次”“3 次”“永远”“其他”4 个选项。一次：选择此选项后，动画只播放一次。3 次：选择此选项后，动画循环播放 3 次。永远：选择此选项后，动画将不停地连续播放。其他：选择此选项后，将打开“设置循环次数”对话框，用户可以自定义动画的播放次数。

选择第一帧：单击后返回到第一帧的状态。

选择前一帧：单击后返回到前一帧的状态。

播放动画：单击后播放动画，播放后会有“停止”按钮出现；单击“播放”按钮后播放动画。

选择下一帧：单击后跳转到下一帧的状态。

过渡动画帧：单击后会打开“过渡”对话框。

删除所选帧：单击后会删除所选帧。

复制所选帧：单击后会复制所选帧。

设置循环次数为“永远”，单击“复制所选帧”按钮将复制所选帧，再次单击将会再次复制所选帧，连续单击“复制所选帧”按钮后的效果如图 9-5 所示。

图 9-5 设置循环次数并单击“复制所选帧”按钮的效果

9.1.3 案例：制作卡通眨眼动画

制作卡通眨眼动画

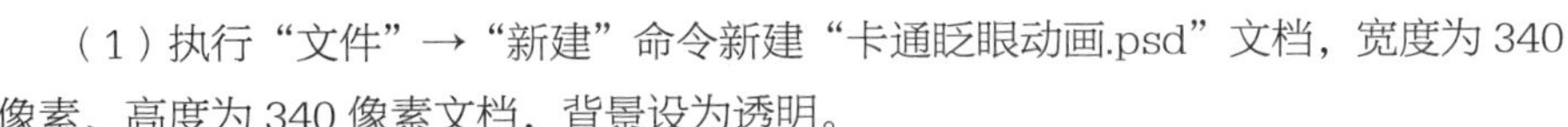
（1）执行“文件”→“新建”命令新建“卡通眨眼动画.psd”文档，宽度为 340 像素、高度为 340 像素文档，背景设为透明。

（2）打开素材文件夹中的“状态 1.png”图片，将其复制到文档中，如图 9-6 所示。

（3）打开素材文件夹中的“状态 2.png”图片，将其复制到文档中，如图 9-7 所示。

图 9-6 插入“状态 1”素材

图 9-7 插入“状态 2”素材

（4）执行“窗口”→“时间轴”命令，打开“时间轴”面板，单击“创建帧动画”按钮，进入创建“帧动画”模式。

（5）单击“复制所选帧”按钮复制所选帧，效果如图 9-8 所示。

图 9-8 复制当前第 1 帧后的效果

（6）由于复制所选帧后两帧的内容一样，所以无法实现动画效果，下面来修改帧的显示内容。选择第 1 帧，在“图层”面板中单击“图层 2”图层前方的“指示图层可见性”按钮，隐藏“图层 2”图层，此时，“图层”面板、画面与“时间轴”面板如图 9-9 所示。

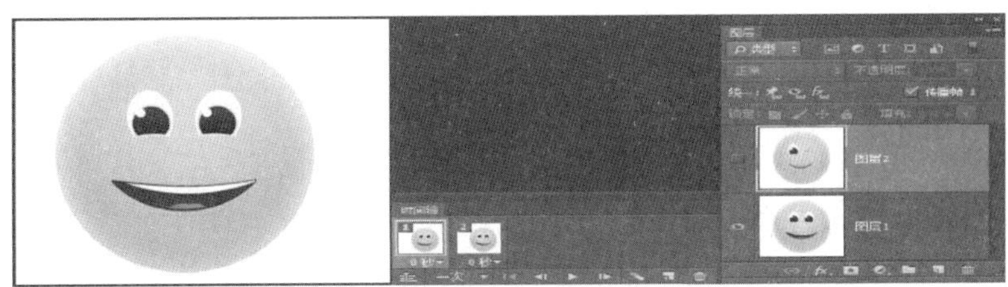
图 9-9 设置第 1 帧的图层显示状态

（7）选择第 2 帧，在“图层”面板中单击“图层 2”图层前方的“指示图层可见性”按钮，显示“图层 2”图层，同时单击“图层 1”图层前方的“指示图层可见性”按钮，隐藏“图层 1”图层，“图层”面板、画面与“时间轴”面板如图 9-10 所示。

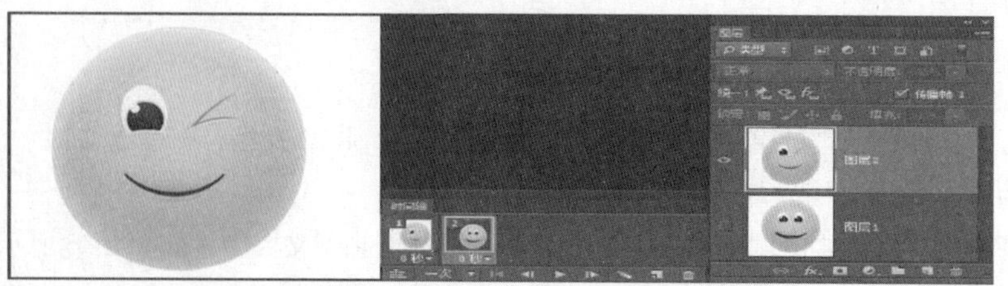

图 9-10　设置第 2 帧的图层显示状态

（8）单击“播放动画”按钮，测试动画，发现眨眼速度太快，而且动画只执行 1 次，所以单击“选择帧延时间”按钮，将“0 秒”修改为“0.2 秒”，在“指定循环次数”下拉列表中选择“永远”选项。再次单击“播放动画”按钮，动画播放正常。

（9）执行“文件”→“导出”→“存储为 Web 所用格式（旧版）”命令，打开“存储为 Web 所用格式（旧版）”对话框，如图 9-11 所示，保持默认设置输出动画，单击“存储”按钮，保存名称为“卡通眨眼动画.gif”。

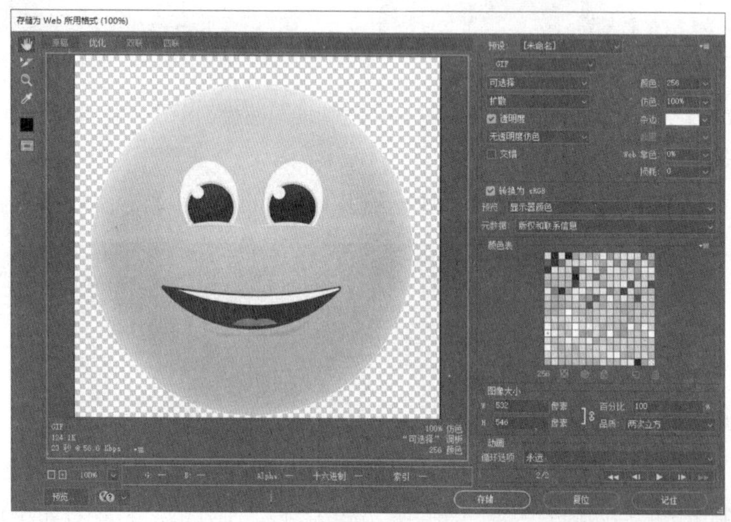

图 9-11　“存储为 Web 所用格式（旧版）”对话框

生成的“卡通眨眼动画.gif”动画可以应用到网络，或者插入 PPT 中使用。

9.2 动作的使用

9.2.1 动作的基本功能

“动作”实际上是一组命令，其基本功能具体体现在以下两个方面。

一方面将常用的两个或多个命令及其他操作组合为一个动作，在执行相同操作时，直接执行该动作即可。

另一方面可以将多个滤镜操作录制成一个单独的动作。执行该动作，就像执行一个滤镜一样，可对图像快速应用多种滤镜的效果。

9.2.2 动作面板

使用动作面板

“动作”面板是创建、编辑和执行动作的主要场所，执行“窗口”→“动作”命令（快捷键为<Alt+F9>），即可打开“动作”面板。

“动作”面板的标准模式如图 9-12 所示，“动作”面板的按钮模式，如图 9-13 所示。

图 9-12 “动作”面板的标准模式

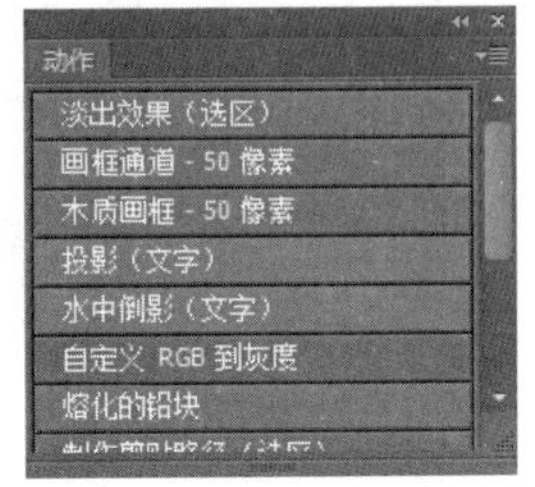

图 9-13 “动作”面板的按钮模式

若要切换标准模式与按钮模式，可以在“动作”面板右上角的小三角按钮上单击，在弹出的下拉列表中选择“标准模式”或“按钮模式”选项。

“动作”面板中的主要选项含义如下。

切换项目开/关：可以设置允许或禁止执行动作组中的动作、选定动作或动作中的命令。

切换对话开/关：当面板中出现这个按钮时，表示该动作执行到该步时会暂停。

展开/折叠：单击该按钮可以展开折叠动作组，以便存放新的动作。

停止播放/记录：该按钮只有在记录动作或播放动作时才可以使用，单击该按钮，可以停止当前的记录或播放动作。

开始记录：单击该按钮，开始录制动作。

播放选定的动作：单击该按钮，播放当前选择的动作。

创建新组：单击该按钮，创建一个新的动作组。

创建新动作：单击该按钮，可以创建一个新动作。

删除：单击该按钮，在弹出的提示信息框中单击“确定”按钮，即可删除当前选择的动作。

9.2.3 新建与播放动作

新建与播放动作

在使用动作之前，需要对动作进行创建和录制，具体操作步骤如下。

（1）执行“窗口”→“动作”命令，打开“动作”面板，如图 9-14 所示，单击面板底部的“创建新组”按钮。

（2）打开“新建组”对话框，在“名称”文本框中输入“组 1”，如图 9-15 所示。

图 9-14 “动作”面板

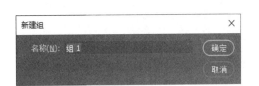

图 9-15 “新建组”对话框

（3）单击“确定”按钮，创建一个名为“组 1”组，如图 9-16 所示。

（4）执行“文件”→“打开”命令，打开素材文件夹中的“帆船.jpg”图片，如图 9-17 所示。

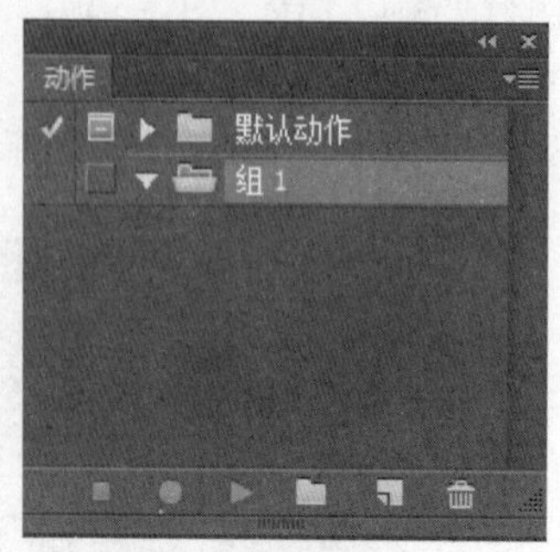

图 9-16 创建“组 1”组

图 9-17 帆船素材

（5）选择“组 1”组，单击面板底部的“创建新的动作”按钮，打开“新建动作”对话框，设置“名称”为“动作 1”，单击“记录”按钮，如图 9-18 所示，开始录制动作。

（6）执行“图像”→“调整”→“亮度/对比度”命令，打开“亮度/对比度”对话框，设置各选项，如图 9-19 所示。

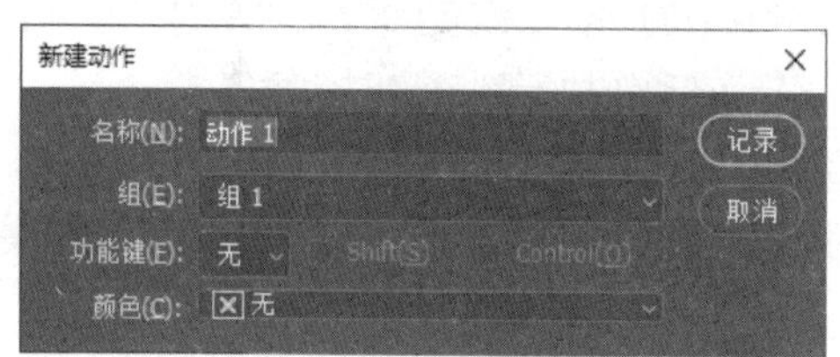

图 9-18 “新建动作”对话框

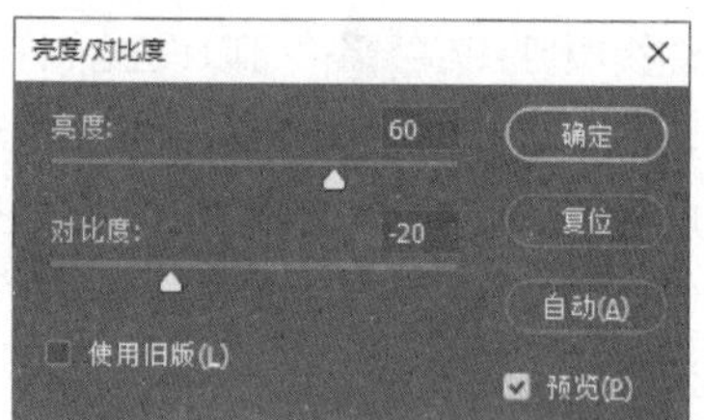

图 9-19 “亮度/对比度”对话框

（7）执行“图像”→“调整”→“色相/饱和度”命令，打开“色相/饱和度”对话框，设置各选项，“色相”设置为“+10”，“饱和度”设置为“-30”，“明度”设置为“-10”，如图 9-20 所示。

（8）单击“动作”面板底部的“停止播放/记录”按钮，完成新动作的录制。新建的动作组与动作如图 9-21 所示。

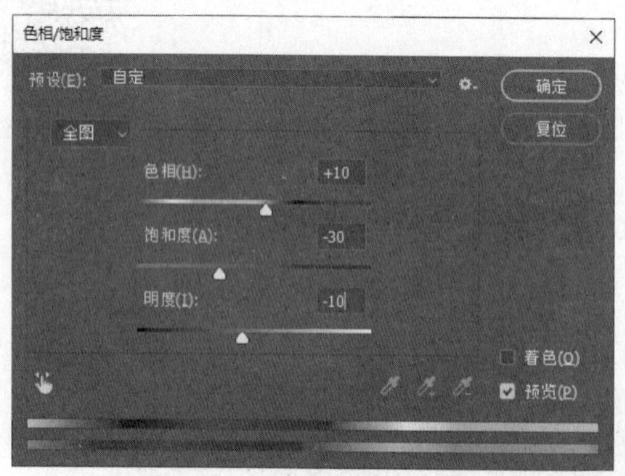

图 9-20 “色相/饱和度”对话框

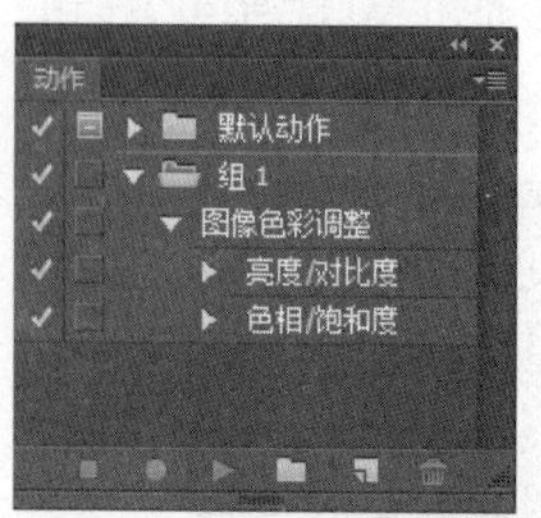

图 9-21 新建的动作组与动作

9.2.4 播放动作

可以播放“动作”面板中自带的动作，用于快速处理图像，具体操作步骤如下。

（1）执行“文件”→“打开”命令打开素材文件夹中的“雪山.jpg”图片，如图 9-22 所示。

（2）在“动作”面板右上角小三角按钮上单击，在弹出的下拉列表中选择“图像效果”选项，“动作”面板中会显示 Photoshop 自带的图像效果动作，如图 9-23 所示。

图 9-22 雪山素材

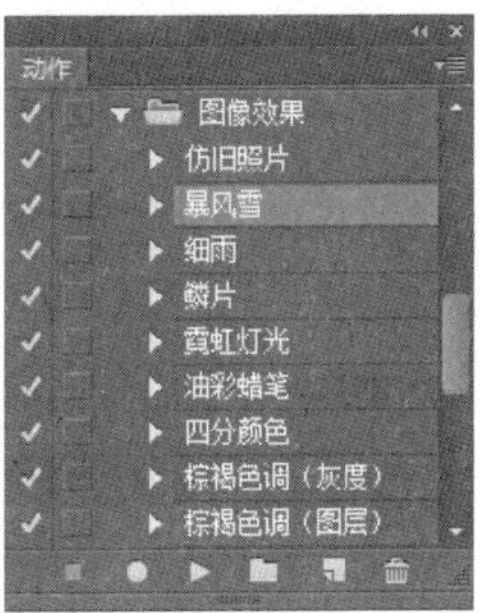

图 9-23 显示图像效果动作

（3）选择“图像效果”中的“暴风雪”动作，单击“动作”面板底部的“播放动作”按钮，即可播放此动作，效果如图 9-24 所示。

图 9-24 播放“暴风雪”动作后的效果

9.2.5 复制和删除动作

进行动作操作时，有些动作是相同的，可以将其复制，以节省时间，提高工作效率；在编辑动作时，用户也可以删除不需要的动作。

复制动作的具体操作步骤如下。

（1）在“动作”面板中选择“淡出效果（选区）”动作，如图 9-25 所示。

（2）单击面板右上方的三角按钮，在弹出的列表中选择“复制”选项，即可复制动作，如图 9-26 所示。

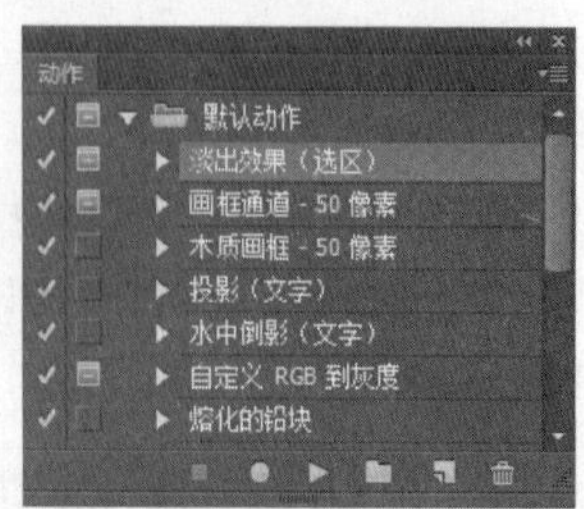

图 9-25　选择“淡出效果（选区）”选项

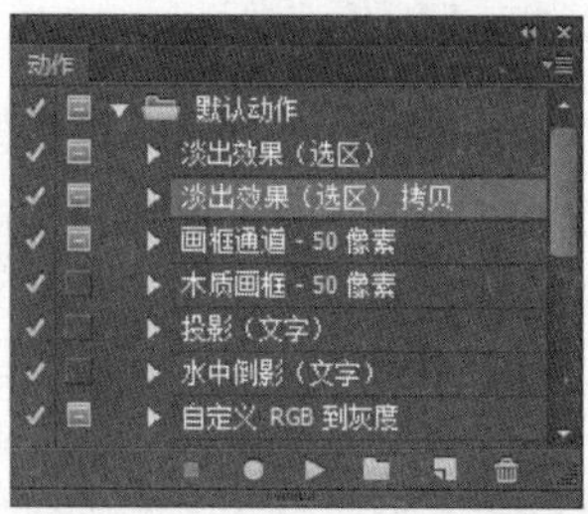

图 9-26　复制动作

删除动作的具体操作步骤如下。

（1）在“动作”面板中选择“淡出效果（选区）”动作，如图 9-25 所示。

（2）单击面板右上方的三角按钮，在弹出的列表中选择“删除”选项，在弹出的信息提示框中，单击“确定”按钮，即可删除动作。

9.3 批处理

自动化功能是 Photoshop 为用户提供的快速完成工作任务、大幅度提高工作效率的功能。自动化功能包括批处理、创建快捷批处理、更改条件模式、限制图像等。

9.3.1 批处理图像

批处理图像

批处理就是指将一个指定的动作应用于某文件夹下的所有图像或当前打开的多幅图像，从而大大节省了时间的操作。批处理图像的具体操作步骤如下。

（1）执行“文件”→“自动”→“批处理”命令，打开“批处理”对话框，设置各选项，播放组设置为“图像效果”组，动作设置为“暴风雪”，源文件夹设置为 E 盘下的“批处理图像”文件夹，目标文件设置为 E 盘下的“批处理图像输出”文件夹，如图 9-27 所示。

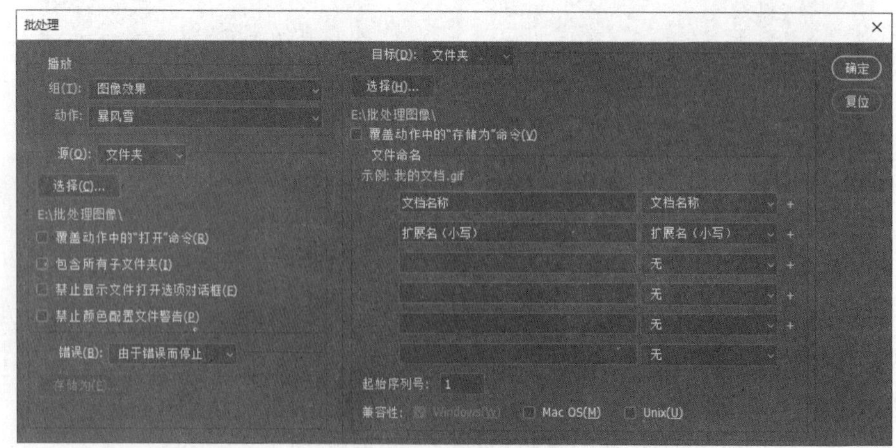

图 9-27　“批处理”对话框

（2）单击“确定”按钮，即可批处理相同文件夹内的图片，效果如图 9-28 所示。

（a）黄山

（b）大熊猫

图 9-28　批处理效果

“批处理”命令是以一个动作为根据，对指定的图层进行处理的智能化命令。使用“批处理”命令，用户可以对多幅图像执行相同的动作，从而实现图像的自动化。在执行自动化之前应先确定要处理的图像文件。

9.3.2　裁剪并修齐图片

在扫描图片时，可以通过“裁剪并修齐照片”命令将扫描的图片分割出来，并生成单独的图像文件。裁剪并修齐照片的具体操作步骤如下。

打开素材文件夹中的“赛车.jpg”图片，如图 9-29 所示。执行“文件”→“自动”→“裁剪并修齐照片”命令，即可自动裁剪并修齐图像，效果如图 9-30 所示。

图 9-29　赛车素材

图 9-30　裁剪并修齐后的照片

使用“裁剪并修齐照片”命令可以将一次扫描的多幅图像分成多个单独的图像文件，但应该注意，扫描的多幅图像之间应该保持 1/8 英寸的间距，并且背景应该是均匀的单色。

9.4　综合案例：自动无缝拼接照片

自动无缝拼接照片

9.4.1　效果展示

通过数码相机几次拍摄的一幅较大幅面的彩色图像，如图 9-31 所示，使用 Photoshop 中的自动命令可以将其拼接成一幅完整的图像，如图 9-32 所示。

（a）素材图 1

（b）素材图 2

（c）素材图 3

图 9-31　拼接图像素材

图 9-32　图像拼接后的效果

9.4.2　实现过程

具体实现步骤如下。

（1）执行“文件”→“自动”→“Photomerge”命令，打开“Photomerge”对话框，如图 9-33 所示。

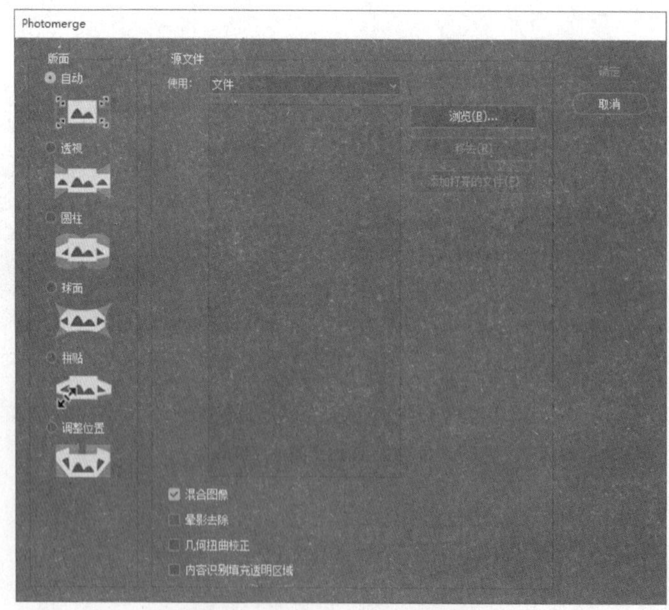

图 9-33　“Photomerge”对话框

（2）单击“浏览”按钮，打开“打开”对话框，选择素材文件夹中的 3 个素材图片“素材 1.jpg”“素材 2.jpg”“素材 3.jpg”，单击“确定”按钮，如图 9-34 所示。

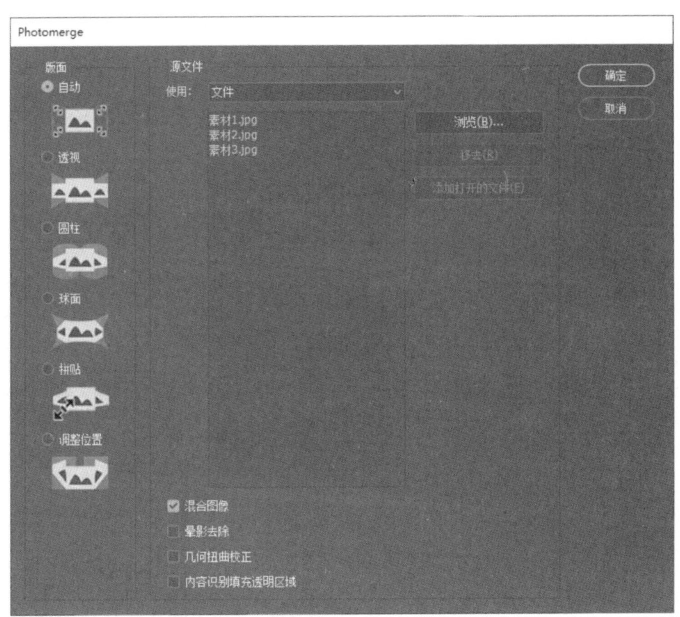

图 9-34 “Photomerge”对话框的变化

（3）系统将依次打开“素材 1.jpg”“素材 2.jpg”“素材 3.jpg”，Photoshop 会自动完成拼接，效果如图 9-35 所示。

图 9-35 图像拼接后的初步效果

（4）使用“裁剪工具”将多余部分剪掉，即可生成一幅完美的拼合图像，效果如图 9-32 所示，如果对色调不满意，可以通过色调调整命令调整。

任务实施：钟表表面的制作

1. 任务分析

这个任务的重点是钟表表面的刻度制作。先绘制一条线，然后，将线旋转 30°，即可绘制出小时刻度盘；用同样的方式旋转 6° 则可以制作出分针表盘刻度，最后，添加表针与装饰。

钟表表面的制作

2. 技能要点

核心技能要点：形状工具的使用、动作的录制与应用、变形工具的使用、混合模式的使用等。

3. 实现过程

钟表表面的具体制作步骤如下。

（1）打开 Photoshop CC，新建一个宽度为 800 像素、高度为 800 像素、分辨率为 72 像素/英寸的文档，命名为“钟表”，创建完成后，填充背景色为灰色（#bab8bb）。

（2）选择选框工具里边的“椭圆选框工具”，“样式”设置成“固定大小”，“宽度”和“高度”分别设为“700 像素”，前景色设置为白色（#ffffff），绘制表盘的基本形状，效果如图 9-36 所示。

（3）同样用“椭圆选框工具”在白色表盘上绘制一个宽度和高度均为 660 像素的同心圆选区，再按<Delete>键，完成表盘的制作，如图 9-37 所示。

图 9-36　绘制表盘的基本形状

图 9-37　完成表盘的绘制

（4）新建图层，命名为“刻度-小时”，选择“矩形选框”工具，“样式”设置成“固定大小”，“宽度”设为“10 像素”，“高度”设为“620 像素”，前景色设置为黑色，绘制居中放置的时针刻度，如图 9-38 所示。

（5）打开“动作”面板，单击“新建”按钮，在弹出的对话框中设置动作名称为“钟表”，快捷键为<F2>，按<Enter>键准备录制。

（6）回到“图层”面板，拖动“图层 1”图层到“新建图层”按钮上，完成“图层 1”图层的复制。

（7）按快捷键< Ctrl+T >调出“变形工具”，根据时针间隔角度在工具属性栏的角度“旋转”文本框输入“30”，回到“动作”面板，单击“停止录制”按钮，完成此次录制。此时动作记录中有两条新增步骤，表面效果如图 9-39 所示。

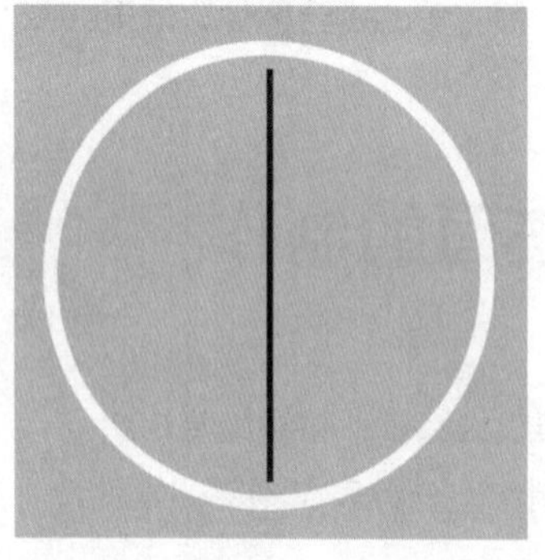

图 9-38　时针刻度的基本形状绘制（1）

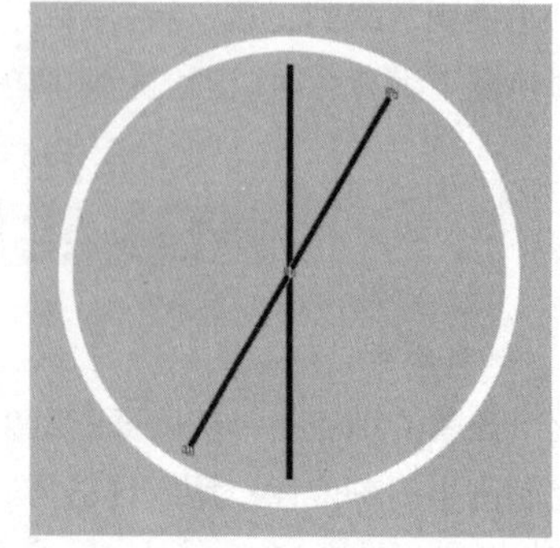

图 9-39　时针刻度的基本形状绘制（2）

（8）回到“动作”面板，单击“播放选定的动作”按钮，Photoshop 将自动对最上层的图层进行复制并相对于被复制的图形有 30° 的旋转。

（9）反复单击“播放选定的动作”按钮，但不要太快，继续复制出其他时针，合并时针图层，命名为“时针”，最终效果如图 9-40 所示。

（10）用“椭圆选框工具”在“时针”图层上绘制一个宽度和高度均为 540 像素的同心圆选区，按<Delete>键，完成时针刻度的制作，如图 9-41 所示。

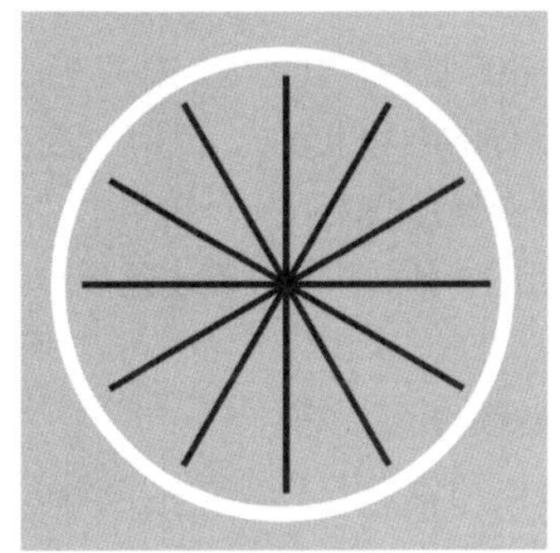

图 9-40　时针刻度的基本形状绘制（3）

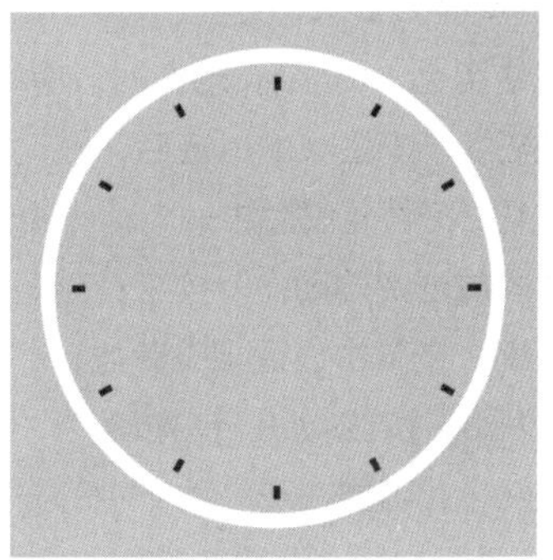

图 9-41　时针刻度的基本形状绘制（4）

（11）使用同样的方法，完成分针刻度的制作，注意分钟间隔的角度，如图 9-42 所示。

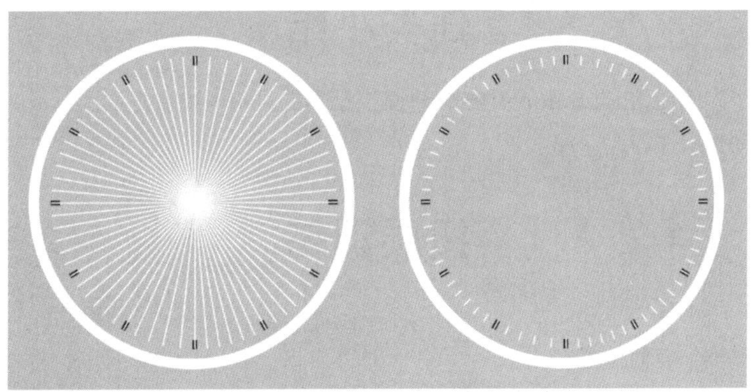

图 9-42　分针刻度的制作

（12）删除与指针重叠的分针刻度，完善时间指针的制作，并添加数字和投影，为背景添加背景素材“千里江山图”，页面效果如图 9-1 所示。

任务拓展

1. 动画的制作技巧

技巧 1：Photoshop 时间轴不像专业动画工具那样可以设置运动轨迹，但是它的运动也是有规律的，即跟随最近原则，例如做一个旋转动画，第一帧的角度为 0° ，下一帧的角度旋转 360° ，事实上它还是 0° ，也就不会产生动画；另一种情况，第一帧的角度为 0° ，下一帧的角度旋转 270° ，产生动画则是反转 90° ，因此，必要的情况下需要在开始帧和结束帧之间添加更多的关键帧。

技巧 2：注意关键帧的复制与粘贴，大部分情况下动画都是循环的，因此开始帧（第一帧）和结束帧（最后一帧）都是一样的，所以先复制第一帧再把时间线拖到最后并粘贴。

技巧 3：复制具有动画的图层时，按快捷键<Ctrl+J>无法将其动画复制到时间轴上，也就是无法复制时间轴上的动作属性（复制组可以将其动画复制到时间轴上）；在当前图层按住<Alt>键，同时移动鼠标，即可复制时间轴上的动作属性，并且哪怕鼠标指针复制图层后移动到其他位置，再次回到时间轴面板上时时间线还是在原来的位置。

2. 动作的应用技巧

在使用 Photoshop 动作时，有很多技巧，如果读者能熟练掌握，则能大大提高工作效率。

技巧 1：按住<Ctrl>键后，在动作面板上所要执行的动作的名称上双击，即可执行整个动作。

技巧 2：若要仅播放一个动作中的一个步骤，可以选择步骤并按住<Ctrl>键单击“动作”面板下方的“播放选定的动作”按钮；若要改变一个特定命令步骤的参数，只需要双击这个步骤，打开相关的对话框，在其中设置相关参数。

技巧 3：按住<Alt>键拖动“动作”面板中的动作步骤就能够复制它。

技巧 4：若要在一个动作中的一条命令后新增一条命令，可以先选中该命令，然后单击面板上的“开始记录”按钮，选择要增加的命令，再单击“停止记录”按钮。

技巧 5：若要一起执行多个动作，可以先增加一个动作，然后录制每一个所要执行的动作。

任务小结

本任务介绍了如何在 Photoshop 中制作动画、动作的录制与编辑方法，以及图像自动化处理，图像批处理的自动化操作等。

拓展训练

1. 理论练习

（1）什么是动作？有何作用？

（2）创建动作组与创建动作有何区别和联系？

（3）举例说明怎样应用动作。

2. 实践练习

（1）利用“旋转的人物”素材文件夹中 5 张序列图片，如图 9-43 所示，制作人物旋转的动画效果。

图 9-43 旋转的人物

（2）综合使用 Photoshop 中的动作、图层混合模式等技术模仿设计制作檀木香扇，效果如图 9-44 所示。

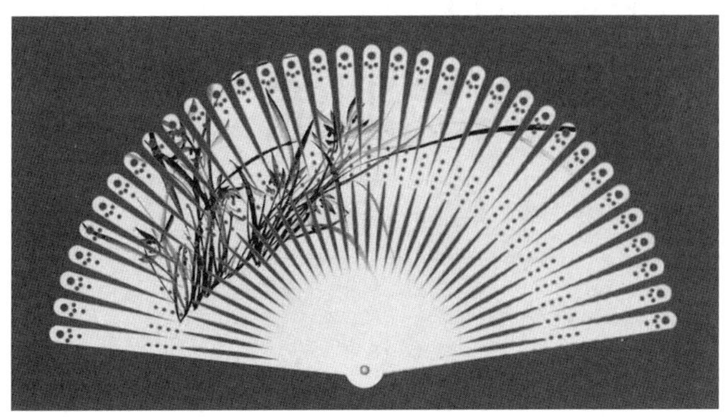

图 9-44　檀香木扇的设计效果

模仿设计制作
檀香木扇效果

10 任务10 综合实战训练

本任务介绍

Photoshop主要应用在图像、图形、文字、出版等各方面。在学习了图像处理的相关理论的基础上，本任务结合Photoshop中基本工具的使用、图层的应用、色彩色调的调整、路径、蒙版、通道、滤镜等功能的应用，完成商务宣传册封面效果、手机用户界面和企业网站效果图的设计与制作。

学习目标

知识目标	能力目标	素养目标
（1）掌握项目的分析与策划。 （2）掌握项目的规范设计	（1）能进行项目的需求分析。 （2）综合应用工具、图层、色彩色调的调整、路径、蒙版、通道、滤镜等技术	（1）具有勇于创新、敬业乐业的工作作风与质量意识。 （2）具备社会责任感和法律意识。 （3）提升团队意识和团队协作精神，锻炼沟通交流能力

综合项目一：商务宣传册封面效果的设计与制作

10.1 项目展示

本项目主要使用 Photoshop CC 设计与制作商务宣传册封面效果，如图 10-1 所示，立体效果如图 10-2 所示。

图 10-1 商务宣传册封面效果

图 10-2 立体效果

10.2 项目分析

商务宣传册的设计通常要体现企业精神、企业文化、企业发展定位、企业性质等。重点是以形象为主、产品为辅；宣传册的设计重点是要体现产品的功能、特性、用途、服务等，从企业的行业定位和产品的特点出发，对产品或服务本身进行宣传。

10.3 项目实施

商务宣传册
封面效果

10.3.1 封面展开页的制作

（1）新建一个宽度为 2400 像素、高度为 1700 像素、分辨率为 300 像素/英寸、颜色模式为 CMYK、背景内容为白色的文档，保存为“商务宣传册.psd”。

（2）按快捷键<Ctrl+R>打开标尺，使用选择工具拖出一条垂直的辅助线，将页面两等分，效果如图 10-3 所示。使用“矩形选框工具”将右半边选中，使用填充工具将其填充为浅蓝色（#c0e5f8），效果如图 10-4 所示。

图 10-3 将页面两等分

图 10-4 填充图像

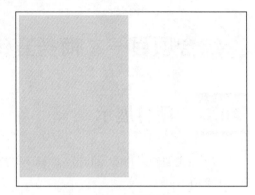

（3）新建图层，命名为“圆形剪切蒙版 1”，选择“椭圆工具”，按住<Shift>键绘制圆形，填充为黑色，大小及位置如图 10-5 所示。

（4）打开素材文件夹中的“高楼 1.jpg”图片，使用“移动工具”将图像拖动至新建的画布中，将其所在图层命名为“高楼 1”，调整大小及位置，效果如图 10-6 所示。

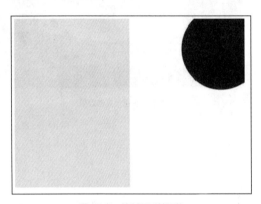

图 10-5 绘制圆形并调整

图 10-6 导入素材

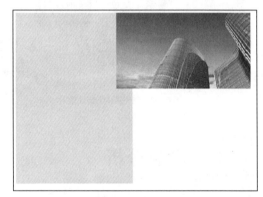

（5）选择“高楼 1”图层，按快捷键<Alt+Ctrl+G>创建剪切蒙版，效果如图 10-7 所示。

（6）新建图层，命名为“轮廓”，将其移动到“圆形剪切蒙版 1”图层下方，选择“椭圆工具”，按住<Shift>键绘制圆形，将其填充为灰色（#a6a6a6），调整其大小及位置，效果如图 10-8 所示。

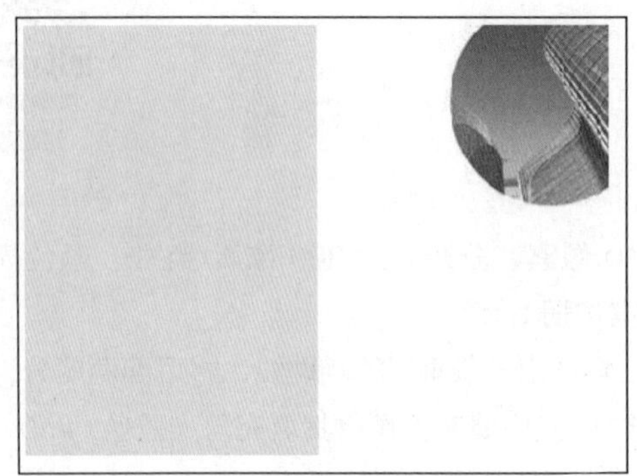

图 10-7 创建剪切蒙版

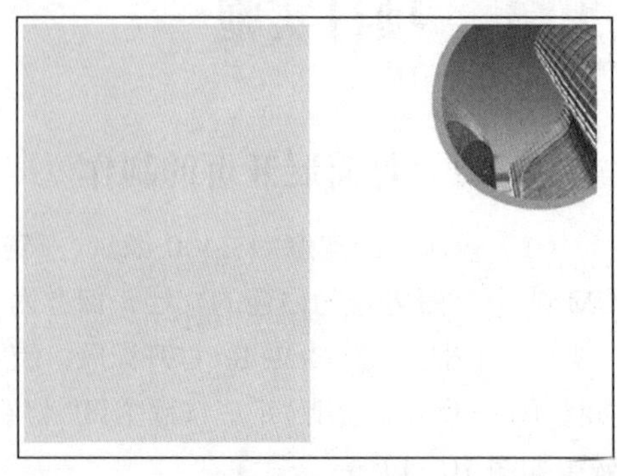

图 10-8 制作轮廓

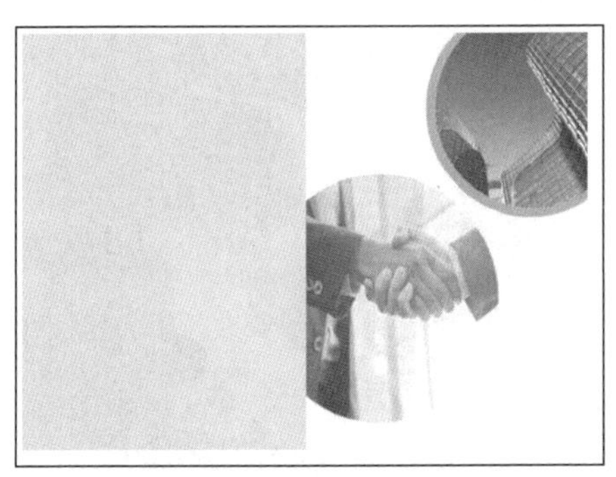
图 10-9　导入握手图片

（7）使用同样的方法将素材图片“握手.JPG”导入宣传册中，效果如图 10-9 所示。

（8）新建图层，命名为“方形剪切蒙版”，选择“多边形套索工具”，在页面左半侧绘制图 10-10 所示形状的选区，并填充为黑色，效果如图 10-11 所示。

（9）打开素材文件夹中的“高楼 2.jpg”图片，使用“移动工具”将素材拖动至新建的画布中，将其所在的图层命名为“高楼 2”，调整其大小及位置，效果如图 10-12 所示，选择“高楼 2”图层，按快捷键 <Alt+Ctrl+G>创建剪切蒙版，效果如图 10-13 所示。

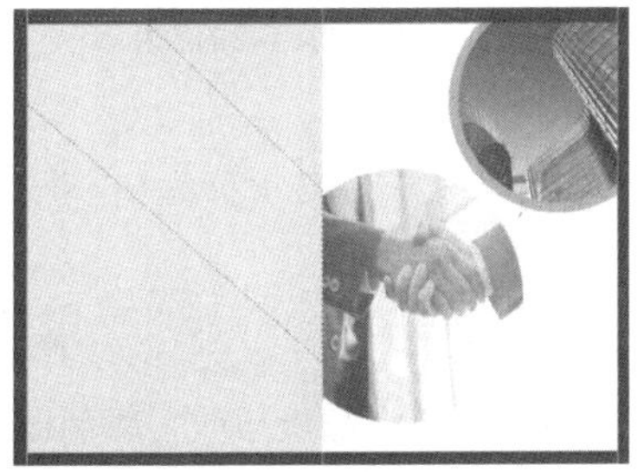
图 10-10　绘制方形选区效果

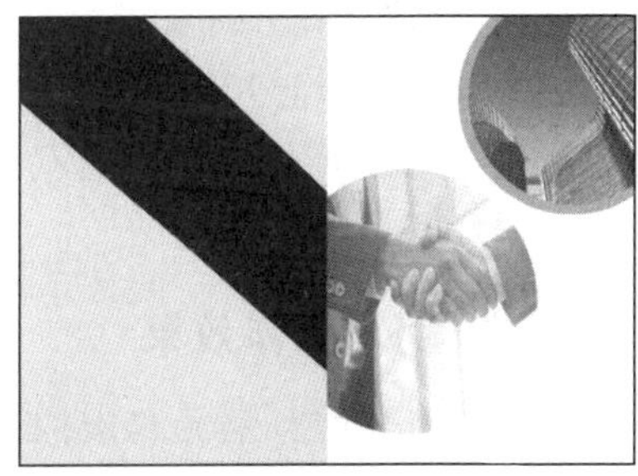
图 10-11　填充后的效果

图 10-12　导入高楼图片

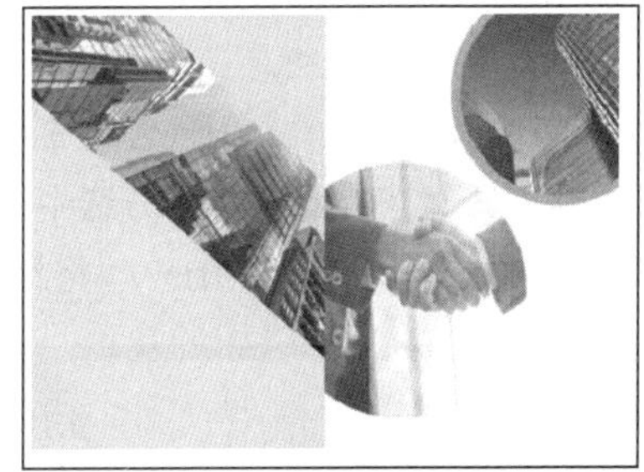
图 10-13　创建剪切蒙版

（10）创建一个新图层，并命名为“圆形”，选择“椭圆工具”，按住<Shift>键绘制圆形，并将其填充为灰色（#757678），调整其大小及位置，效果如图 10-14 所示。复制出另外 5 个圆形，调整大小、位置并更改颜色，效果如图 10-15 所示。

图 10-14　绘制圆形点缀

图 10-15　复制并更改大小及颜色

（11）使用文字工具输入“商务宣传册”文本，设置字号为“3 点”，颜色设为深红色（#d5472b），用同样的方法输入“2022”和“BUSINESS”“ BROCHURE ”“ INPUT YOUR SLOGAN HERE”等文字，并为文字添加阴影效果，采用同样的方法，在封底部分插入文字“THANK YOU，并绘制一个深红色(#d5472b)的线条，效果如图 10-16 所示。

图 10-16 封面添加文字后的效果

（12）用同样的方法为封底页面输入文字“手机:86-123-1234567890 传真:86-123-1234567890”，调整文字位置，效果如图 10-1 所示。

商务宣传册立体效果

10.3.2 制作立体效果

（1）新建一个宽度为 2400 像素、高度为 1700 像素、分辨率为 300 像素/英寸、颜色模式为 RGB、背景内容为白色的文档，将画布填充为黑色，保存为“封面立体效果.psd”。

（2）执行“文件”→“打开”命令，打开“打开”对话框，选择前面制作的“封面立体效果.psd”文件，单击“打开”按钮。

（3）按快捷键<Shift+Ctrl+Alt+E>盖印图层，将其所在的图层命名为“封面”。选择工具箱中的“矩形选框工具”，将封面右半部分选中，按快捷键<Ctrl+C>复制选区，效果如图 10-17 所示。切换到新建画布中，按快捷键<Ctrl+V>将其进行粘贴并调整大小，效果如图 10-18 所示。

图 10-17 复制选区

图 10-18 粘贴后的封面

（4）对粘贴后的图层其进行斜切变形，效果如图 10-19 所示。

（5）参照前面的操作方法，将另一半图像复制到新建画布中，并对其进行斜切变形，效果如图 10-20 所示。

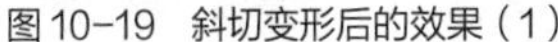

图 10-19　斜切变形后的效果（1）

图 10-20　斜切变形后的效果（2）

（6）利用“钢笔工具”在封面的上方绘制一条封闭路径，将封闭路径复制一份并进行水平翻转。然后将复制出的路径水平向左移动到合适的位置，效果如图 10-21 所示。

（7）创建一个新图层。按快捷键<Ctrl+Enter>将路径转换为选区并填充为白色。取消选区后效果如图 10-22 所示。

图 10-21　复制的路径

图 10-22　选区填充效果

（8）在“图层”面板中将“封面”“封底”图层选中，再按住鼠标左键将其拖动到面板下方的“创建新图层”按钮上，将其复制。然后将复制出的图像垂直向下移动到合适的位置，并进行垂直翻转，效果如图 10-23 所示。

（9）分别将复制出的封面和封底进行斜切变形，变形后的图像效果如图 10-24 所示。然后将封面、封底的副本图层进行合并。

图 10-23　垂直翻转图像的效果

图 10-24　斜切变形后的效果

（10）单击“图层”面板底部的“添加蒙板”按钮，设置渐变填充颜色为白色到黑色。然后从图像的上方向下方拖动鼠标填充蒙版，效果如图 10-25 所示。

图 10-25 添加蒙版后的效果

（11）对整个图像进行调整后，效果如图 10-2 所示。

综合项目二：手机用户界面的设计与制作

10.4 项目展示

本项目主要使用 Photoshop CC 设计与制作手机“MP3 的音乐播放器”的界面，效果如图 10-26 所示。

图 10-26 MP3 的音乐播放器界面效果

10.5 项目分析

手机的图标设计要求清晰易懂，细节丰富。图形很容易表达出一些具体、形象的信息或概念。可谓一图胜千言。图像可以灵活地表现出一些文字难以表达的信息，并且可以使用户更容易理解和记忆。本任务主要是设计手机音乐播放器的界面，采用扁平化的设计思路完成图标界面设计，需要注重细节处理。

核心技能要点：文字工具、钢笔工具、图形工具的使用，路径与图形的计算等。

10.6 项目实施

手机 UI 界面设计

10.6.1 用户界面背景的设计与制作

（1）打开 Photoshop CC，执行“文件”→“新建”命令，新建一个名称为“手机界面设计.psd”、宽度为 720 像素、高度为 1280 像素、分辨率为 300 像素/英寸的文档。设置前景色为绿色（#4b9606），按快捷键<Alt+Delete>填充前景色到背景图层。

（2）在“图层”面板中单击“创建新组”按钮，新建“背景”图层组，打开素材文件夹中的“背景.jpg”图片，将其拖动到当前文档中，同时调整图像的位置，执行“编辑”→“自由变换”命令，调整图像的大小，效果如图 10-27 所示，“图层”面板如图 10-28 所示。

图 10-27 设置背景素材

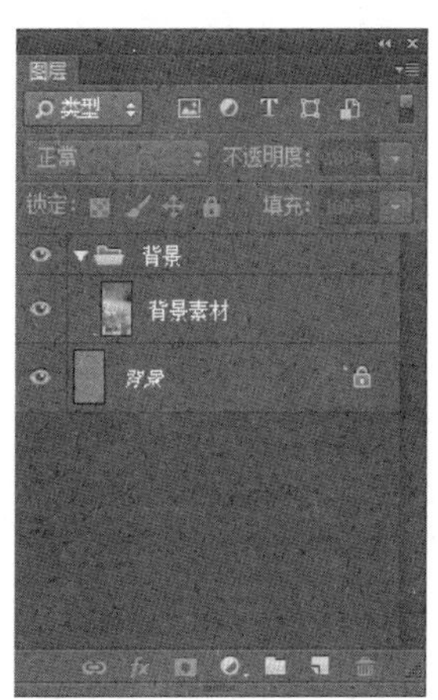

图 10-28 “图层”面板

（3）单击“图层”面板中的“创建新的填充或调整图层”按钮，在弹出的下拉列表中选择“照片滤镜”选项，在打开的“属性”面板中设置“滤镜”为“深祖母绿”、“浓度”为“50%”，如图 10-29 所示，页面效果如图 10-30 所示。

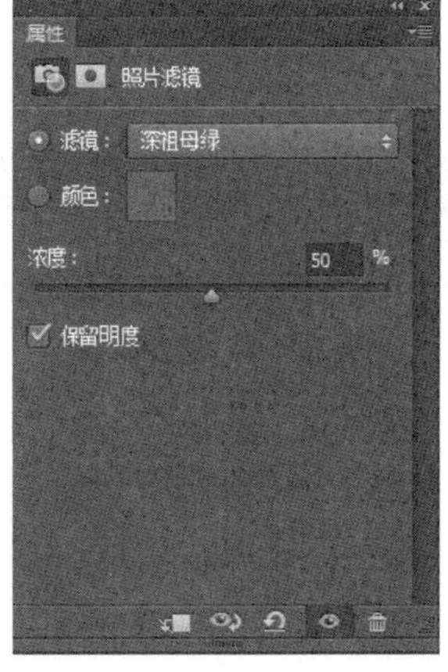

图 10-29 设置“照片滤镜”的属性

图 10-30 页面效果

（4）在“图层”面板中单击“创建新组”按钮，新建“顶层图标”图层组，选择工具箱中的“矩形工具”，在工具属性栏中设置模式为“形状”，颜色设置为黑色，在画面顶部绘制矩形，效果如图 10-31 所示。

（5）选择工具箱中的“钢笔工具”，在工具属性栏中设置模式为“形状”，设置填充色为灰色（#a0a0a0），在画面顶部绘制三角形。再次选择“钢笔工具”，在工具属性栏中选择“合并形状”选项，在三角形旁边绘制 3 个梯形，效果如图 10-32 所示。

图 10-31 绘制矩形

图 10-32 绘制 3 个梯形

（6）选择工具箱中的“横排文字工具”，在信号图标右侧输入“中国联通”，字体设为“微软雅黑”，字体大小设为“30 像素”，调整位置；在右侧输入时间，例如“10:28”，字体设为“Arial”，字体大小设为“30 像素”，调整位置，效果如图 10-33 所示。

（7）选择工具箱中的“矩形工具”，在工具属性栏中选择工具的模式为“形状”，设置颜色为亮绿色（#3acd06），在画面顶部绘制矩形，用来表达手机的电量，选择工具箱中的“横排文字工具”，在电量图标的左侧输入“100%”，字体设为“微软雅黑”，字体大小设为“30 像素”，效果如图 10-34 所示。

图 10-33 输入顶部文本信息

图 10-34 绘制电量信息

10.6.2 用户界面文字与图标的制作

（1）在“图层”面板中单击“创建新组”按钮，新建“界面文本”图层组，选择工具箱中的“横排文字工具”，输入“MP3”，字体设为“Broadway”，字体大小设为“100 像素”，调整位置，效果如图 10-35 所示。

（2）在“MP3”下方输入 “音乐播放器”，字体设为“造字工房悦黑体”，字体大小设为“80 像素”，调整位置，效果如图 10-36 所示。

图 10-35　输入“MP3”文本信息

图 10-36　输入“音乐播放器”文本信息

（3）在“图层”面板中选择文本“MP3”，单击底部的添加“图层样式”按钮，在下拉列表中选择“投影”选项，在打开的“图层样式”对话框中勾选“投影”复选框，设置“混合模式”为“正片叠底”、“不透明度”为“40%”、“距离”为“8 像素”、“扩展”为“5%”、“大小”为“8 像素”，如图 10-37 所示。

（4）在“图层”面板中选择文本“MP3”，单击“效果”图标，按住<Alt>键拖动“效果”到文本“音乐播放器”的上方，实现文本样式的复制，效果如图 10-38 所示。

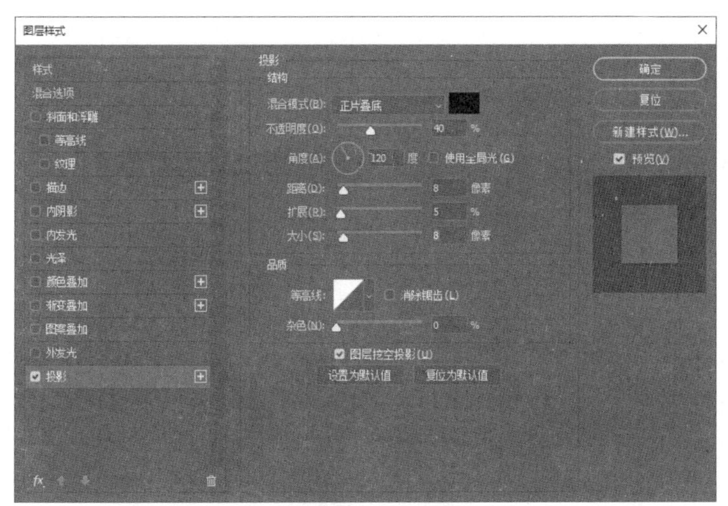

图 10-37　设置投影样式

图 10-38　文字样式的复制

（5）在“图层”面板中单击“创建新组”按钮，新建“菜单图标”图层组，选择工具箱中的“椭圆工具”，在工具属性栏中选择工具的模式为“形状”，设置颜色为白色，按快捷键<Alt+Shift>在画面中央绘制圆形，效果如图 10-39 所示；再次选择“椭圆工具”，在工具属性栏中选择“减去顶层形状”选项，在画面中绘制圆环，效果如图 10-40 所示。

（6）选择工具箱中的“多边形工具”，在工具属性栏中选择工具的模式为“形状”，在工具属性栏中设置边为“3”，取消勾选“星形”复选框，选择“合并形状”选项，在画面中绘制三角形，按快捷键<Ctrl+T>旋转并调整三角形的大小与位置，效果如图 10-41 所示。

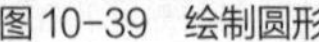

图 10-39　绘制圆形　　图 10-40　绘制圆环（1）　　图 10-41　绘制三角形

（7）选择工具箱中的“椭圆工具”，在工具属性栏中选择工具的模式为“形状”，在工具属性栏中设置颜色为白色，按住<Alt+Shift>键在画面中央绘制圆形，再次选择“椭圆工具”，在工具属性栏中选择“减去顶层形状”选项，按住<Alt+Shift>快捷键在画面中绘制圆环，效果如图 10-42 所示。

（8）选择工具箱中的“矩形工具”，在工具属性栏中选择工具的模式为“形状”，在工具属性栏中选择“减去顶层形状”选项，绘制矩形以删除横向矩形区域，效果如图 10-43 所示，同样，再次删除纵向矩形区域，效果如图 10-44 所示。

图 10-42　绘制圆环（2）　　图 10-43　删除横向矩形　　图 10-44　删除纵向矩形

（9）选择刚绘制的圆环，在“图层”面板中设置“不透明度”为“25%”，效果如图 10-45 所示。

（10）选择工具箱中的“自定形状工具”，在工具属性栏中选择工具的模式为“形状”，在工具属性栏“形状”面板右上角的设置列表中选择“全部”选项，设置颜色为白色，选择“搜索”图标，如图 10-46 所示，绘制“搜索”图标。

（11）选择工具箱中的“横排文字工具”，在“搜索”图标右侧输入“SEARCH”，字体设为“Arial”，字体大小设为“30 像素”，调整位置，效果如图 10-47 所示。

图 10-45　设置不透明度

图 10-46　选择“搜索”图标

图 10-47　输入文本

（12）选择工具箱中的“自定形状工具”，选择“主页”图标，绘制白色“主页”形状，使用“横排文字工具”输入“LOCAL”文本，样式与“SEARCH”的相同；选择“信封 1”图标，绘制白色形状，使用“横排文字工具”输入“SHARE”文本，样式与“SEARCH”的相同；选择“存储”图标，绘制白色形状，使用“横排文字工具”输入“DOWNLOAD”文本，样式与“SEARCH”的相同，页面效果如图 10-26 所示。

综合项目三：企业网站效果图的设计与制作

10.7　项目展示

依据基本信息的分析设计而成的淮安蒸丞文化传媒有限公司网站效果如图 10-48 所示。

图 10-48　网站页面效果

10.8　项目分析

淮安蒸丞文化传媒有限公司是一家从事文化活动策划、会议策划，灯光、音响、舞台的设计与设备租赁，影视广播设备的租赁及技术开发，礼仪庆典策划，舞台艺术造型策划，会议服务，承办展览展示等，为婚庆、演出、会议、展览提供室内外 LED 显示屏、LED 彩幕、灯光、音响及其他特效设备和技术服务的视频策划公司。企业尊崇踏实、拼搏、敢于承担责任的企业精神，并以诚信、共赢、开放的经营理念，创造良好的企业环境，以全新的管理模式、完善的技术、周到的服务、卓越的品质为生存根本，始终坚持客户至上、用心服务于客户的信念，坚持用自己的服务去打动客户。

该企业网站的结构包括：首部与导航栏、banner 区域、公司简介、行业资讯、项目介绍、经典案例、联系我们、版权信息等栏目。

依据项目需求及同类网站的参考，设计的网站草图如图 10-49 所示。

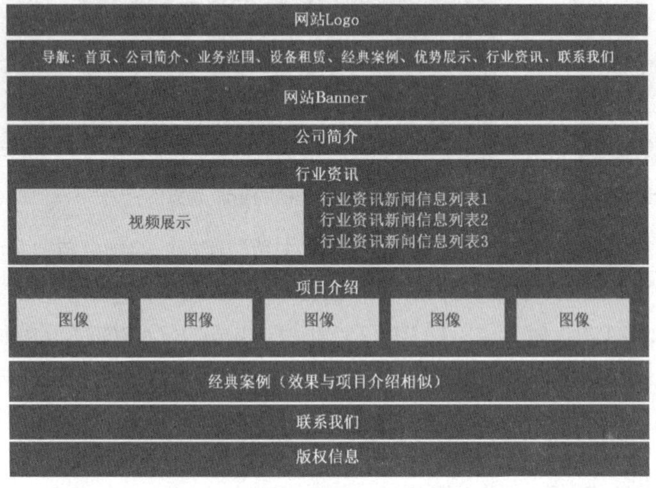

图 10-49 网站草图

网站效果图的设计与制作

10.9 项目实施

本效果图设计中用到的主要知识：图像的抠取、参考线的应用、图层样式的应用、图层混合模式的应用、蒙版的应用等。

10.9.1 网站首部与导航栏的制作

（1）打开 Photoshop CC，新建一个名称为“蒸丞文化.psd”、宽度为 1280 像素、高度为 3000 像素、背景颜色为#f2f2f2 的文档，执行“视图”→“新建参考线”命令，添加两条垂直参考线（位置依次为 140 像素、1140 像素），添加两条水平参考线（位置依次为 100 像素、150 像素），在“图层”面板单击“创建新组”按钮，命名为“top 与 nav”，新建一个图层，然后使用“矩形选框工具”选中顶部区域，将其填充为白色，效果如图 10-50 所示。

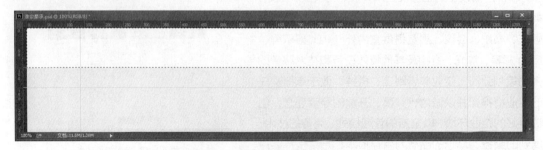

图 10-50 网站首部与导航栏参考线分布

（2）执行“选择”→“取消选择”命令（快捷键为<Ctrl+D>）取消白色选区，执行“文件”→“置入嵌入的智能对象”命令，选择“素材”文件夹下的“Logo.png”图片，调整其位置，效果如图 10-51 所示。

图 10-51　置入网站的 Logo 图标

（3）使用“横排文字工具”，输入“咨询热线：0517-88888888”，设置字体为“微软雅黑”，字体大小设为“15 像素”，设置“咨询热线”的颜色为黑色，设置“0517-88888888”的颜色为深红色（#c20e0e），用同样的方法添加文本“联系电话：13888888888”和“联系电话：18881234567”，效果如图 10-52 所示。

图 10-52　添加右侧资询热线的效果

（4）新建一个图层，命名为“导航背景”，使用“矩形选框工具”选中两条水平参考线（100 像素、150 像素）之间的区域，设置前景色为深红色（#9f2b2d），按快捷键<Alt+Delete>将其填充为深红色（#9f2b2d），执行“选择”→“取消选择”命令（快捷键为<Ctrl+D>）取消白色选区，使用“横排文字工具”输入“首页”，设置字体为“微软雅黑”，字体大小设为“16 像素”。再次使用“横排文字工具”依次输入“公司简介”“业务范围”“设备租赁”“经典案例”“优势展示”“行业资讯”“联系我们”，字体设置与“首页”相同，效果如图 10-53 所示。

图 10-53　添加导航栏后的页面效果

（5）使用“移动工具”调整“首页”和“联系我们”两个文本框的位置，然后在“图层”面板中按住<Shift>键，依次选择所输入的导航文字图层，单击“图层”面板下方的“链接图层”按钮，如图 10-54 所示，选择“移动工具”，在工具属性栏中分别单击“顶对齐”按钮和“水平居中分布”按钮，如图 10-55 所示，调整后的效果如图 10-56 所示。

图 10-54　链接图层

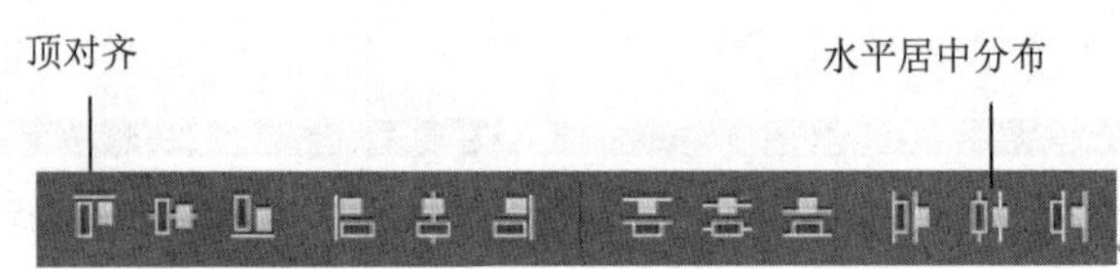

图 10-55　设置顶对齐与水平居中分布

图 10-56　对齐导航后的页面效果

10.9.2　网站 Banner 区域的制作

（1）在“图层”面板单击“创建新组”按钮，将新组命名为“Banner”，添加一条水平参考线（450 像素）、新建一个图层，使用“矩形选框工具”选中 Banner 区域，设置前景色为淡黄色（# fce699），背景色设为橙色（#f96503），选择“渐变工具”，选择“径向渐变”选项，按住鼠标左键从画面中间向边缘拖动鼠标，即可实现径向渐变，效果如图 10-57 所示。

图 10-57　添加 Banner 区域的渐变背景

（2）执行“选择”→“取消选择”命令（快捷键为<Ctrl+D>）取消 Banner 选区，执行“文件”→“打开”命令，选择“素材”文件夹下的“摄像机.png”图片，按快捷键<Ctrl+A>全选摄像机图片，按快捷键<Ctrl+C>复制，切换进“蒸丞文化.psd”页面，按快捷键<Ctrl+V>将“摄像机”图片粘贴进入新图层，执行“编辑”→“自由变换”命令（快捷键为<Ctrl+T>），调整摄像机图像的大小与位置，效果如图 10-58 所示。

图 10-58　添加摄像机图像

（3）在“图层”面板中单击“添加图层样式”按钮，在弹出的下拉列表中选择“外发光”选项，如图 10-59 所示，在打开的“图层样式”对话框中设置“图素”的“扩展”值为“15%”，“大小”设为“54 像素”，如图 10-60 所示。

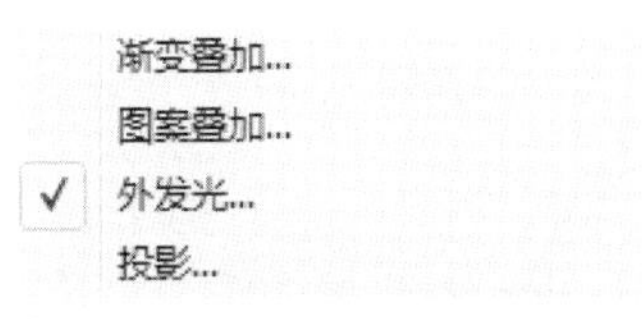

图 10-59　选择“外发光”选项

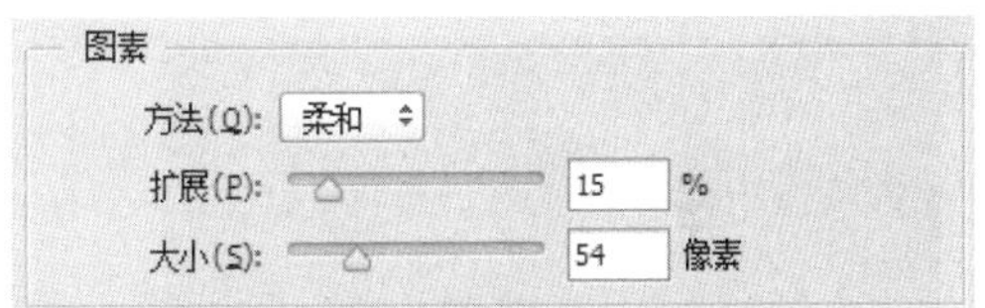

图 10-60　设置图素中的扩展与大小

（4）使用“横排文字工具”输入“中小企业活动”，设置字体为“造字工房悦黑体”，字体大小设为“48 像素”，字体颜色设为白色，再次使用“横排文字工具”输入“策划品牌”，设置字体为“方正粗宋简体”，字体大小设为“48 像素”，字体颜色设为白色，调整位置，效果如图 10-61 所示。

图 10-61　Banner 页面效果

10.9.3　公司简介的制作

（1）在“图层”面板中单击“创建新组”按钮，并将新组命名为“公司简介”，添加两条水平参考线（530 像素、700 像素），添加一条垂直参考线（740 像素），使用“横排文字工具”输入“公司简介 Company profile”，设置字体为“微软雅黑 Bold”、字体大小为“20 像素”、字体颜色为黑色，调整其位置使其水平居中。

（2）使用“横排文字工具”绘制一个文本框，输入“淮安蒸承文化传媒有限公司是……”相关文本，设置字体为“微软雅黑”、字体大小为“14 像素”、字体颜色为黑色，调整位置，页面效果如图 10-62 所示。

图 10-62 插入文本后的公司简介的效果

（3）在“图层”面板中新建一个图层，绘制一个矩形框（宽度为 120 像素、高度为 30 像素），执行“编辑”→“描边”命令，打开“描边”对话框，设置“描边”的“宽度”为“1 像素”、“颜色”为深灰色（#767676）、“位置”为“内部”，如图 10-63 所示。使用“横排文字工具”输入文本“查看更多>>”，设置字体为“微软雅黑”、字体大小为“14 像素”、颜色为深灰色（#767676），调整位置，效果如图 10-64 所示。

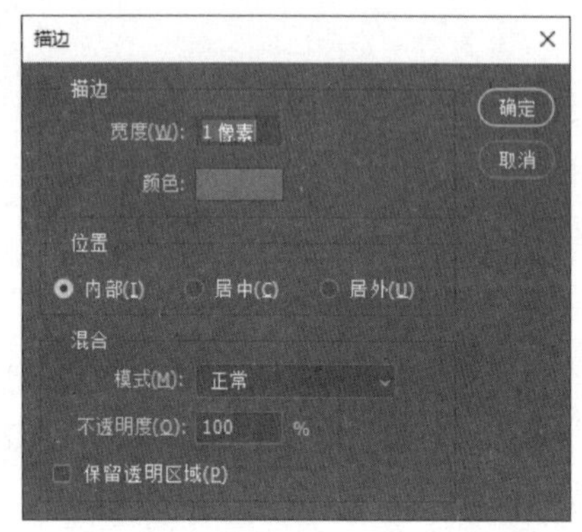

图 10-63 设置描边效果

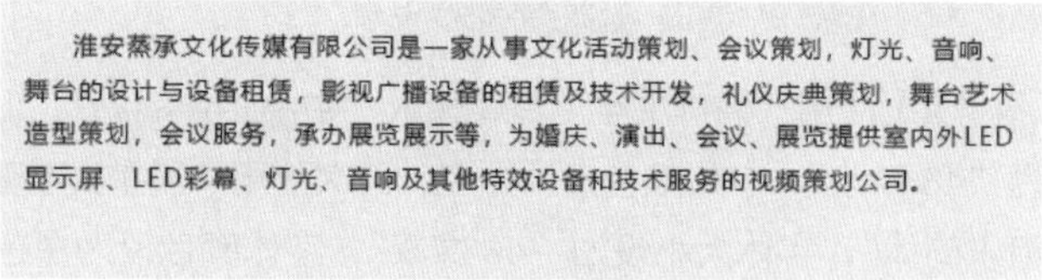

淮安蒸承文化传媒有限公司是一家从事文化活动策划、会议策划，灯光、音响、舞台的设计与设备租赁，影视广播设备的租赁及技术开发，礼仪庆典策划，舞台艺术造型策划，会议服务，承办展览展示等，为婚庆、演出、会议、展览提供室内外LED显示屏、LED彩幕、灯光、音响及其他特效设备和技术服务的视频策划公司。

图 10-64 插入“查看更多>>”后的效果

（4）执行“文件”→“打开”命令，选择“素材”文件夹下的“企业宣传.jpg”图片，按快捷键<Ctrl+A>全选图片，按快捷键<Ctrl+C>复制图像，切换进“蒸丞文化.psd”页面，按快捷键<Ctrl+V>将“企业宣传”图片粘贴进新图层，执行“编辑”→“自由变换”命令（快捷键为<Ctrl+T>），调整其大小与位置，效果如图 10-65 所示。

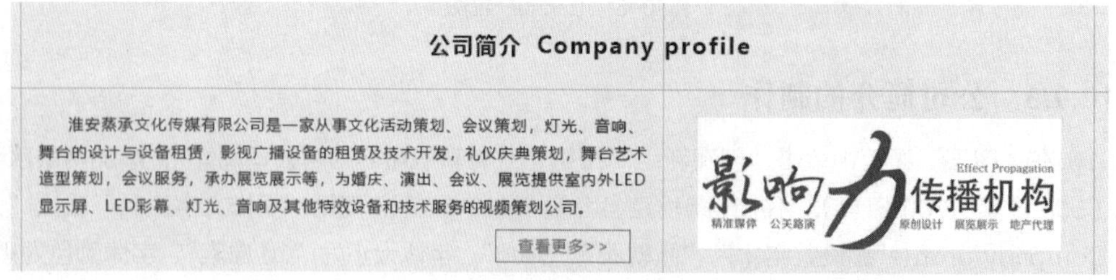

图 10-65 公司简介的效果

10.9.4 行业资讯的制作

（1）在“图层”面板中单击“创建新组”按钮，并将其命名为“行业资讯”、添加一条水平参考线（1100 像素），执行“文件”→“打开”命令，选择“素材”文件夹下的“video.png”图片，按快捷键<Ctrl+A>全选图片，按快捷键<Ctrl+C>复制图像，切换进“蒸丞文化.psd”页面，按快捷键<Ctrl+V>将“video.png”图片粘贴进新图层，执行“编辑”→“自由变换”命令（快捷键为<Ctrl+T>），调整其大小与位置。使用“横排文字工具”输入“行业资讯 Industry information”，设置字体为“微软雅黑 Bold”、字体大小为“20 像素”、字体颜色为橙色，调整位置，页面效果如图 10-66 所示。

图 10-66　行业资讯的视频展示与标题效果

（2）在“图层”面板中新建一个图层，选择“矩形选框工具”在工具属性栏中设置“样式”为“固定大小”、“宽度”为“400 像素”、“高度”为“100 像素”，如图 10-67 所示。

图 10-67　设置矩形选框工具的参数

（3）在新图层上绘制固定大小的矩形，按快捷键<Alt+Delete>填充矩形框为深红色（#9f2b2d），执行“选择”→“取消选择”命令（快捷键为<Ctrl+D>）取消选区，执行“文件”→“打开”命令，选择“素材”文件夹下的“资讯图标.jpg”图片，按快捷键<Ctrl+A>全选图片，按快捷键<Ctrl+C>复制图像，切换进“蒸丞文化.psd”页面，按快捷键<Ctrl+V>将“资讯图标”图片粘贴进新图层，执行“编辑”→“自由变换”命令（快捷键为<Ctrl+T>），调整其大小与位置，页面效果如图 10-68 所示。

（4）使用“横排文字工具”绘制一个文本框，输入“今天，我们把注意力着重聚集在‘展会’这样的一个关键词上。众所周知，淮安每一年都会举办很多大大小小的展……”相关文本，设置字体为“微软雅黑”、字体大小为“14 像素”、字体颜色为白色，调整位置，页面效果如图 10-69 所示。

图 10-68　添加红框与图标

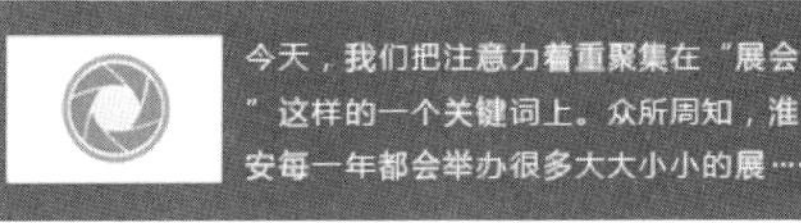

图 10-69　添加文本后的效果

（5）选择“画笔工具”，执行“窗口”→“画笔”命令（快捷键为<F5>），弹出“画笔”面板，调整画笔大小为“1 像素”、间距为“300%”，如图 10-70 所示，设置前景色为深灰色（#767676），新建一个图层，选择“画笔工具”，按住<Shift>键绘制一条深灰色的虚线，切换至“横排文字输入工具”，输入“活动策划人的成功靠脚而不是靠脑”文本，设置字体为“微软雅黑”、字体大小为“14

像素”、字体颜色为深灰色（#232323），调整位置，使用“矩形选框工具”绘制一个宽度和高度都为 6 像素的正方形，按快捷键<Ctrl+D>取消选区，并使正方形旋转 45 度，调整其位置。复制虚线，依次添加其他文字，页面效果如图 10-71 所示。

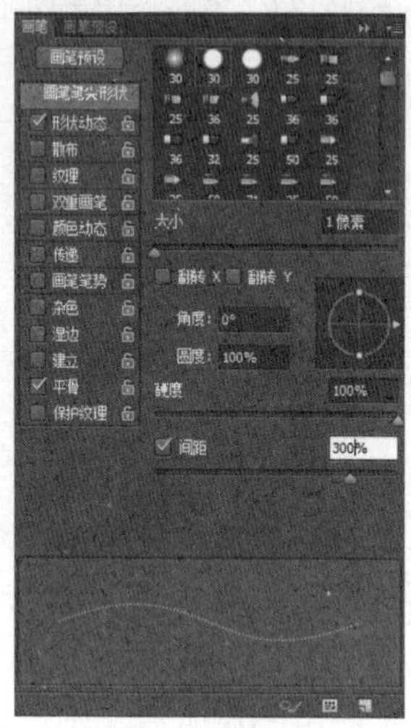

图 10-70　设置画笔

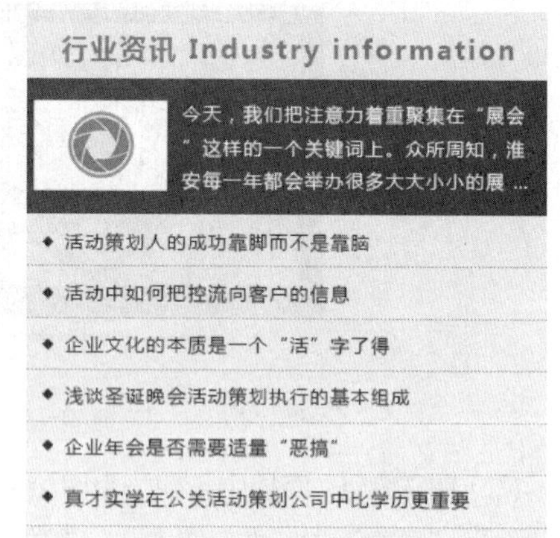

图 10-71　完成后的行业资讯效果

10.9.5　项目介绍的制作

（1）在“图层”面板中单击“创建新组”按钮，将新组命名为“项目介绍”，添加两条水平参考线（1180 像素、1350 像素）、添加 3 条垂直参考线（340 像素、540 像素、940 像素），使用“横排文字工具”输入“项目介绍 Project introduction”，设置字体为“微软雅黑 Bold”、字体大小为“20 像素”、字体颜色为黑色，调整位置水平居中。

（2）在“图层”面板中新建一个图层，选择“矩形选框工具”，在工具属性栏中，设置“样式”为“固定大小”、“宽度”为“160 像素”、“高度”为“110 像素”，绘制矩形选区，使用快捷键<Alt+Delete>填充矩形框的颜色为白色，执行“编辑”→“描边”命令，打开“描边”对话框，设置“描边”的“宽度”为“1 像素”、“颜色”为深灰色（#767676）。

（3）执行“文件”→“打开”命令，选择“素材”文件中的“图标 1.png”图片，按快捷键<Ctrl+A>全选图片，按快捷键<Ctrl+C>复制图像，切换进“蒸丞文化.psd”页面，按快捷键<Ctrl+V>将“图标 1”图片粘贴进新图层，执行“编辑”→“自由变换”命令（快捷键为<Ctrl+T>），调整其大小与位置，页面效果如图 10-72 所示。

图 10-72　项目介绍局部效果

（4）根据需要依次完成“商务会议”“设备租赁安装”“公关庆典”“演出服务”等其他模块，调整其大小与位置，页面效果如图 10-73 所示。

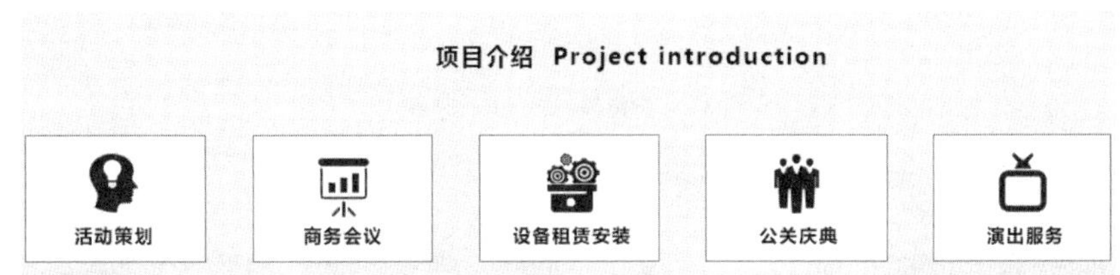

图 10-73 项目介绍的效果

（5）在“图层”面板中选择“项目介绍”组，执行“图层”→“复制组”命令，修改组的名称为“项目介绍红色”，分别将背景颜色填充为深红色，选择文本调整为白色，选择图标执行“图像”→“调整”→“反相”命令（快捷键为<Ctrl+I>），页面效果如图 10-74 所示。

图 10-74 深红色背景的项目图标

10.9.6 经典案例的制作

（1）在“图层”面板中单击“创建新组”按钮，将组命名为“经典案例”，添加 3 条水平参考线（1430 像素、1500 像素、1680 像素），使用“横排文字工具”输入“经典案例 Classic case”，设置字体为“微软雅黑 Bold”、字体大小为“20 像素”、字体颜色为红色，调整其为水平居中。

（2）使用“横排文字工具”绘制一个文本框，输入“我们做过的案例有：开幕式、文化节、音乐剧、话剧、企业年会、新闻发布、开业庆典、文艺演出、展览展示、婚礼服务。我们有专业技术的团队，为您的活动提供一流的设备、一流的服务，让您省心、放心！”相关文本，设置字体为“微软雅黑”、字体大小为“14 像素”、字体颜色为黑色，调整位置，页面效果如图 10-75 所示。

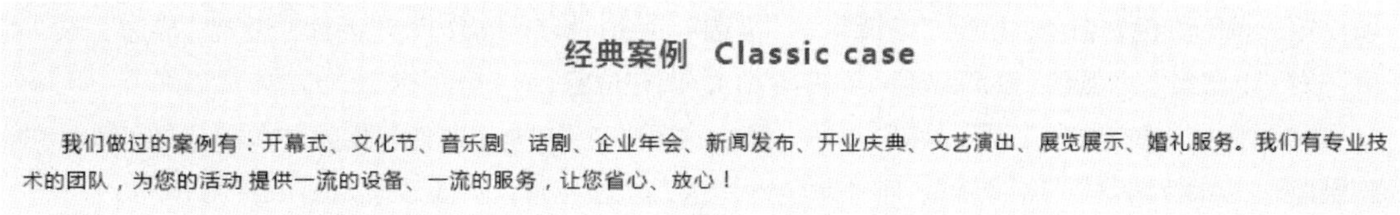

经典案例 Classic case

我们做过的案例有：开幕式、文化节、音乐剧、话剧、企业年会、新闻发布、开业庆典、文艺演出、展览展示、婚礼服务。我们有专业技术的团队，为您的活动 提供一流的设备、一流的服务，让您省心、放心！

图 10-75 经典案例文本效果

（3）执行“文件”→“打开”命令，选择“素材”文件夹下的“经典案例 1.jpg”图片，按快捷键<Ctrl+A>全选图片，按快捷键<Ctrl+C>复制图像，切换进“蒸丞文化.psd”页面，按快捷键<Ctrl+V>将“图标 1”图像粘贴进新图层，执行“编辑”→“自由变换”命令（快捷键为<Ctrl+T>），调整其大小与位置。依次将“经典案例 2.jpg”“经典案例 3.jpg”“经典案例 4.jpg”都放置到经典案例栏目。使用“横排文字工具”绘制文本框，输入“水城活动”“水上公园大型活动”“大会堂”“金色大厅”相关文本，设置字体为“微软雅黑”、字体大小为“16 像素”、字体颜色为黑色，调整位置，页面效果如图 10-76 所示。

图 10-76 经典案例效果

10.9.7 联系我们的制作

（1）在“图层”面板中单击“创建新组”按钮，将新组命名为“联系我们”，添加 3 条水平参考线（1760 像素、1810 像素、2160 像素），使用“横排文字工具”输入“联系我们”，设置字体为“微软雅黑 Bold”、字体大小为“20 像素”、字体颜色为红色，调整其位置使其水平居中。

（2）使用“横排文字工具”绘制一个文本框，输入“无论您是想咨询信息、解决问题，还是想对我们的服务提出建议，您都可以通过以下方式联系我们。我们会尽我们所能为您服务！”相关文本，设置字体为“微软雅黑”、字体大小为“14 像素”、字体颜色为黑色，调整位置，页面效果如图 10-77 所示。

联 系 我 们

无论您是想咨询信息，解决问题，还是想对我们的服务提出建议，您都可以通过以下方式联系我们。我们会尽我们所能为您服务！

图 10-77 “联系我们”的文本效果

（3）在“图层”面板中新建一个图层，选择“矩形选框工具”，在工具属性栏中，设置“样式”为“固定大小”、“宽度”为“420 像素”、“高度”为“36 像素”，绘制矩形选区，按快捷键<Alt+Delete>填充矩形框的颜色为白色，执行“编辑”→“描边”命令，打开“描边”对话框，设置“描边”的“宽度”为“1 像素”，“颜色”为深灰色（#767676），调整位置。

（4）使用“横排文字工具”绘制文本框，输入“用户名”“电子邮件”相关文本，设置字体为“微软雅黑”、字体大小为“14 像素”、字体颜色为黑色，调整位置，页面效果如图 10-78 所示。

联 系 我 们

无论您是想咨询信息，解决问题，或者是对我们的服务提出建议，您都可以用多种方式联系我们。我们会尽我们所能为您服务！

用户名 电子邮件

图 10-78 添加文本框后的效果

（5）采用同样的方法添加文本框，制作按钮效果，联系我们的效果如图 10-79 所示。

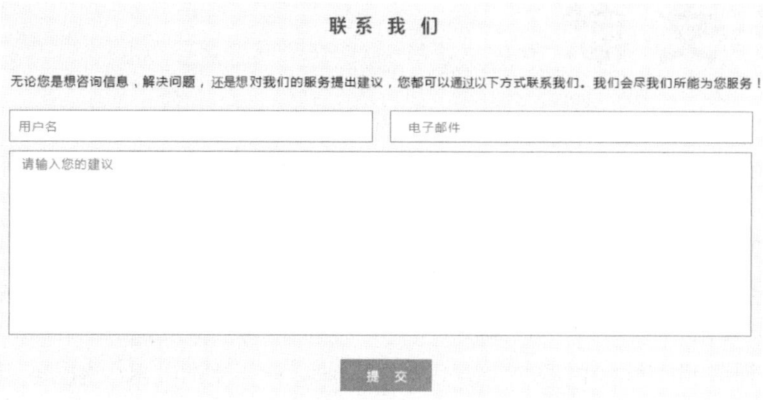

联 系 我 们

无论您是想咨询信息，解决问题，还是想对我们的服务提出建议，您都可以通过以下方式联系我们。我们会尽我们所能为您服务！

用户名

电子邮件

请输入您的建议

提 交

图 10-79 联系我们的效果

10.9.8 版权信息的制作

在“图层”面板中单击“创建新组”按钮，将新组命名为“版权信息”，使用“矩形选框工具”选择最下方的版权区域，将其填充为深灰色（#282828），使用“横排文字工具”输入“Copyright © 2020 zheng 淮安炁丞文化传媒有限公司”，设置字体为“微软雅黑 Bold”、字体大小为“16 像素”、字体颜色为白色，调整位置使其水平居中，整体页面效果如图 10-48 所示。

参 考 文 献

[1] 华天印象. Photoshop 淘宝网店设计与装修实战从入门到精通[M].北京：人民邮电出版社.2015.

[2] 刘万辉. PhotoshopCC 图像处理基础[M].北京：高等教育出版社.2018.

[3] 创锐设计. Photoshop CC 2019 效率自学教程[M].北京：电子工业出版社.2019.

[4] 赵鹏. 毫无 PS 痕迹你的第一本 Photosop 书[M].北京：水利水电出版社.2015.

[5] 锐艺视觉. PhotoshopCS6 平面广告设计实战宝典 505 [M].北京：人民邮电出版社.2014.

[6] 刘英杰 徐雪峰 刘万辉. Photoshop CC 图像处理案例教程第 2 版[M].北京：机械工业出版社.2016.

[7] 罗晓琳. Photoshop APP UI 设计从入门到精通[M].北京：机械工业出版社.2016.

[8] 一线文化. 实战应用 Photoshop 网店美工设计[M].北京：中国铁道出版社.2015.

[9] 李金明，李金蓉. Photoshop 2020 完全自学教程[M].北京：人民邮电出版社.2020.

[10] 凤凰高新教育. 中文版 Photoshop CC 2019 完全自学教程[M].北京：北京大学出版社.2019.

[11] 杨春元. Photoshop CC 2019 图像处理标准教程[M].北京：清华大学出版社.2019.

[12] Art Eyes 设计工作室. Photoshop 玩转移动 UI 设计[M].北京：人民邮电出版社.2015.